智能制造领域高级应用型人才培养系列教材

工业机器人系统运维技术

主　编　邓三鹏　程晓峰　孟广斐　王　帅

副主编　胡　然　杨　浩　李　诚　刘　柯

参　编　周斌斌　何用辉　刘　铭　戴　琨　张季萌　陈华新

　　　　白岩峰　林新农　丰　波　刘　冬　潘　强　邓　茜

　　　　李业刚　焦其彬　李　琦　李泽敬　吴浙栋　周明峰

　　　　许光华　黄贤振　刘　彦

主　审　李　辉

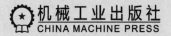
机械工业出版社
CHINA MACHINE PRESS

本书介绍了工业机器人机械、电气和控制等相关基础技术，依据国家职业标准《工业机器人系统运维员》，由长期从事工业机器人技术教学的一线教师和企业工程师依据其在机器人竞赛、工程应用、教学、科研和职业技能等级评价等方面的丰富经验编写而成。本书从工业机器人系统认知、工业机器人本体的拆装、工业机器人控制系统及故障诊断、工业机器人系统的通信连接、工业机器人的零点标定、工业机器人编程与操作、基于 IRobotSIM 的虚拟仿真以及工业机器人的维护保养及故障处理八个部分来讲述，其中实操部分以"学习目标、工作任务"为导向，深入浅出、循序渐进地对每个项目进行了典型案例的讲解，兼顾机器人应用的实际情况和发展趋势。本书在编写中力求做到"理论先进、内容实用、操作性强"，突出实践能力和创新素质的培养。本书充分体现了理论知识以"必需、够用"的特点，融入了工业机器人技能大赛、工业机器人系统运维员考评的成果，较全面地介绍了工业机器人系统运维技术。

本书是智能制造领域高级应用型人才培养系列教材，可作为机电类、电子类等装备制造相关专业的教材，以及工业机器人系统运维员培训考核用教材；也可作为从事工业机器人安装调试、操作编程、维护保养等工程技术人员的参考书。

学习资源网址：http://www.dengsanpeng.com。

图书在版编目（CIP）数据

工业机器人系统运维技术/邓三鹏等主编. —北京：机械工业出版社，2022.8（2025.1重印）

智能制造领域高级应用型人才培养系列教材

ISBN 978-7-111-71203-9

Ⅰ.①工… Ⅱ.①邓… Ⅲ.①工业机器人-教材 Ⅳ.①TP242.2

中国版本图书馆 CIP 数据核字（2022）第 122698 号

机械工业出版社（北京市百万庄大街 22 号　邮政编码 100037）
策划编辑：薛　礼　　　　　责任编辑：薛　礼
责任校对：潘　蕊　张　薇　封面设计：鞠　杨
责任印制：李　昂
北京捷迅佳彩印刷有限公司印刷
2025 年 1 月第 1 版第 3 次印刷
184mm×260mm · 18.75 印张 · 463 千字
标准书号：ISBN 978-7-111-71203-9
定价：59.00 元

电话服务　　　　　　　　网络服务
客服电话：010-88361066　　机 工 官 网：www.cmpbook.com
　　　　　010-88379833　　机 工 官 博：weibo.com/cmp1952
　　　　　010-68326294　　金 书 网：www.golden-book.com
封底无防伪标均为盗版　　机工教育服务网：www.cmpedu.com

序

制造业是实体经济的主体，是推动经济发展、改善人民生活、参与国际竞争和保障国家安全的根本所在。纵观世界强国的崛起，都是以强大的制造业为支撑的。在虚拟经济蓬勃发展的今天，世界各国仍然高度重视制造业的发展。制造业始终是国家富强、民族振兴的坚强保障。

当前，新一轮科技革命和产业变革在全球范围内蓬勃兴起，创新资源快速流动，产业格局深度调整，我国制造业迎来"由大变强"的难得机遇。实现制造强国的战略目标，关键在人才。在全球新一轮科技革命和产业变革中，世界各国纷纷将发展制造业作为抢占未来竞争制高点的重要战略，把人才作为实施制造业发展战略的重要支撑，加大人力资本投资，改革创新教育与培训体系。当前，我国经济发展进入新时代，制造业发展面临着资源环境约束不断强化、人口红利逐渐消失等多重因素的影响，人才是第一资源的重要性更加凸显。

《中国制造 2025》第一次从国家战略层面描绘建设制造强国的宏伟蓝图，并把人才作为建设制造强国的根本，对人才发展提出了新的更高要求。提高制造业创新能力，迫切要求培养具有创新思维和创新能力的拔尖人才、领军人才；强化工业基础能力，迫切要求加快培养掌握共性技术和关键工艺的专业人才；信息化与工业化深度融合，迫切要求全面增强从业人员的信息技术运用能力；发展服务型制造业，迫切要求培养更多复合型人才进入新业态、新领域；发展绿色制造，迫切要求普及绿色技能和绿色文化；打造"中国品牌""中国质量"，迫切要求提升全员质量意识和素养等。

哈尔滨工业大学在 20 世纪 80 年代研制出我国第一台弧焊机器人和第一台点焊机器人，30 多年来为我国培养了大量的机器人人才；苏州大学在产学研一体化发展方面成果显著；天津职业技术师范大学从 2010 年开始培养机器人职教师资，秉承"动手动脑，全面发展"的办学理念，进行了多项教学改革，建成了机器人多功能实验实训基地，并开展了对外培训和职业技能评价工作。智能制造领域高级应用型人才培养系列教材是结合这些院校人才培养特色以及智能制造类专业特点，以"理论先进，注重实践，操作性强，学以致用"为原则精选教材内容，依据在机器人、数控机床的教学、科研、竞赛和成果转化等方面的丰富经验编写而成的。其中有些书已经出版，具有较高的质量，即将出版的图书作为讲义在教学和培训中经过多次使用和修改，亦收到了很好的效果。

我们深信，本套丛书的出版发行和广泛使用，不仅有利于加强各兄弟院校在教学改革方面的交流与合作，而且对智能制造类专业人才培养质量的提高也会起到积极的促进作用。

当然，由于智能制造技术发展非常迅速，编者掌握材料有限，本套丛书还需要在今后的改革实践中获得进一步检验、修改、锤炼和完善，殷切期望同行专家及读者们不吝赐教，多加指正，并提出建议。

俄罗斯工程院外籍院士

苏州大学教授、博导

教育部长江学者特聘教授

国家杰出青年基金获得者

国家万人计划领军人才

机器人技术与系统国家重点实验室副主任

国家科技部重点领域创新团队带头人

江苏省先进机器人技术重点实验室主任

2018 年 1 月 6 日

Preface 前言

党的二十大报告指出，要"推进新型工业化，加快建设制造强国"。国家先后出台《"十四五"智能制造发展规划》《"十四五"机器人产业发展规划》等一系列相关规划，将机器人产业作为战略性新兴产业给予重点支持。

工业机器人是集机械、电子、控制和人工智能等多学科先进技术于一体的智能制造系统重要的自动化单元，已广泛应用于机械、电子、纺织、烟草、医疗、食品和造纸等行业的柔性搬运、焊接、喷涂和打磨等工作，也用于自动化立体仓库、柔性加工系统和柔性装配系统。近年来，国内工业机器人产业出现爆发性增长态势，而工业机器人的安装、调试、维护和保养等必须要由经过系统学习的专业人员来实施，因此迫切需要培养熟悉工业机器人的技术人员。

本书依据国家职业标准《工业机器人系统运维员》，由长期从事工业机器人技术教学的一线教师和企业工程师依据其在机器人竞赛、工程应用、教学、科研和职业技能等级评价等方面的丰富经验编写而成。以BNRT-R3 型六轴关节型工业机器人、 ROBOX 和固高 GTC-RC800 机器人控制系统为例，从工业机器人系统认知、工业机器人本体的拆装、工业机器人控制系统及故障诊断、工业机器人系统的通信连接、工业机器人的零点标定、工业机器人编程与操作、基于 IRobotSIM 的虚拟仿真以及工业机器人的维护保养及故障处理八个部分来讲述，其中实操部分以"学习目标、工作任务"为导向，深入浅出、循序渐进地对每个项目进行了典型案例的讲解，兼顾机器人应用的实际情况和发展趋势。本书在编写中力求做到"理论先进、内容实用、操作性强"，突出实践能力和创新素质的培养。

本书由邓三鹏、程晓峰、孟广斐、王帅任主编。参与编写工作的有：天津职业技术师范大学邓三鹏，天津博诺智创机器人技术有限公司王帅，安徽博皖机器人有限公司刘彦，嘉兴技师学院孟广斐、周斌斌，唐山工业职业技术学院戴琨，贵阳职业技术学院胡然，福建信息职业技术学院何用辉，河南工业职业技术学院张季萌，安徽机电职业技术学院杨浩，湖北工程职业学院程晓峰，重庆工程职业技术学院刘铭、李诚，天津市职业大学邓茜，天津渤海职业技术学院白岩峰，江西冶金职业技术学院黄贤振，盱眙技师学院林新农，湖北生态工程职业技术学院丰波，渤海船舶职业学院李琦，金华市技师学院吴浙栋，宿州职业技术学院李业刚，淮海技师学院刘冬，蚌埠技师学院焦其彬，青岛西海岸新区高级职业技术学校李泽敬，江苏省昆山第一中等专业学校陈华新、刘柯，山东工业技师学院周明峰、许光华，湖北工业职业技术学院潘强。天津职业技术师范大学机器人及智能装备研究院祁宇明、石秀敏副教授，研究生林伟民、郭文鑫、谢坤鹏、冯玉飞、王振、陈伟、陈耀东、李丁丁等，以及天津博诺智创机器人技术有限公司薛强、王文、何称心、党文涛、张人允、张伟、王礼杰和钟晏世洪等进行了素材收集、文字图片处理、试验验证、学习资源制作等辅助编写工作，在此一并表示感谢。

本书得到了天津市人才发展特殊支持计划"智能机器人技术及应用"高层次创新创业团队项目和教育部全国职业院校教师教学创新团队建设体系化课题研究项目（TX20200104）的资助。本书在编写过程中得到了天津职业技术师范大学机器人及智能装备研究院、机电工程系、全国机械职业教育教学指导委员会、埃夫特智能装备股份有限公司、天津博诺智创机器人技术有限公司、安徽博皖机器人有限公司的大力支持和帮助，特别是天津博诺智创机器人技术有限公司提供了工业机器人系统运维训练考核系统（BNRT-SMTS-R3）及技术支持，在此深表谢意！本书承蒙天津职业技术师范大学李辉教授细心审阅，获得了许多宝贵意见，在此表示衷心的感谢！

由于编者水平所限，书中难免存在错误或不妥之处，恳请同行专家和读者批评指正。联系邮箱：37003739@qq.com。

学习资源网址：http://www.dengsanpeng.com。

2022 年于天津

Contents 目录

项目一
工业机器人系统认知

任务一 工业机器人系统组成及性能指标

一、工业机器人系统组成

工业机器人系统由工业机器人、作业对象及环境共同构成。工业机器人系统是由（多）工业机器人、（多）末端执行器和为使机器人完成其任务所需的任何机械、设备、装置、外部辅助轴或传感器构成的系统，其中包括机械系统、驱动系统、控制系统和感知系统四大部分，如图1-1所示。

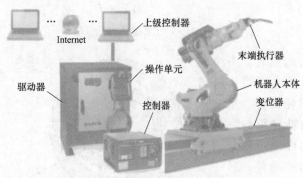

图 1-1　工业机器人系统

1. 机械系统

机械系统包括机身、臂部、手腕、末端操作器和行走机构等部分，每一部分都有若干自由度，从而构成一个多自由度的系统。此外，有的机器人还具备行走机构。若机器人具备行走机构，则构成行走机器人；若机器人不具备行走及腰转机构，则构成单臂机器人。末端操作器是直接装在手腕上的一个重要部件，它可以是两手指或多手指的手爪，也可以是喷漆枪、焊枪等作业工具。

工业机器人机械本体包括底座、腰部、大臂、肘关节、小臂和腕部等。工业机器人机械本体结构如图1-2所示。

目前工业机器人广泛采用的机械传动单元是减速器，应用在关节型机器人上的减速器主要有两类：RV减速器和谐波减速器。

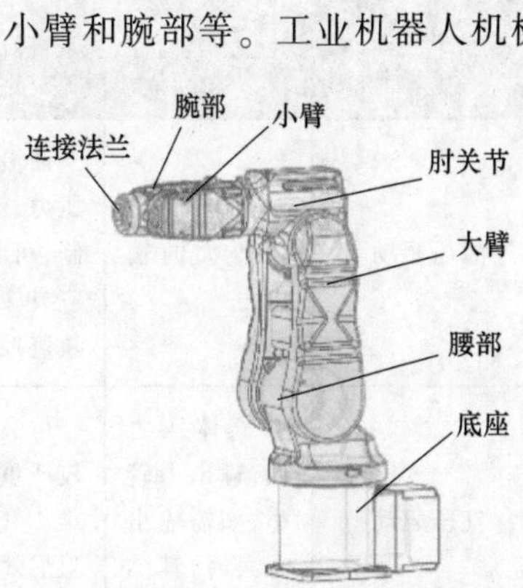

（1）RV减速器　RV减速器（图1-3）主要由太阳轮、行星轮、转臂（曲柄轴）、转臂轴承、摆线轮、针齿、刚性盘和输出盘等零部件组成。它具有较高的疲劳强度和刚度以及较长的寿命，回差精度稳定。高精度机器人传动多采用RV减速器。

（2）谐波减速器　谐波减速器通常由三个基本构件组

图 1-2　工业机器人机械本体结构

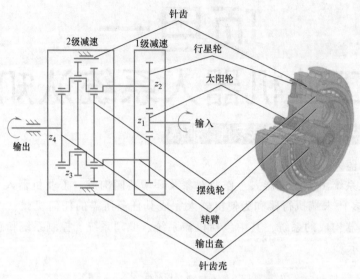

图 1-3　RV 减速器

成，包括一个有内齿的刚轮，一个工作时可产生径向弹性变形并带有外齿的柔轮和一个装在柔轮内部、呈椭圆形、外圈带有柔性滚动轴承的波发生器，在这三个基本构件中可任意固定一个，其余的一个为主动件，另一个为从动件。谐波减速器如图 1-4 所示。

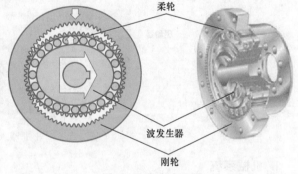

图 1-4　谐波减速器

2. 驱动系统

驱动系统主要是指驱动机械系统动作的驱动装置。根据驱动源的不同，驱动系统可分为电气、液压和气压三种以及把它们结合起来应用的综合系统。三种驱动方式的特点见表 1-1。

表 1-1　三种驱动方式的特点

驱动方式	特点					
	输出力	控制性能	维修使用	结构体积	使用范围	制造成本
液压驱动	压力高，可获得大的输出力	油液压缩量微小，压力、流量均容易控制，可无级调速，反应灵敏，可实现连续轨迹控制	维修方便，液体对温度变化敏感，油液泄漏易着火	在输出力相同的情况下，体积比气压驱动小	中、小型及重型机器人	液压元件成本较高，油路比较复杂
气压驱动	气体压力低，输出力较小，如需输出力大时，其结构尺寸过大	可高速运行，冲击较严重，精确定位困难。气体压缩性大，阻尼效果差，低速不易控制	维修简单，能在高温、粉尘等恶劣环境中使用，泄漏无影响	体积较大	中小型机器人	结构简单，工作介质来源方便，成本低

（续）

驱动方式	特点					
	输出力	控制性能	维修使用	结构体积	使用范围	制造成本
电气驱动	输出力中等	控制性能好，响应快，可精确定位，但控制系统复杂	维修使用较复杂	需要减速装置，体积小	高性能机器人	成本较高

电气驱动系统在工业机器人中应用得较普遍，可分为步进电动机、直流伺服电动机和交流伺服电动机三种驱动形式。上述驱动形式有的可直接驱动机构运动，有的通过减速器减速后驱动机构运动，其结构简单紧凑。

液压驱动系统运动平稳，且负载能力大，对于重载搬运和零件加工的机器人，采用液压驱动比较合理。但液压驱动存在管道复杂、清洁困难等缺点，因此应用受到了一定的限制。

3. 控制系统

控制系统根据机器人的作业指令程序及从传感器反馈回来的信号控制机器人的执行机构，使其完成规定的运动和功能，可分为开环、半闭环和闭环控制系统。该部分主要由控制器硬件和软件组成，软件主要由人机交互系统和控制算法等组成。工业机器人的控制系统主要由控制器和示教器组成。

（1）控制器　工业机器人控制器是机器人的大脑，控制器内部主要由主计算板、轴计算板、串口、电容、辅助部件和各种连接线等组成，通过硬件和软件的结合来操作机器人，并协调机器人与其他设备之间的通信关系。

（2）示教器　示教器又称为示教编程器或示教盒，是工业机器人的核心部件之一，主要由液晶屏幕和操作按键组成，可由操作者手持移动，是机器人的人机交互接口。机器人的所有操作都是通过示教器来完成的，如点动机器人，编写、测试和运行机器人程序，设定、查阅机器人状态设置和位置等。

4. 感知系统

感知系统由内部传感器和外部传感器组成，其作用是获取机器人内部和外部环境信息，并把这些信息反馈给控制系统。内部传感器用于检测各关节的位置、速度等变量，为闭环伺服控制系统提供反馈信息。外部传感器用于检测机器人与周围环境之间的一些状态变量，如距离、接近程度和接触情况等，用于引导机器人，便于其识别物体并做出相应处理。外部传感器可使机器人以灵活的方式对它所处的环境做出反应，赋予机器人一定的智能。

二、工业机器人的性能指标

1. 自由度

机器人的自由度是指描述机器人本体（不含末端执行器）相对于基坐标系（机器人坐标系）进行独立运动的数目。机器人的自由度表示机器人动作灵活的程度，一般以轴的直线移动、摆动或旋转动作的数目来表示。工业机器人一般采用空间开链连杆机构，其中的运动副（转动副、移动副等）通常称为关节，关节个数通常为工业机器人的自由度数，大多数工业机器人有 3~6 个自由度，如图 1-5 所示。

2. 工作空间

工作空间又称为工作范围、工作区域。机器人的工作空间是指机器人手臂末端或手腕中心（手臂或手部安装点）所能到达的所有点的集合，不包括手部本身所能到达的区域。由

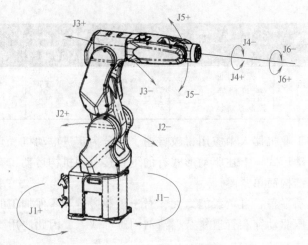

图 1-5　六自由度工业机器人

于末端执行器的形状和尺寸是多种多样的，因此为真实反映机器人的特征参数，确定工作空间是指机器人未安装任何末端执行器情况下的最大空间。机器人外形尺寸和工作空间如图1-6所示。

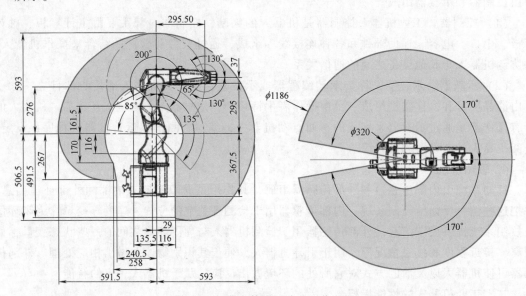

图 1-6　机器人外形尺寸和工作空间

工作空间的形状和大小是十分重要的，机器人在执行某作业时可能会因存在手部不能到达的作业死区而不能完成任务的情况。

3. 负载

负载是指机器人在工作时能够承受的最大载重。如果将零件从一个位置搬运至另一个位置，就需要将零件的重量和机器人手爪的重量计算在负载内。目前使用的工业机器人负载范围为 0.5~800kg。

4. 工作精度

工业机器人的工作精度是指定位精度（也称为绝对精度）和重复定位精度。定位精度是指机器人手部实际到达位置与目标位置之间的差异，用反复多次测试的定位结果的代表点与指定位置之间的距离来表示。重复定位精度是指机器人重复定位手部于同一目标位置的能力，以实际位置值的分散程度来表示。目前，工业机器人的重复定位精度可达$\pm 0.01 \sim \pm 0.5$mm。作业任务和末端持重的不同，工业机器人的重复定位精度也不同，见表1-2。

表1-2 工业机器人典型行业应用的重复定位精度

作业任务	额定负载/kg	重复定位精度/mm
搬运	5~200	$\pm 0.2 \sim \pm 0.5$
码垛	50~800	± 0.5
点焊	50~350	$\pm 0.2 \sim \pm 0.3$
弧焊	3~20	$\pm 0.08 \sim \pm 0.1$
涂装	5~20	$\pm 0.2 \sim \pm 0.5$
装配	2~5	$\pm 0.02 \sim \pm 0.03$
	6~10	$\pm 0.06 \sim \pm 0.08$
	10~20	$\pm 0.06 \sim \pm 0.1$

三、工业机器人运维培训考核系统

工业机器人运维培训考核系统是依据国家职业标准《工业机器人系统运维员》和企业岗位需求研发的实训、培训考核平台，由可拆装的六轴工业机器人、工业机器人运动控制器、伺服驱动器、工业机器人智能故障训练系统、可编程控制器（PLC）、触摸屏、智能相机、在线监控系统、操作台、编程工作站和供气系统等组成。该系统可满足机械系统检查与诊断、电气系统检查与诊断、运行维护与保养、数据采集与状态监控以及故障处理等职业技能的实训、培训和考核的要求，如图1-7所示。

图1-7 BNRT-SMTS-R3型工业机器人运维培训考核系统

1. 开放式电控柜

开放式电控柜由主柜体、网孔板、在网孔板上安装的电气元件（电源、工业级交换机、PLC、智能故障训练系统、运动控制器、伺服驱动器和气动系统等）、触摸屏、急停按钮以及三色报警灯等组成，如图1-8所示。触摸屏内嵌在门板上方，便于操作，右边安装急停按钮和伺服启停按钮，柜体左边可拆卸式面板内嵌主控开关，柜体内部固定高强度网孔板。机器人电控柜中的元件采用开放式布局，方便安装、接线和调试。

（1）PLC PLC选用西门子S7-1200，如图1-9所示。其优点是：具有较大的存储空间，拥有多路模拟量的输入/输出，能够进行多个信号模块的扩展，拥有闭环控制的 PID 功能，PID 调试控制面板，可以直接在线测试和诊断，且拥有 HMI 工程组态。

（2）触摸屏　触摸屏选用一种快速构造和生成上位机监控系统的组态——MCGS，具有功能完善、操作简便、可视性好、可维护性强的突出特点。图 1-10 所示为人机界面组态，通过与其他相关的硬件设备结合，可以快速、方便地开发各种用于现场采集、数据处理和控制的设备，能够通过简单的模块化组态来构造用户自己的应用系统。

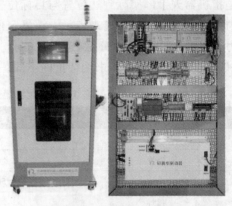

图 1-8　开放式电控柜

图 1-9　S7-1200

图 1-10　人机界面组态

（3）智能故障训练系统　智能故障训练系统采用以太网口进行通信控制，控制信号均采用光电隔离设计，硬件具有超强的抗干扰能力。系统为控制板提供了三种通信协议：ModbusTCP、ModbusRTU 和 SOCKET。可通过软件控制，随意切断和连接机器人系统电路，进行故障的设定与排除，按照难易等级进行分类，根据故障等级随机设定系统故障，具有一键式和逐点式故障设定，实时记录排故过程，限时排故；支持在线设置故障功能；能够设置电气故障点 32 个。工业机器人智能故障训练系统如图 1-11 所示。

2. 工业级可拆装实训台

工业级可拆装实训台如图 1-12 所示，主体由铝合金型材和钣金喷涂件组装而成。实训

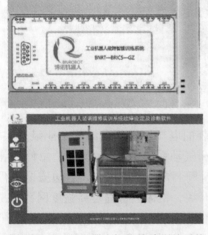

图 1-11　工业机器人智能故障训练系统

图 1-12　工业级可拆装实训台

台表面安装工业级防静电工作台面，作为工业机器人6个轴部件拆卸中转台使用；台面正下方设立6个高强度钣金抽屉，用于存放拆卸的部件和工具；右下方为焊接夹层，用于存放安装多个轴所用的标准件；实训台正前方配备多功能工具网格板，用于临时挂置拆装工具；网格板右侧为机器人本体拆装示意图，包括各轴拆装步骤、扭力和张紧力参照表。

任务二　工业机器人系统使用安全须知

一、工业机器人的系统安全

在设计和布置工业机器人时，为使操作员、运维员等工作人员得到恰当的安全防护，应按照机器人操作规范进行。为确保机器人及其系统与预期的运行状态一致，应评价分析所有的环境条件，包括爆炸性混合物、腐蚀情况、湿度、污染、温度、电磁干扰（EMI）、射频干扰（RFI）和振动等是否符合要求，是否应采取相应的应对措施。

控制装置的机柜宜安装在安全防护空间外。这可使操作人员在安全防护空间外进行操作、启动机器人完成工作任务，并且在此位置上操作人员应具有开阔的视野，能观察到机器人运行情况及是否有其他人员处于安全防护空间内。若控制装置被安装在安全防护空间内，则其位置和固定方式应能满足在安全防护空间内各类人员安全性的要求。

二、工业机器人系统的安全管理

工业机器人的布置应避免机器人运动部件与机器人作业无关的周围固定物体和设备（如建筑结构件、公用设施等）之间产生挤压和碰撞，应保持足够的安全间距，一般最少为0.5m。但那些与机器人作业相关的设备和装置（如物料传送装置、工作台、相关工具台和相关机床等）则不受约束。

当要求由工业机器人布局来限定机器人各轴的运动范围时，应按要求来设计限定装置，并在使用时进行器件位置的正确调整和可靠固定。

在设计末端执行器时，应保证其当动力源（电气、液压、气动、真空等）发生变化或动力消失时，负载不会松脱落下或发生危险（如飞出）；同时，在机器人运动时，由负载、末端执行器产生的静力、动力及力矩应不超出机器人的负载能力。工业机器人的布置应考虑操作人员进行手动作业时（如零件的上、下料）的安全防护，可通过传送装置、移动工作台、旋转工作台、滑道推杆、气动和液压传送机构等过渡装置来实现，使手动上、下料的操作人员置身于安全防护空间之外。但这些自动移出或送进的装置不应产生新的危险。

工业机器人的安全防护可采用一种或多种安全防护装置，如固定式或联锁式防护装置，包括双手控制装置、智能装置、握持-运行装置、自动停机装置和限位装置等；现场传感安全防护装置（PSSD）包括安全光幕或光屏、安全垫系统、区域扫描安全系统以及单路或多路光束等。工业机器人安全防护装置的作用如下：

1）防止各操作阶段中与该操作无关的人员进入危险区域。

2）中断引起危险的来源。

3）防止非预期的操作。

4）容纳或接收工业机器人作业过程中可能掉落或飞出的物件。

5）控制作业过程中产生的其他危险，如抑制噪声、遮挡激光和弧光、屏蔽辐射等。

三、工业机器人系统工作环境安全管理

根据GB/T 15706—2012的定义，安全防护装置是安全装置和防护装置的统称。安全装

置是消除或减小风险的单一装置或与防护装置联用的装置（而不是防护装置）如联锁装置、使能装置、握持-运行装置、双手操纵装置、自动停机装置、限位装置等。防护装置是通过物体障碍方式专门用于提供防护的机器部分。根据其结构，防护装置可以是壳、罩、屏、门和封闭式防护装置等，如图 1-13 所示。机器人安全防护装置有固定式防护装置、活动式防护装置、可调式防护装置、联锁式防护装置、带防护锁的联锁式防护装置及可控防护装置等。

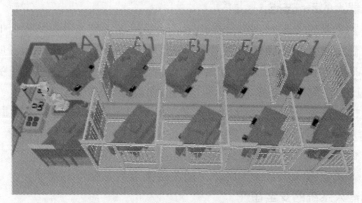

图 1-13　机器人安全防护装置

为了减小已知的危险和保护各类工作人员的安全，在设计工业机器人时，应根据工业机器人的作业任务、各阶段操作过程的需要和风险评价的结果，选择合适的安全防护装置。所选用的安全防护装置应按制造厂的说明进行安装和使用。

1. 固定式防护装置

1）使用紧固件（如螺钉、螺栓等）或通过焊接将防护装置永久固定在所需的地方。

2）其结构应能经受预定的操作力和环境产生的作用力，即应考虑结构的强度与刚度。

3）其构造应不增加任何附加危险，如应尽量减少锐边、尖角和凸起等。

4）不使用工具就不能移开固定部件。

5）隔板或栅栏底部离过道地面不大于 0.3m，高度应不低于 1.5m。

除通过与通道相连的联锁门或现场传感装置区域外，应能防止由别处进入安全防护空间。

注意：在搬运工业机器人周围安装的隔板或栅栏应有足够的高度，以防止任何物件由末端夹持器松脱而飞出隔板或栅栏。

2. 联锁式防护装置

1）在工业机器人中采用联锁式防护装置时，应考虑如下原则：

① 防护装置关闭前，联锁能防止工业机器人自动操作，但防护装置的关闭应不能使机器人进入自动操作方式，而启动机器人进入自动操作应在控制板上谨慎地进行。

② 在伤害的风险消除前，具有防护锁定的联锁式防护装置处于关闭和锁定状态；或当工业机器人正在工作时，防护装置被打开应给出停止或急停的指令。联锁装置起作用时，若不产生其他危险，应能从停止位置重新启动机器人运行。

③ 中断动力源可消除进入安全防护区之前的危险，但若动力源中断不能立即消除危险，则联锁系统中应含有防护装置的锁定或制动系统。

④ 在进出安全防护空间的联锁门处，应考虑设有防止无意识关闭联锁门的结构或装置（如采用两组以上触点，具有磁性编码的磁性开关等）。应确保所安装的联锁装置的动作在避免一种危险（如停止机器人的危险运动）时，不会引起另外的危险发生（如使危险物质进入工作区）。

2）在设计联锁系统时，也应考虑安全失效的情况，即万一某个联锁器件发生不可预见的失效时，安全功能应不受影响；若万一受影响，则工业机器人仍应保持在安全状态。

3）工业机器人的安全防护系统中经常使用现场传感装置，在设计时应遵循如下原则：

① 现场传感装置的设计和布局应能使传感装置未起作用前人员不能进入，且身体各部位不能伸到限定空间内。为了防止人员从现场传感装置旁边绕过进入危险区，要求将现场传感装置与隔栏一起使用。

② 在设计和选择现场传感装置时，应考虑到其作用不受系统所处的任何环境条件（如湿度、温度、噪声和光照等）的影响。

3. 安全防护空间

安全防护空间是由机器人外围的安全防护装置（如栅栏等）所组成的空间。确定安全防护空间的大小是通过风险评价来确定超出机器人限定空间而需要增加的空间。一般应考虑当机器人在作业过程中，所有人员身体的各部分应不能接触到机器人运动部件、末端执行器或工件的运动范围。

4. 动力断开

1）提供给工业机器人及外围设备的动力源应满足由制造商的规范以及本地区或国家的电气构成规范要求，并按标准提出的要求进行接地。

2）在设计工业机器人时，应考虑维护和修理的需要，必须具备能与动力源断开的技术措施。断开必须做到既可见（如运行明显中断），又能通过检查断开装置操作器的位置而确认，而且能将切断装置锁定在断开位置。切断电器电源的措施应符合相应的电气安全标准。工业机器人或其他相关设备动力断开时，应不发生危险。

5. 急停

工业机器人的急停电路的级别应高于其他所有控制电路，可使所有运动停止，并可以从机器人驱动器和可能引起危险的其他能源（如外围设备中的喷漆系统、焊接电源、运动系统和加热器等）上撤除驱动动力。

1）每台机器人的工作站和其他能控制运动的场合都应设有易于迅速接近的急停装置。

2）工业机器人的急停装置应如机器人控制装置一样，其按钮开关应是掌揿式或蘑菇头式的，衬底为黄色的红色按钮，且须由人工复位。

3）重新启动工业机器人运行时，操作人员应在安全防护空间外按规定的启动步骤进行。

4）若工业机器人系统中安装有两台机器人，且两台机器人的限定空间具有相互交叉的部分，则其共用的急停电路应能同时停止两台机器人的运动。

四、工业机器人使用注意事项

工业机器人的示教维护必须遵照下列法规：

1）有关工业安全和健康的法律。

2）有关工业安全和健康法律的强制性命令。

3）有关工业安全和健康法律的相应条例。

4）根据符合有关法规的具体政策进行安全管理。

5）必须遵守工业机器人的安全操作（ISO 10218）。

6）指定授权的操作者及安全管理人员，并给予进一步的安全教育。

7）示教和维修机器人的工作应被列入工业安全和健康法律中的"危险操作"。

工业机器人使用安全注意事项如下：

1）作业人员须穿戴工作服、安全帽和安全鞋等；操作机器人时不许戴手套；内衣裤、衬衫和领带等不要从工作服内露出；不佩戴大的首饰，如耳环、戒指或垂饰等。

2）接通电源时，应确认机器人的动作范围内没有作业人员。

3）切断电源后方可进入机器人的动作范围内进行作业。

4）检修、维修保养等作业必须在通电状态下进行时，须两人一组进行作业：一人保持可立即按下紧急停止按钮的姿势，另一人在机器人的动作范围内，保持警惕并迅速进行作业。

5）手腕部位及机械臂上的负载必须控制在允许搬运重量和允许的转矩以内。如果不遵守允许搬运重量和转矩的规定，就会导致异常动作发生或机械构件提前损坏。

6）禁止对没有说明的部位进行拆卸和作业。

7）未确认机器人的动作范围内是否有人，不能执行自动运转。

8）不使用机器人时，应采取按下紧急停止按钮、切断电源等措施，使机器人无法动作。

9）机器人动作期间，应配置可立即按下紧急停止按钮的监视人员，以监视安全。

机器人本体安全注意事项如下：

1）机器人的设计应去除不必要的突起或锐利的部分，使用适应作业环境的材料，采用动作中不易发生损坏或事故的故障安全防护结构。此外，应配备在机器人使用时的误动作检测停止功能、紧急停止功能，以及周边设备发生异常时防止机器人危险性的联锁功能等，以保证安全作业。

2）机器人主体为多关节的机械臂结构，动作中的各关节角度不断变化。进行示教等作业必须接近机器人时，应注意不要被关节部位夹住。各关节动作端设有机械挡块，被夹住的危险性很高，尤其要注意。此外，若拆下伺服电动机或解除制动器，机械臂可能会因自重而掉落或朝不定方向乱动。因此必须采取防止掉落的措施，并确认周围的安全情况后，再进行作业。

3）在末端执行器及机械臂上安装附带机器时，应严格使用规定尺寸、数量的螺钉，使用扭力扳手按规定扭矩紧固。此外，不得使用生锈或有污垢的螺钉。规定外的紧固和不完善的方法会使螺钉出现松动，导致重大事故发生。

4）设计、制作末端执行器时，应将机器人手腕部位的负载控制在容许值范围内。

5）应采用故障安全防护结构，即使末端执行器的电源或压缩空气的供应被切断，也不致发生安装物被放开或飞出的事故，并对边角部或突出部进行处理，防止对人、物造成损害。

6）严禁供应规格外的电力、压缩空气和焊接冷却水，以免影响机器人的动作性能，引起异常动作或故障、损坏等危险情况发生。

7）作业人员在作业中应随时保持逃生意识。必须确保能在紧急情况下可以立即逃生。

8）时刻注意机器人的动作，不得背向机器人进行作业。对机器人的动作反应缓慢，也会导致事故发生。

9）发现异常时，应立即按下紧急停止按钮。

10）示教时，应先确认程序号码或步骤号码，再进行作业。错误地编辑程序会导致事故发生。

11）对于已经完成的程序，应使用存储保护功能，防止误编辑。

12）示教作业完成后，应以低速状态手动检查机器人的动作。如果立即在自动模式下以 100% 速度运行，就会因程序错误等因素导致事故发生。

13）示教完成后，应进行清扫作业，并确认有无忘记拿走工具。作业区被油污染、遗忘工具等会导致类似摔倒等事故发生。

项目二
工业机器人本体的拆装

任务一　工业机器人本体的拆卸（BN-R3B）

一、学习目标

1. 学习 BN-R3B 工业机器人的驱动方式。
2. 掌握 BN-R3B 工业机器人的相关参数。
3. 了解 BN-R3B 工业机器人的机械结构。
4. 掌握 BN-R3B 工业机器人的拆卸顺序及拆分方式。
5. 了解多种不同的传动方式。
6. 了解多种不同传动方式的失效形式。

二、工作任务

1. 拆卸工业机器人。
2. 熟悉内六角扳手、斜口钳的使用方法。

三、实践操作

1. 知识储备

BN-R3B 型机器人本体包括底座、腰部、大臂、肘关节、小臂、腕部和连接法兰，共有6 个伺服电动机通过同步带的传动驱动 6 个谐波减速机，可实现 6 关节不同的运动形式。各轴的传动方式见表 2-1。BN-R3B 型机器人参数见表 2-2。

表 2-1　BN-R3B 型机器人传动方式

名称	传动方式
J1 轴	伺服电动机+同步带传动+谐波减速机
J2 轴	伺服电动机+同步带传动+谐波减速机
J3 轴	伺服电动机+同步带传动+谐波减速机
J4 轴	伺服电动机+同步带传动+谐波减速机
J5 轴	伺服电动机+同步带传动+谐波减速机
J6 轴	伺服电动机+同步带传动+齿轮传动+谐波减速机

表 2-2　BN-R3B 型机器人参数

名称	数值	名称	数值
型号	BN-R3B	轴数	6 轴
有效载荷	3kg	重复定位精度	±0.02mm
环境温度	0~45℃	本体重量	27kg
能耗	1kW	安装方式	任意角度
功能	装配、物料搬运	最大臂展	593mm
本体防护等级	IP40	电柜防护等级	IP20

（续）

各轴运动范围		最大单轴速度	
J1 轴	±170°	J1 轴	400°/s
J2 轴	+85°/−135°	J2 轴	300°/s
J3 轴	+185°/−65°	J3 轴	520°/s
J4 轴	±190°	J4 轴	500°/s
J5 轴	±130°	J5 轴	530°/s
J6 轴	±360°	J6 轴	840°/s

2. 工业机器人本体 J4、J5、J6 轴的拆卸（表 2-3）

表 2-3 工业机器人本体 J4、J5、J6 轴的拆卸步骤

序号	操作说明	图　示
1	拆卸外壳,利用 M3 力矩批头、扭力扳手和斜口钳分别拆卸外围盖板	
2	拆除 J4 轴电动机时,采用斜口钳、M4 及 M5 力矩批头、加长杆以及扭力扳手等拆卸工具。因 J4 轴电动机阻隔,先拆除 J4 轴电动机的部分,剪断扎带,将钣金件拆掉,再拆除相应电动机的接头,最后拆卸电动机安装板上固定电动机的螺钉,便可将 J4 轴电动机拆除	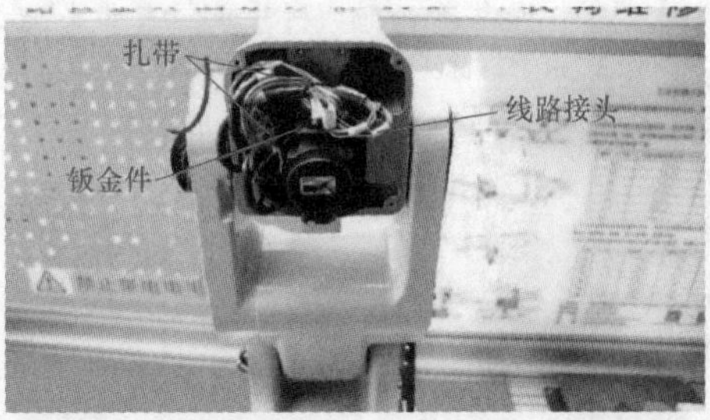 

（续）

序号	操作说明	图　示
3	分离底座-小臂（J4 轴臂、J5 轴臂分离）时，采用 M3 力矩批头、扭力扳手等拆卸工具。拆除电动机后，将右图圈出的 J4 轴减速机的一圈螺钉（共 16 个）拆掉，即可将手腕部分和底座-小臂分离	
4	拆除 J5、J6 轴。利用 M4 力矩批头、扭力扳手拆除 J5、J6 轴电动机与同步带	 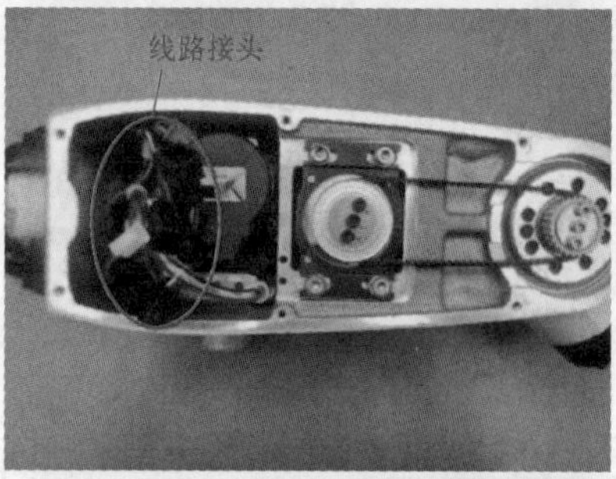 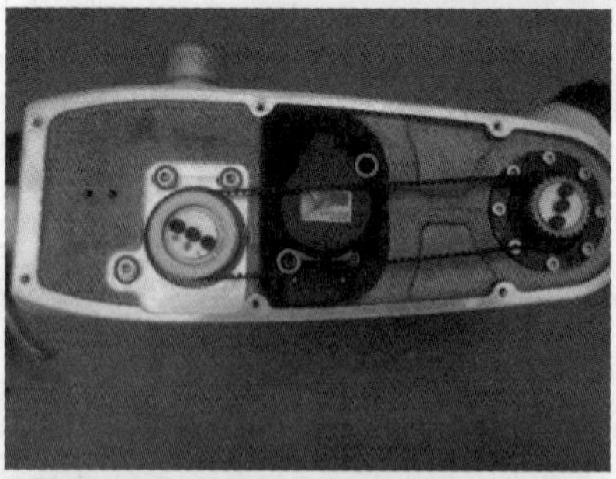 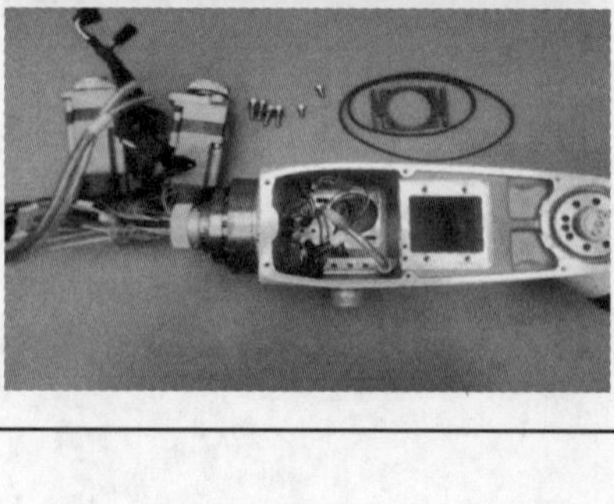 线路接头

3. 工业机器人本体 J3、J2、J1 轴的拆卸（表2-4）

表2-4　工业机器人本体 J3、J2、J1 轴的拆卸步骤

序号	操作说明	图 示
1	拆除 J3 轴电动机。利用 M5 力矩批头、扭力扳手将右图中圈出的 3 个螺钉拆掉，便可取下 J3 轴电动机和同步带	
2	已拆除 J3 轴电动机	
3	拆除大臂Ⅱ。利用 M4 内六角扳手拆除 M5 螺栓，拆除右图圈出的固定大臂Ⅱ的 5 个螺栓，便可以拆掉大臂Ⅱ	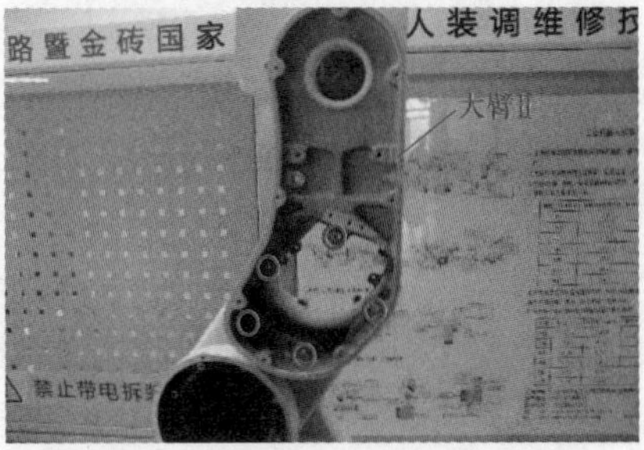
4	已拆掉大臂Ⅱ	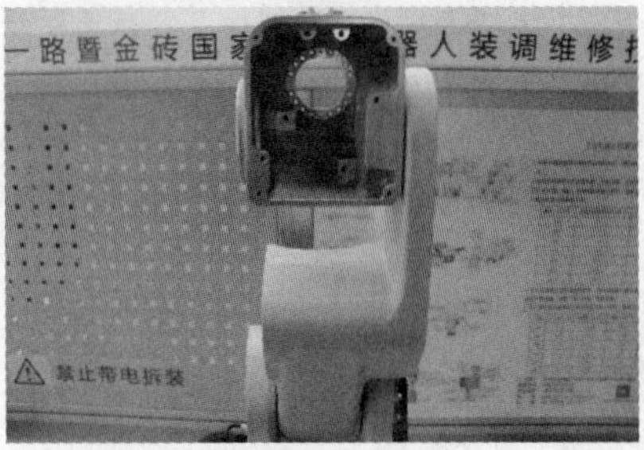

（续）

序号	操作说明	图　示
5	利用 M2.5 内六角扳手拆除 M3 螺栓,拆除右图小圆圈里的 4 个螺栓和大圆圈里的 16 个螺栓,进而可以拆除 J3 轴减速器	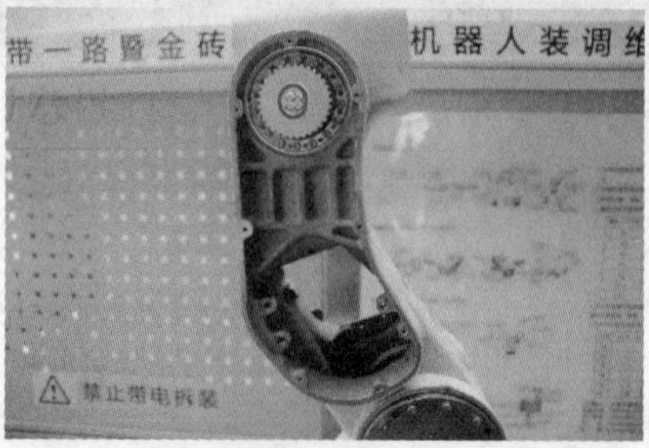
6	利用 M4 内六角扳手拆除 M5 螺栓,将右图圆圈标记的 2 个螺钉卸掉,便可将 J2 轴电动机和同步带取出,然后再拆除 J2 轴减速器	
7	已拆除 J2 轴电动机	
8	拆除 J2 轴减速器。首先拆除外面的 8 个螺栓 A,然后用两个顶丝把黑色金属圆环顶出,再拆除内部的螺栓 B 和减速器外部的 12 个螺栓,即可进行大臂 I 和 J2 轴减速器的分离。注意:在分离时要防止较重的减速器失控脱落	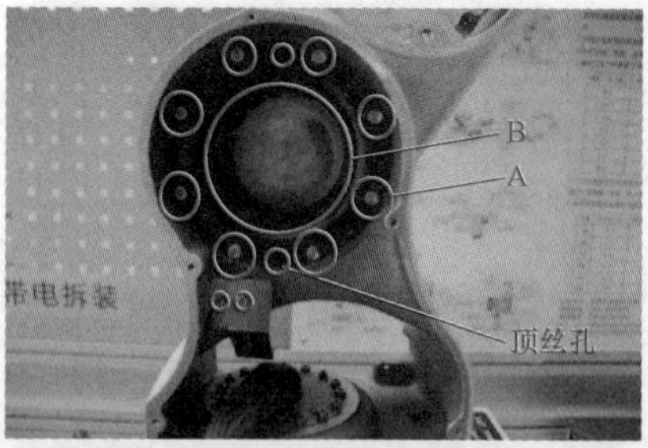 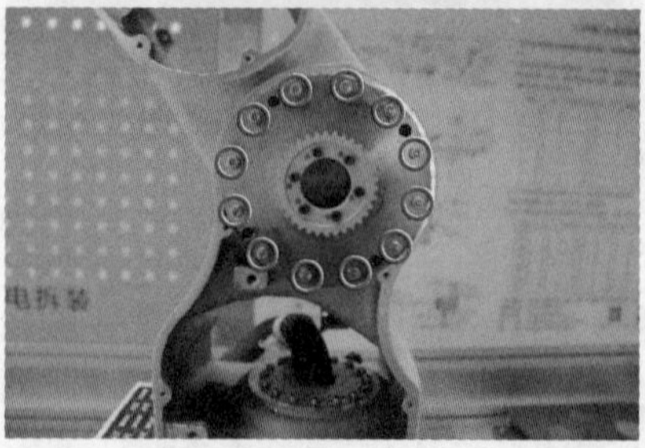

（续）

序号	操作说明	图　示
9	分离转座和底座。将右图圆圈标记的16个圆柱头螺钉拆除,便可分离转座和底座	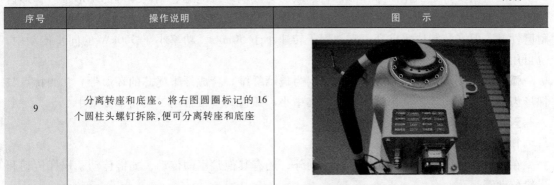

四、问题探究

带传动机构利用张紧在带轮上的带,借助它们之间的摩擦或啮合,在两轴或多轴间传递运动或动力。带传动具有结构简单、传动平稳、造价低廉、不需润滑以及缓冲吸振等特点,应用广泛。

根据带传动的原理不同,带传动可分为内摩擦型和啮合型两大类。前者过载可以打滑,但传动比不准确(滑动率在2%以下);后者可保证同步传动。根据带的形状,可分为V带、平带和同步带传动。工业机器人涉及的带传动为同步带传动。

1. V带

V带细分为普通V带、窄V带、联组V带、齿型V带、大楔形V带和宽V带等。其中普通V带承载层为绳芯或胶帘布,楔角为40°,相对高度近似为0.7,其截面为梯形。它的特点是当量摩擦因数大,工作面与轮槽黏附着好,允许包角小、传动比大、预紧力小,绳芯结构带体较柔软,曲挠疲劳性好。对于速度要求为25～30m/s,功率要求小于700kW,轴间距小的传动,多选择普通V带。

窄V带承载层为绳芯,楔角为40°,相对高度近似为0.9,其截面为梯形。它除具有普通V带的特点外,能承受较大的预紧力,允许速度和曲挠次数高,传递功率大,节能。窄V带主要应用于大功率、要求结构紧凑的传动。

2. 平带

平带分为胶帆布平带、编织带、腈纶片复合平带和高速环形胶带等。

胶帆布平带由数层挂胶帆布黏合而成,有开边式和包边式。它的特点是抗拉强度大,耐湿性好,价格便宜,但是耐热、耐油性能差;开边式较柔软。它适用于速度小于30m/s、功率小于500kW、轴间距较大的传动。

编织带有棉织、毛织和缝合棉布带,以及用于高速传动的丝、麻、腈纶编织带。带面有覆胶和不覆胶两种。它的优点是曲挠性好,缺点是传递功率小,易松弛。多用于中小功率传动。

腈纶片复合平带承载层为腈纶片(有单层和多层黏合),工作面贴有挂胶帆布或特殊织物等层压而成。它的特点是强度高,摩擦因数大,曲挠性好,不易松弛。它大多应用于大功率传动,薄型可应用于高速传动。

3. 同步带

同步带分为梯形齿同步带和弧形齿同步带。

梯形齿同步带是工作面为梯形齿，承载层为玻璃纤维绳芯、钢丝绳等的环形带。梯形齿同步带靠啮合传动，承载层保证带齿齿距不变，传动比准确，轴压力小，结构紧凑，耐油、耐磨性好，但安装制造要求高。它常用于转速小于 50m/s、功率小于 300kW 的同步传动中，也可用于低速传动。

弧齿同步带是工作面为弧齿，承载层为玻璃纤维、合成纤维绳芯的环形带。它的特点与梯形齿同步带相同，但工作时齿根应力集中小。弧齿同步带常用于大功率传动中。

五、知识拓展

1. 其他传动形式

在机械传动中，除了前面提到的传动外，还有其他常用的传动，如链传动、蜗杆传动和齿轮传动等。

（1）链传动 链传动（图 2-1）由装在平行轴上的主动链轮、从动链轮和绕在链轮上的链条组成。工作时，靠链条链节与链轮轮齿的啮合带动从动轮回转并传递运动和动力。链传动具有以下特点：

1）由于链传动属于带有中间挠性件的啮合传动，所以可获得准确的平均传动比。

2）与带传动相比，链传动预紧力小，所以链传动轴压力小，而传递的功率较大，效率较高。链传动还可以在高温、低速和油污等情况下工作。

图 2-1 链传动

3）与齿轮传动相比，链传动两轴中心距较大，制造与安装精度要求较低，成本低廉。

4）链传动运转时不能保持恒定的瞬时传动比和瞬时链速，所以传动平稳性较差，工作时有噪声且链速不宜过高。

链传动适用于中心距较大，要求平均传动比准确的场合。传动链传递的功率一般在 100kW 以下，最大传动比 $i_{max}=8$，链速不超过 15m/s。

（2）蜗杆传动 蜗杆传动（图 2-2）用于传递空间交错轴之间的转矩和运动，通常两轴之间的交错角为 90°。蜗杆传动具有以下特点：传动比大，结构紧凑；传动平稳，振动和噪声小；具有自锁性能；传动效率比较低，易发热。

根据蜗杆分度曲面形状的不同，蜗杆传动可分为圆柱蜗杆传动、环面蜗杆传动和锥面蜗杆传动三类。

蜗杆传动中，最常用的蜗杆为圆柱形阿基米德蜗杆。这种蜗杆的轴向齿廓是直线，轴向断面呈等腰梯形，与梯形螺纹相似。蜗杆的齿数称为头数，相当于螺纹的线数，常用的有单头或双头。一般情况下，

图 2-2 蜗杆传动

蜗杆为主动轴，其材料是密度较大的合金钢，不易磨损；蜗轮为从动轴，其材料为青铜。蜗轮相当于斜齿圆柱齿轮，其轮齿分布在圆环面上，使轮齿能包住蜗杆，以改善接触状况，这是蜗轮形体的一个特征。蜗轮多采用锡青铜，有利于减小摩擦，青铜质地比较软，一般蜗杆的材料都比蜗轮硬。蜗杆是主动轮，一般都与电动机相连，万一设备发生故障不能转动，电动机可以通过蜗杆把质地软的蜗轮损坏，以保护电动机不被烧坏。蜗杆传动可以得到很大的传动比，比交错轴斜齿轮机构紧凑。蜗杆传动相当于螺旋传动，为

多齿啮和传动，故传动平稳、噪声很小，具有自锁性。当蜗杆的导程角小于啮合轮齿间的当量摩擦角时，机构具有自锁性，可实现反向自锁，即只能由蜗杆带动蜗轮，而不能由蜗轮带动蜗杆。如在起重机械中使用的自锁蜗杆机构，其反向自锁性可起安全保护作用。两轮啮合齿面间为线接触，其承载能力大大高于交错轴斜齿轮机构。

（3）齿轮传动　齿轮传动应用普遍，类型较多，适应性广，大多为传动比固定的传动，少数为有级变速传动，如图2-3所示。

图 2-3　齿轮传动

圆柱齿轮传动用于两平行轴之间的传动，其功率与速度范围最大，效率最高，可靠性高，容易设计制造，是首先应考虑采用的齿轮传动类型。但是当制造和安装精度不高时，噪声较大。斜齿轮可以达到较高的速度，但有轴向力。人字齿轮或双斜齿轮可以抵消轴向力，但螺旋角一般较大。

锥齿轮传动主要用于相交两轴的传动，有直齿、斜齿和曲线齿之分。直齿锥齿轮噪声较大，一般用于低速传动。

齿轮齿条传动用于把回转运动变为直线运动，结构简单，效率较高，不能自锁。与螺旋传动相比，齿轮齿条传动更适合要求较高速度的场合。

齿轮传动传递的功率范围极宽，可以从 0.001W 到 60000kW；圆周速度可以很低，也可高达 150m/s，带传动、链传动均难以比拟。

根据一对齿轮传动的传动比是否恒定，可分为定传动比和变传动比齿轮传动。变传动比齿轮传动机构中，齿轮一般是非圆形的，所以又称为非圆齿轮传动，它主要用于一些具有特殊要求的机械中；定传动比齿轮传动机构中，齿轮都是圆形的，所以又称为圆形齿轮传动。

定传动比齿轮传动的类型很多，根据其主、从动轮回转轴线是否平行，又可将它分为两类：平面齿轮传动和空间齿轮传动，如图2-4所示。

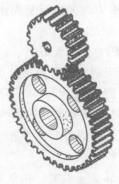 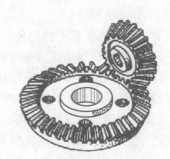

a) 平面齿轮传动　　　　　　　　　　b) 空间齿轮传动

图 2-4　齿轮传动的类型

2. 传动的失效形式

（1）链传动的主要失效形式　链传动的主要失效形式有以下几种：

1）链板疲劳破坏。链在松边拉力和紧边拉力的反复作用下，经过一定的循环次数，链板会发生疲劳破坏。正常润滑条件下，疲劳强度是限定链传动承载能力的主要因素。

2）滚子套筒的冲击疲劳破坏。链传动的啮入冲击首先由滚子和套筒承受。在反复多次的冲击下，经过一定的循环次数，滚子、套筒会发生冲击疲劳破坏。这种失效形式多发生于中、高速闭式链传动中。

3）销轴与套筒的胶合。润滑不当或速度过高时，销轴和套筒的工作表面会发生胶合。胶合限定了链传动的极限转速。

4）链条铰链磨损。铰链磨损后链节变长，容易引起跳齿或脱链。开式传动、环境条件恶劣或润滑密封不良时，极易引起铰链磨损，从而急剧降低链条的使用寿命。

5）过载拉断。这种拉断常发生于低速重载或严重过载的传动中。

（2）蜗杆传动的主要失效形式　在蜗杆传动中，蜗轮轮齿的失效形式有点蚀、磨损、胶合和轮齿弯曲折断。但一般蜗杆传动效率较低，滑动速度较大，容易发热，故胶合和磨损破坏更为常见。为了避免胶合和减缓磨损，蜗杆传动的材料必须具备减摩、耐磨和抗胶合的性能。一般蜗杆用碳钢或合金钢制成，螺旋表面应进行热处理（如淬火和渗碳），以便达到较高的硬度（45~63HRC），然后经过磨削或珩磨来提高传动的承载能力。蜗轮多数用青铜制造，对低速不重要的传动，有时也用黄铜或铸铁。为了防止胶合和减缓磨损，应选择良好的润滑方式，选用含有抗胶合添加剂的润滑油。对于蜗杆传动的胶合和磨损，还没有成熟的计算方法。齿面接触应力是引起齿面胶合和磨损的重要因素，因此仍以齿面接触强度计算为蜗杆传动的基本计算。此外，有时还应验算轮齿的弯曲强度。一般蜗杆的齿不易损坏，故通常不必进行强度计算，但必要时应验算蜗杆轴的强度和刚度。对于闭式传动，还应进行热平衡计算，如果热平衡计算不能满足要求，则在箱体外侧加设散热片或采用强制冷却装置。

（3）齿轮传动的主要失效形式　齿轮传动是靠齿与齿的啮合进行工作的，轮齿是齿轮直接参与工作的部分，所以齿轮的失效主要发生在轮齿上。齿轮传动的主要失效形式有以下几种：

1）轮齿折断。轮齿折断通常有两种情况：一种是由于多次重复的弯曲应力和应力集中造成的疲劳折断，另一种是由于突然产生严重过载或冲击载荷作用引起的过载折断。

2）齿面点蚀。轮齿工作时，齿面啮合处在交变接触应力的多次反复作用下，在靠近节线的齿面上会产生若干小裂纹。

3）齿面胶合。在高速重载的齿轮传动中，齿面间的压力大、温升高、润滑效果差，当瞬时温度过高时，将使两齿面局部熔融、金属相互粘连，当两齿面做相对运动时，粘住的地方被撕破，从而在齿面上沿着滑动方向形成带状或大面积的伤痕。

4）齿面磨损。轮齿啮合时，由于相对滑动，特别是外界硬质微粒进入啮合工作面之间时，会导致轮齿表面磨损。齿面逐渐磨损后，齿面将失去正确的齿形，严重时导致轮齿过薄而折断，齿面磨损是开式齿轮传动的主要失效形式。

5）齿面塑性变形。对于硬度较低的软齿面齿轮，在低速重载时，由于齿面压力过大，在摩擦力作用下，齿面金属产生塑性流动而失去原来的齿形。提高齿面硬度和采用黏度较高的润滑油均有助于防止或减轻齿面塑性变形。

（4）带传动的主要失效形式　带传动的主要失效形式有带疲劳断裂、打滑、带的工作面磨损等。带传动是利用张紧在带轮上的柔性带进行运动或动力传递的一种机械传动。根据传动原理的不同，有靠带与带轮间的摩擦力传动的摩擦型带传动，也有靠带与带轮上的齿相互啮合传动的同步带传动。

六、评价反馈（表2-5）

表 2-5 评价表

基本素养（30 分）					
序号	评估内容		自评	互评	师评
1	纪律（无迟到、早退、旷课）（10 分）				
2	安全规范操作（10 分）				
3	团结协作能力、沟通能力（10 分）				
理论知识（20 分）					
序号	评估内容		自评	互评	师评
1	掌握工业机器人本体的结构组成（10 分）				
2	掌握工业机器人本体的拆卸步骤（10 分）				
技能操作（50 分）					
序号	评估内容		自评	互评	师评
1	完成工业机器人本体的拆卸（40 分）				
2	讲述工业机器人本体拆卸的注意事项（5 分）				
3	分享工业机器人本体拆卸的心得（5 分）				
综合评价					

七、练习题

1. 填空题

（1）机械系统常用的传动有_____、_____和_____。

（2）蜗杆传动用于传递空间交错轴之间的转矩和运动，通常两轴之间的交错角为_____。

（3）根据蜗杆分度曲面形状，蜗杆传动可分为_____、_____和_____。

（4）_____用于把回转运动变为直线运动，结构简单，效率较高，不能自锁。

（5）齿轮传动的主要失效形式有_____、_____、_____、_____和_____。

（6）工业机器人主要涉及两种传动，分别为_____和_____。

2. 简答题

（1）根据带的形状的不同，带传动可以分为哪几种？特点分别是什么？

（2）链传动的主要失效形式包括哪些？

任务二　工业机器人本体的拆卸（BN-R3A）

一、学习目标

1. 学习 BN-R3A 工业机器人的驱动方式。

2. 掌握 BN-R3A 工业机器人的相关参数。

3. 了解 BN-R3A 工业机器人的机械结构。

4. 掌握 BN-R3A 工业机器人的拆卸顺序及拆分方式。

5. 了解工业机器人常见的机械结构。

6. 掌握工业机器人拆装工具的使用方法。

二、工作任务

1. 拆卸工业机器人。

2. 熟悉内六角扳手、斜口钳的使用方法。

三、实践操作

1. 知识储备

BN-R3A 型机器人本体由底座、大臂、小臂、手腕部件和本体管线包组成，共有 6 个伺服电动机通过不同的驱动方式驱动 6 个谐波减速机，可带动 6 个关节实现不同的运动形式。各轴的传动方式见表 2-6。BN-R3A 型机器人参数见表 2-7。

表 2-6 BN-R3A 型机器人传动方式

名称	传动方式	名称	传动方式
J1 轴	伺服电动机+谐波减速机	J4 轴	伺服电动机+同步带传动+谐波减速机
J2 轴	伺服电动机+谐波减速机	J5 轴	伺服电动机+同步带传动+谐波减速机
J3 轴	伺服电动机+同步带传动+谐波减速机	J6 轴	伺服电动机+谐波减速机

表 2-7 BN-R3A 型机器人参数

名称	数值	名称	数值
型号	BN-R3A	轴数	6 轴
有效载荷	3kg	重复定位精度	±0.02mm
环境温度	0~45℃	本体重量	27kg
能耗	0.5kW	安装方式	任意角度
功能	装配、物料搬运	最大臂展	628mm
本体防护等级	IP30	电柜防护等级	IP43
各轴运动范围		最大单轴速度	
J1 轴	±167°	J1 轴	230°/s
J2 轴	+90°/-130°	J2 轴	230°/s
J3 轴	+101°/-71°	J3 轴	250°/s
J4 轴	±180°	J4 轴	320°/s
J5 轴	±113°	J5 轴	320°/s
J6 轴	±360°	J6 轴	420°/s

2. 工业机器人本体 J6、J5、J4 轴的拆卸（表 2-8）

表 2-8 工业机器人本体 J6、J5、J4 轴的拆卸步骤

序号	操作说明	图　示
1	利用 M2.5 内六角扳手拆掉 M3 螺栓，将机器人本体的大臂、小臂和手腕部分的外壳拆掉	

（续）

序号	操作说明	图　示
2	将手腕部分(J5轴)电动机空间中的各插线接口取出并分开	
3	利用 M3 内六角扳手拆除 M4 螺栓,拆掉手腕内的塑料束线固定板	
4	拆掉手腕右边的侧外壳	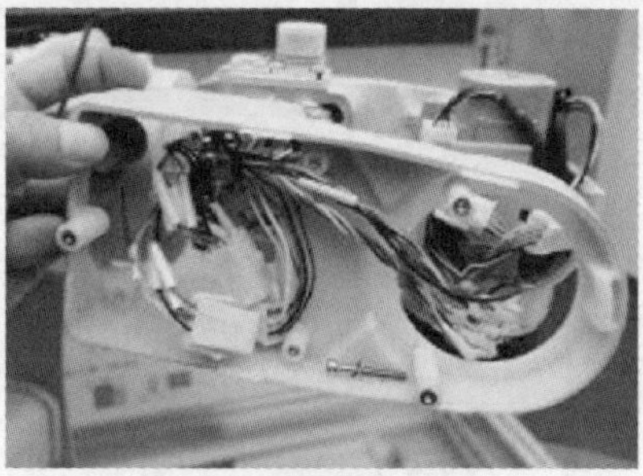
5	拆掉手腕部分上的进出气孔盖(注意连接的线和气管)	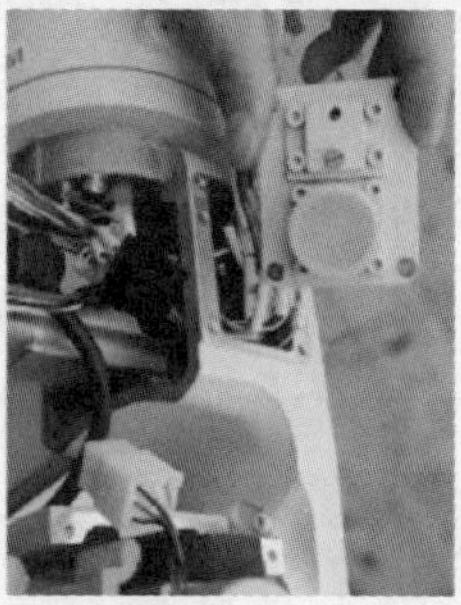
6	利用 M3 内六角扳手拆除 M4 螺栓,松开手腕侧边的同步带调整螺栓,拆掉同步带压紧板与调整板,取下同步带	

（续）

序号	操作说明	图　示
7	利用 M3 内六角扳手拆除 M4 螺栓，拆掉手腕(J5 轴)内的电动机	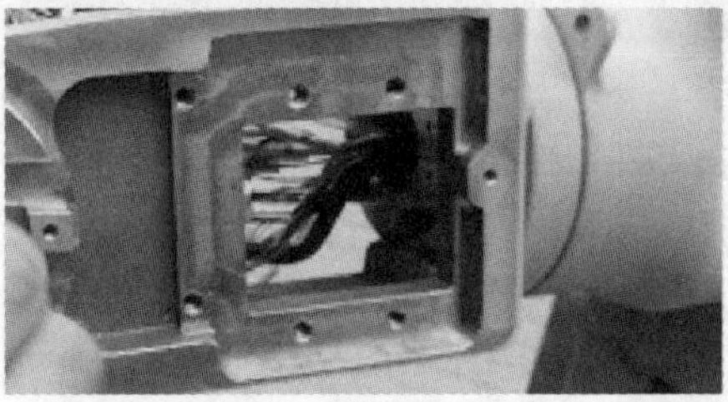
8	利用 M2.5 内六角扳手拆除 M3 螺栓，拆掉小臂与手腕之间的束线固定板，分离小臂与手腕（拆掉 4 个螺栓）	
9	将小臂(J4 轴)电动机下的各插线接口取出并分开	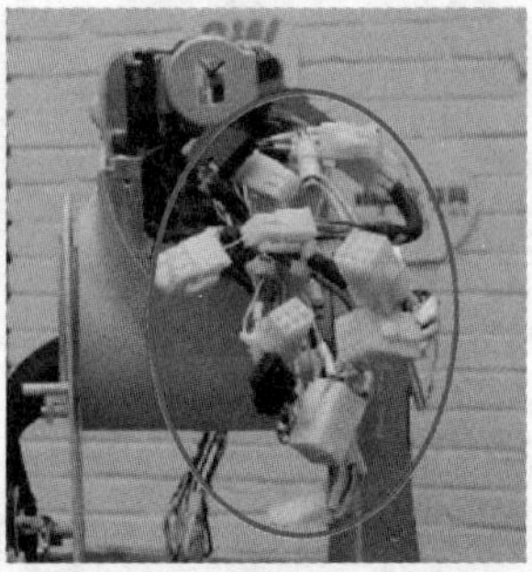
10	利用 M3 内六角扳手拆除 M4 螺栓，松开小臂同步带调整螺栓，拆掉同步带压紧板，拿出小臂中的电动机与同步带	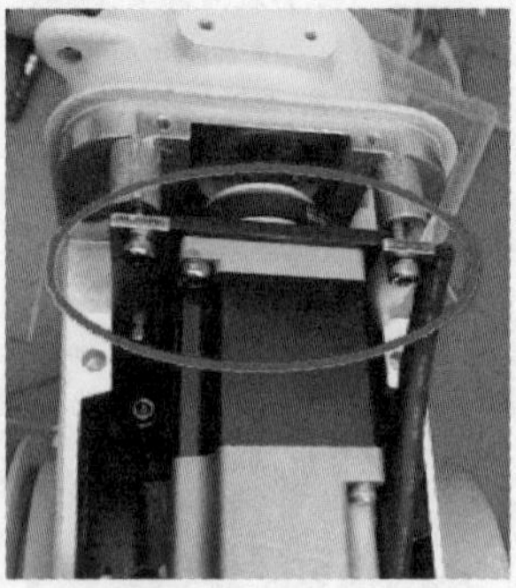

（续）

序号	操作说明	图 示
11	利用 M2.5 内六角扳手拆除 M3 螺栓,拆掉小臂电动机下的两个束线固定板	
12	利用 M2.5 内六角扳手拆除 M3 螺栓,拆掉大臂Ⅱ中间的束线固定板,剪开扎带,将长束线从小臂内抽出	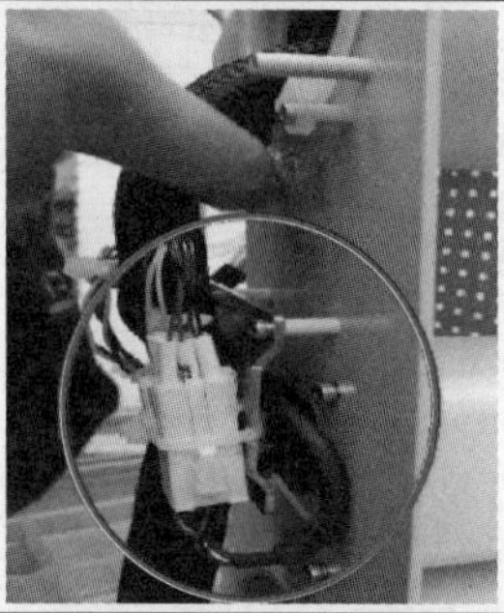
13	利用 M2.5 内六角扳手拆除 M3 螺栓,拆掉大臂Ⅱ(J3 轴薄的连接板),分离大臂与小臂部分	

3. 工业机器人本体 J3、J2、J1 轴的拆卸（表 2-9）

表 2-9　工业机器人本体 J3、J2、J1 轴的拆卸步骤

序号	操作说明	图 示
1	利用 M3 内六角扳手拆除 M4 螺栓,拆卸 J3 轴大臂的电动机外壳	

（续）

序号	操作说明	图 示
2	利用 M3 内六角扳手拆除 M4 螺栓,拆卸 J3 轴同步带调整板,取下同步带	
3	利用 M3 内六角扳手拆除 M4 螺栓,拆卸 J3 轴电动机	
4	利用 M3 内六角扳手拆除 M4 螺栓,分离 大臂Ⅰ与腰部(拆掉腰部右边的 16 个螺栓)	
5	利用 M3 内六角扳手拆除 M4 螺栓,分离 腰部与底座过渡板(拆掉腰部上的 8 个螺栓)	

（续）

序号	操作说明	图　示
6	利用 M2.5 内六角扳手拆除 M3 螺栓,拆掉底座过渡板(J1 轴上方)上的束线固定板	
7	利用 M2.5 内六角扳手拆除 M3 螺栓,分离底座过渡板与底座(拆掉底座过渡板上16 个螺栓)	

四、问题探究

1. 运动副

机构中各个构件之间必须有确定的相对运动,因此,构件的连接既要使两个构件直接接触,又能产生一定的相对活动。这种使两个构件直接接触并能产生一定的相对运动的连接称为运动副。构件上参与接触的部分是点、线、面。运动副按其接触形式分为高副和低副,高副是点或线接触的运动副,低副是面接触的运动副;按运动形式分为转动副(回转副或铰链)和移动副等。

2. 运动链

运动链为多个构件用运动副连接构成的系统。开式链是运动链的各构件不构成首尾封闭的系统,闭式链是运动链的各构件构成了首尾封闭的系统。机构是各构件间具有确定相对运动的运动链,如图 2-5 所示。

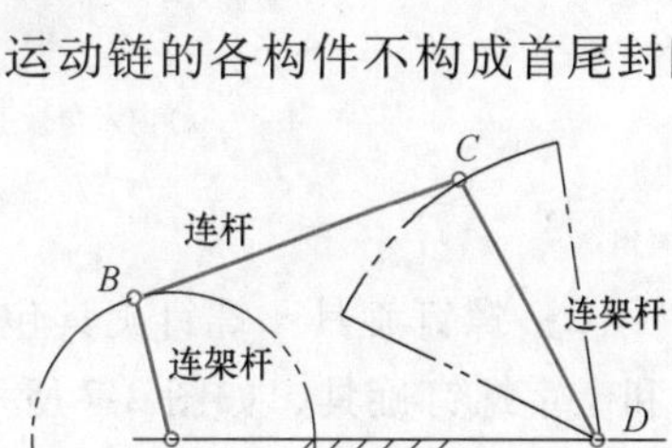

3. 构件

机架是机构中的固定构件,一般机架相对地面固定不动,如机床床身、车辆底盘和飞机机身等。原动件是按给定已知运动规律独立运动的构件,给机构提供原动力。从动件是机构中其余活动构件,其运动规律取决于原动件的运动规律、机构的结构及构件的尺寸。

机构一般由 1 个机架、1 个或多个原动件加上若干个从动件组成。

图 2-5　运动链

五、知识拓展

1. 常用的拆卸与装配工具

对于工业机器人的拆装，为了减轻劳动强度、提高劳动生产率和保证装配质量，一定要选用合适的装配工具和设备。对通用工具的选用，一般所选工具的类型和规格应符合被装配机件的要求，不错用或乱用，要尽量采用专用工具。工业机器人由于结构的特点，有时仅用通用工具不能或不便于完成装配，因此必须采用专用工具。

（1）扳手　扳手包括活扳手、双头呆扳手、内六角扳手和扭力扳手，如图 2-6 所示。

1）活扳手（图 2-6a）用于旋紧六角头、正方头螺钉和各种螺母。使用活扳手时，应使其固定钳口承受主要作用力，否则容易损坏活扳手。钳口的开度应适合螺母对边间距尺寸，过宽会损坏螺母。

2）使用双头呆扳手（图 2-6b）时，应与螺栓或螺母的平面保持水平，以免用力时呆扳手滑出伤人。不能用锤子敲击呆扳手，因为呆扳手在冲击载荷作用下极易变形或损坏。不能将米制扳手与寸制扳手混用，以免造成打滑而伤及使用者。

3）内六角扳手（图 2-6c）用于装拆内六角圆柱头螺钉。常用的有直角内六角扳手、球头直角内六角扳手和 T 形内六角扳手三种形式。成套的内六角扳手可拆装 M3～M30 的内六角圆柱头螺栓。

4）扭力扳手（图 2-6d）也称为扭矩扳手或力矩扳手。在紧固螺钉、螺栓等螺纹紧固件时需要控制施加的力矩大小，以保证螺纹紧固且不至于因力矩过大而破坏螺纹，影响机器人的精度，所以用扭力扳手来操作。首先设定好一个需要的力矩值上限，当施加的力矩达到设定值时，扭力扳手会发出"咔嗒"声响或扭力扳手连接处折弯一定角度，即表示已经紧固不要再施加力。

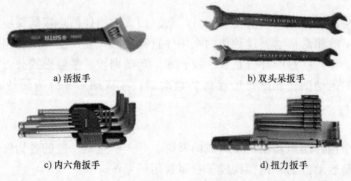

a) 活扳手　　　　　　　　　　　　　　b) 双头呆扳手

c) 内六角扳手　　　　　　　　　　　　d) 扭力扳手

图 2-6　扳手

（2）螺钉旋具　螺钉旋具包括一字螺钉旋具和十字螺钉旋具，如图 2-7 所示。

1）一字螺钉旋具（图 2-7a）用于拧紧或松开头部带一字槽的螺钉。为防止刃口滑出螺钉槽，刃口的前端必须是平行的。

2）十字螺钉旋具（图 2-7b）用于拧紧或松开头部带十字槽的螺钉。由于它在旋紧或旋松时的接触面积更大，故在较大的拧紧力作用

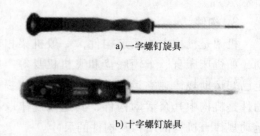

a) 一字螺钉旋具

b) 十字螺钉旋具

图 2-7　螺钉旋具

下，也不易从槽中滑出。同时，十字槽螺钉使十字螺钉旋具更容易放置，从而使操作更快。

（3）钳子 钳子包括尖嘴钳、斜口钳、剥线钳和压线钳，如图 2-8 所示。

1）尖嘴钳（图 2-8a）由尖头、刀口和钳柄组成，一般由 45 钢制成，用于夹持、拧紧和松开螺母。

2）斜口钳（图 2-8b）主要用于剪切导线、元器件多余的引线和扎带等。

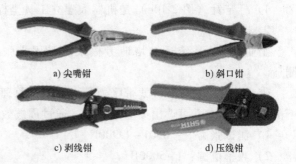

a) 尖嘴钳　　　　　　b) 斜口钳

c) 剥线钳　　　　　　d) 压线钳

图 2-8　钳子

3）剥线钳（图 2-8c）专用于剥除电线头部的表面绝缘层，而不损坏线芯。

4）压线钳（图 2-8d）即导线压接接线钳，是一种用冷压的方法来连接铜、铝等导线的工具，在铝绞线和铜芯铝绞线敷设施工中经常用到。

（4）测量工具 测量工具包含带张力计、游标卡尺和万用表等，如图 2-9 所示。

1）带张力计（图 2-9a）通过非接触、音波方式测量带的张紧度。首先将张力传感器测量头对准待测带，敲击带使其振动，从而测量出频率。

2）游标卡尺（图 2-9b）用于测量零件的外径、内径、厚度、宽度、深度和孔距等。

3）万用表（图 2-9c）用于对电压、电阻、电流和二极管等进行测量。

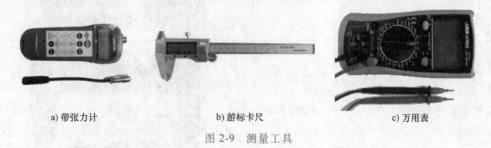

a) 带张力计　　　　　　　　b) 游标卡尺　　　　　　　　c) 万用表

图 2-9　测量工具

（5）其他常用工具 其他常用工具有套筒、定位销、手电和标定针，如图 2-10 所示。

1）套筒（图 2-10a）用于拧紧、松开螺母，可加长内六角扳手的杆长。

2）定位销（图 2-10b）有一长一短，长的用于对 J1 轴、J3 轴、J5 轴进行机械零点的标定，短的用于对 J2 轴、J4 轴进行机械零点的标定。

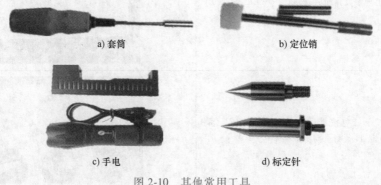

a) 套筒　　　　　　　　b) 定位销

c) 手电　　　　　　　　d) 标定针

图 2-10　其他常用工具

3）手电（图2-10c）可以进行充电，用于在拆装过程中进行辅助照明。

4）标定针（图2-10d）是机器人建立工具坐标系、工件坐标系的辅助工具。

2. 带张力计

工业机器人系统运维培训考核系统采用带张力计对机器人本体的同步带张紧力进行测量。

带张力计是一种音波式带张力计，其测试原理是：通过模拟信号处理，可测出不同条件下的振动波形，并可读出波形的周期，通过周波数频率的处理，换算出张力值。

1）测试张力值：0.01~99900N。

2）频率范围：1~5000Hz。

3）测量输出值单位：赫兹、英磅、千克和牛顿。

带张力计测量步骤见表2-10。

表2-10　带张力计测量步骤

序号	操作说明	图　示
1	安装探头，把探头上的卡槽和仪器上的凹槽连接并推紧。如需分离，握住探头上的卡槽然后拔出	
2	长按红色"POWER"（开关）键，打开设备	
3	出现参数界面后，松开"POWER"键	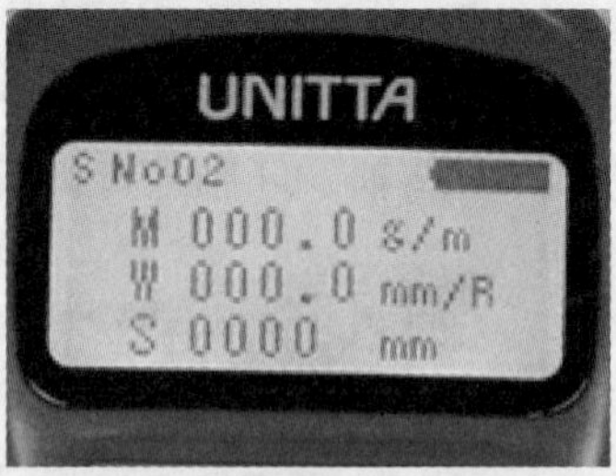
4	按下红色按键旁边的"MEASURE"（测量）键，准备测量同步带频率	

（续）

序号	操作说明	图　示
5	当设备下方绿色灯开始闪烁时,液晶屏出现横波线	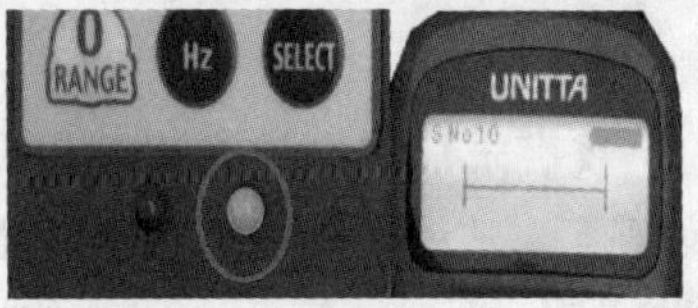
6	将便携式探头靠近同步带中心处,探头放在离同步带 1cm 左右,但切勿碰到同步带,轻轻拨动同步带,使之振动	
7	绿色的 LED 灯将不停闪烁,直到探头接收到信号,这时 LED 灯会自动关掉,屏幕上将出现一个曲线图	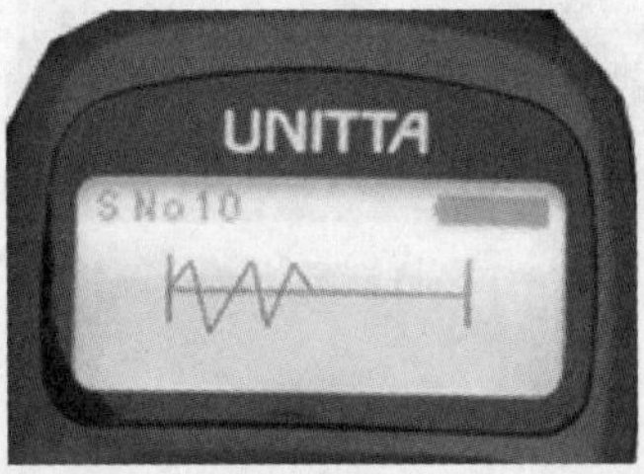
8	液晶屏上没有数值时,按下"Hz"键,查看数值	
9	对照实训台右下方对应的轴同步带所对应的频率范围,见表 2-11。当屏幕上的数值小于范围下限时,同步带的张紧力小,应张紧同步带;当屏幕上的数值大于范围上限时,同步带的张紧力大,应放松同步带	
10	测量结束后,长按"POWER"(开关)键,关闭设备	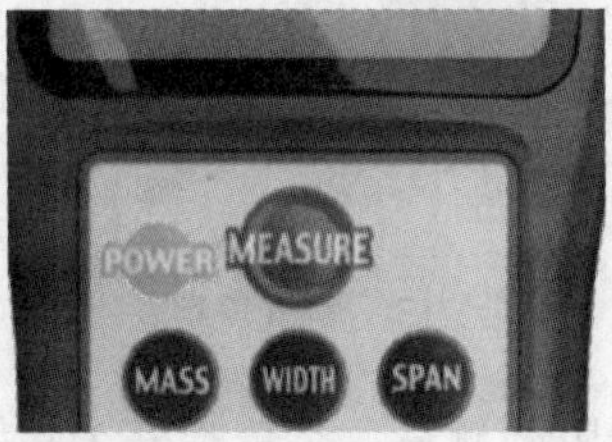

表 2-11　各轴同步带频率

位置	中心距/m	线密度/(kg/m)	频率下限/Hz	频率上限/Hz
J3 轴	0.150	0.013	101	116
J4 轴	0.042	0.013	361	417
J5 轴	0.105	0.013	144	167

注意事项：再次测量时，从第3步开始。当屏幕上出现"ERROR"（错误）、红灯闪烁时，按下"SELECT"（选择）键，如图2-11所示，再按下"MEASURE"（测量）键时，就会正常，可以重复测量。

3. 数字万用表

目前，数字式仪表已成为主流，有取代模拟式仪表的趋势。与模拟式仪表相比，数字式仪表灵敏度高、显示清晰、过载能力强、便于携带，使用更简单。下面以VC890D型数字万用表（图2-12）为例，简要介绍其使用方法和注意事项。

图 2-11　选择键

图 2-12　数字万用表

（1）使用方法

1）交直流电压的测量。根据需要将量程开关拨至DCV（直流）或ACV（交流）的合适量程，将红表笔插入V/Ω孔，将黑表笔插入COM孔，并将表笔与被测电路并联，读数即显示，如图2-13所示。

2）交直流电流的测量。将量程开关拨至DCA（直流）或ACA（交流）的合适量程，将红表笔插入mA孔（<200mA时）或10A孔（>200mA时），将黑表笔插入COM孔，并将万用表串联在被测电路中，如图2-14所示。测量直流时，数字万用表自动显示极性。

图 2-13　测电压接法

图 2-14　测电流接法

3）电阻的测量。将量程开关拨至Ω的合适量程，将红表笔插入V/Ω孔，将黑表笔插入COM孔，如果被测电阻的阻值超过所选量程的最大值，万用表将显示1，这时应该选用更高的量程。测量电阻时，红表笔为正极，黑表笔为负极，必须注意表笔的极性。

（2）注意事项

1）如果无法预先估计被测电压或电流的大小，则应先拨至最高量程档测量一次，再根据情况逐渐把量程减小到合适位置。测量完毕，应将量程开关拨到最高电压档，并关闭电源。

2）满量程时，仪表仅在最高位显示数字"1"，其他位均消失，这时应该选择更高量程档。

3）测量电压时，应将数字万用表与被测电路并联。测量电流时，应与被测电路串联，测直流电流时不必考虑正负性。

4）当误用交流电压档测量直流电压，或者误用直流电压档测量交流电压时，显示屏将显示"000"，或低位上的数字出现跳动。

5）禁止在测量高电压（220V以上）或大电流（0.5A以上）时换量程，以防止产生电弧，烧毁开关触点。

6）当显示屏显示"BATT"或"LOWBAT"时，表示电池电压低于工作电压。

六、评价反馈（表2-12）

表2-12 评价表

基本素养（30分）				
序号	评估内容	自评	互评	师评
1	纪律（无迟到、早退、旷课）（10分）			
2	安全规范操作（10分）			
3	团结协作能力、沟通能力（10分）			
理论知识（20分）				
序号	评估内容	自评	互评	师评
1	掌握工业机器人本体的结构组成（10分）			
2	掌握工业机器人本体的拆卸步骤（10分）			
技能操作（50分）				
序号	评估内容	自评	互评	师评
1	完成工业机器人本体的拆卸（30分）			
2	掌握机器人拆装工具的使用（10分）			
3	简述工业机器人本体拆卸的注意事项（5分）			
4	分享工业机器人本体拆卸的心得（5分）			
综合评价				

七、练习题

1. 填空题

（1）工业机器人本体拆卸需要_____、_____工具。

（2）BN-R3A型机器人本体由_____、_____、_____、_____和_____组成。

（3）工业机器人本体的J3轴通常采用的传动方式是_____、_____和_____。

（4）BN-R3A型机器人的J1轴主要由_____、_____、_____、_____和谐波减速机等组成。

（5）构件上参与接触的部分是_____、_____和_____。

（6）当数字万用表显示屏显示_____或_____时，表示电池电压低于工作电压。

2. 简答题

（1）简述三条数字万用表使用时的注意事项。

（2）带张力计测量输出值通常包括哪几种单位？

任务三 工业机器人本体的安装与调试（BN-R3B）

一、学习目标

1. 了解机器人的机械结构。

2. 掌握工业机器人本体的安装。

3. 掌握工业机器人拆装工具的使用方法。

4. 了解机器人的核心部件——伺服电动机和减速器。

二、工作任务

1. 进行工业机器人的多轴安装。

2. 连接电动机的控制电路和驱动电路。

三、实践操作

1. 知识储备

同步带的装配方法应根据机构的结构和要求来确定。如果无张紧结构，则拆下两轮，套上同步带一起安装；如果有张紧结构，则按结构和要求装配后调节张紧结构，控制同步带的松紧达到规定要求。

（1）作业前

1）检查传动装置的位置，如轴承和轴套的对称情况、耐用性以及润滑情况等。

2）检查带轮是否成直线对称。带轮成直线对称对传动带，特别是对同步带传动装置的运转是至关重要的。

3）清洗传动带和带轮。用抹布蘸少量不易挥发的液体擦拭，在清洁剂中浸泡或者使用清洁剂刷洗同步带都是不可取的。为去除油污以及污垢，用砂纸和尖锐的东西擦洗也是不可取的。传动带在安装使用前必须保持干燥。

（2）作业中

1）安装大小轮。

2）在带轮上安装传动带。严禁将传动带过度弯曲或折断，避免强力层损伤，失去使用价值。

3）用螺钉调节移动板，控制传动中心距，直至张力测试仪测出传动带张力适当为止。用手转数圈主动轮，重新测张力。

4）拧紧装配螺栓，纠正扭矩。由于传动装置在运动时中心距的任何变化都会导致传动带性能不良，故一定要确保所有传动装置部件均已拧紧。

5）起动装置并观察传动带性能，察看是否有异常振动，细听是否有异常噪声。

6）关闭电源，检查轴承及电动机的状况。若触摸感觉过热，则可能是传动带太紧，或者轴承不对称，或者润滑不正确，应及时调整处理。

7）确定合格后，交检验。

（3）作业后 整理作业现场，工量具保养后进行归类摆放，并清扫场地。

2. 工业机器人本体 J1、J2、J3 轴的安装（见表 2-13）

表 2-13　工业机器人本体 J1、J2、J3 轴的安装步骤

序号	操作说明	图　示
1	安装腰部：利用 M3 内六角扳手将圆圈标记的 16 个 M4 圆柱头螺栓进行安装固定，用扎带对主控线路进行捆绑	
2	安装 J2 轴减速器：放入大臂Ⅰ，首先固定内部的螺栓，选择对角的 4 个螺栓进行固定，不能固定死；然后固定外部的黑色铁环，用手肘部击打黑色铁环，击打过程中转动铁环，直到铁环各部分可以均匀进入到固定位置；最后对角固定 2 个螺栓，不固定死	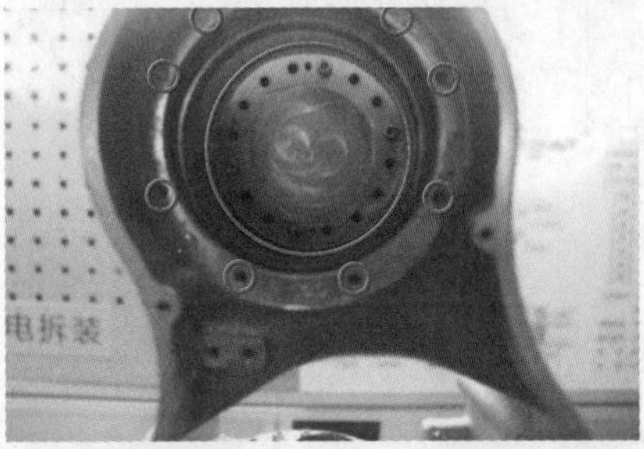
3	将减速器推入到指定位置，并对角固定 4 个螺栓，不固定死；然后整体调整减速器、铁环、螺栓和大臂Ⅰ的位置及距离，并将各自其他的螺栓进行固定	
4	安装 J2 轴电动机：安装固定 J2 轴电动机的螺栓，并安装同步带，连接好 J2 轴电动机的线路接头	 
5	安装小臂部分：固定减速器上的 16 个螺栓	

（续）

序号	操作说明	图　示
5	安装小臂部分:固定减速器上的 16 个螺栓	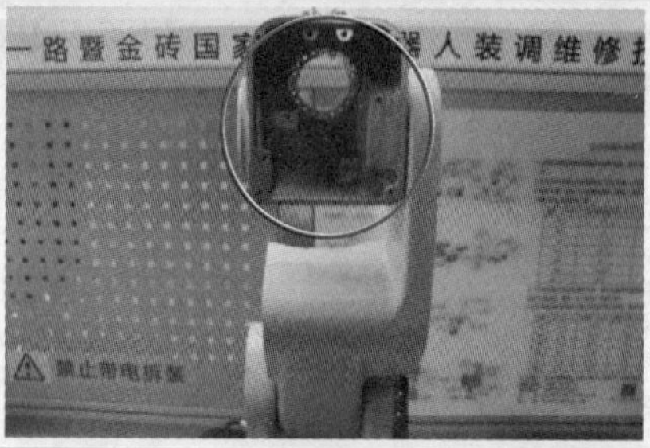
6	安装大臂 Ⅱ:将大臂 Ⅱ 先固定在适当位置,然后在 5 个圆圈的位置进行相关螺栓的固定,最后将黑色的线束从底座与大臂的孔内掏出	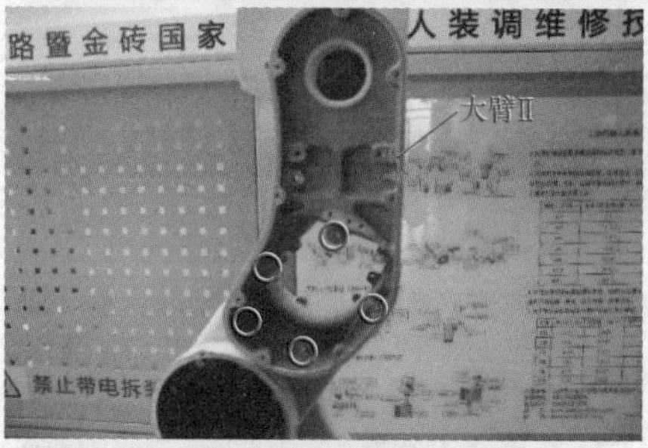
7	安装 J3 轴电动机:固定 3 个圆圈处的螺栓,然后安装上同步带,连接 J3 轴电动机线路接头并固定好钣金和线路。安装工具:M5 力矩批头、扭力扳手	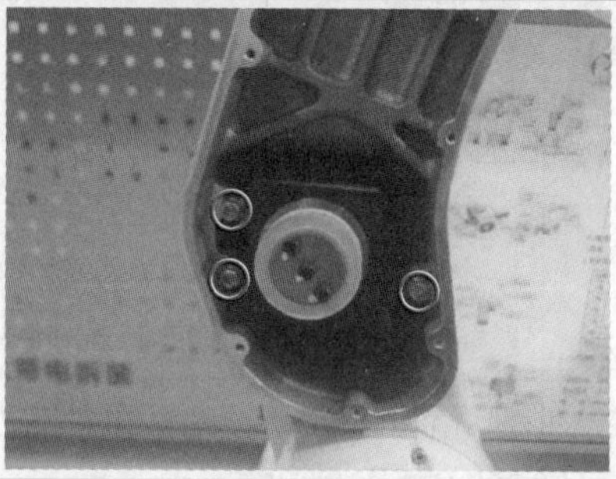

3. 工业机器人本体 J6、J5、J4 轴的安装（表2-14）

表 2-14　工业机器人本体 J6、J5、J4 轴的安装步骤

序号	操作说明	图　示
1	安装 J6 轴电动机:固定图中手腕部分左右两侧圆圈标记的螺栓,固定 J6 轴电动机,并连接电路,利用 M4 扭力扳手安装 2 个 M5 螺栓	 

（续）

序号	操作说明	图　示
2	安装 J5 轴电动机:固定图中圆圈标记的螺栓,并装同步带,利用 M3 扭力扳手安装 3 个 M4 螺栓	
3	安装 J4 轴电动机:首先将手腕部分和小臂部分进行连接,将小臂插入对应孔的位置,然后将图中圆圈部分的螺栓与螺栓孔一一对应,并固定、拧紧,利用 M2.5 扭力扳手安装 16 个 M3 螺栓	
4	安装 J4 轴电动机同步带:先将同步带安装在下部(即电动机上的齿轮),再往位于上部的齿轮上套;然后固定图中的 2 个螺钉(利用 M3 扭力扳手安装 2 个 M4 螺钉),对 J4 轴电动机进行加固	固定电动机的螺钉
5	将线束穿过白色塑料通孔,然后固定白色塑料通孔,连接好线路接头,并固定好 J4 轴电动机上的钣金片,将线路用扎带固定在钣金片上,安装好后盖,即可完成 J4 轴的安装	

四、问题探究

什么是伺服电动机?

伺服电动机是指在伺服系统中控制机械元件运转的电动机, 如图 2-15 所示。

伺服电动机可使控制速度、位置精度非常准确, 可以将电压信号转化为转矩和转速, 以驱动控制对象。伺服电动机转子的转速受输入信号控制, 并能快速反应, 在自动

图 2-15　交流伺服电动机

控制系统中，用作执行元件，且具有机电时间常数小、线性度高、始动电压小等特性，可把所收到的电信号转换成电动机轴上的角位移或角速度输出。伺服电动机分为直流和交流两大类，其主要特点是，当信号电压为零时无自转现象，转速随着转矩的增加而匀速下降。

无刷电动机体积小，重量轻，输出力大，响应快，速度高，惯量小，转动平滑，力矩稳定。控制复杂，容易实现智能化，其电子换相方式灵活，可以方波换相或正弦波换相。无刷电动机免维护，效率很高，运行温度低，电磁辐射很小，寿命长，可用于各种环境。

交流伺服电动机也是无刷电动机，分为同步电动机和异步电动机，目前运动控制中一般都用同步电动机，它的功率范围大，可以做到很大的功率。大惯量，最高转动速度低，且随着功率的增大而快速降低，因而适用于低速平稳的场合。

五、知识拓展

工业机器人的快速发展带动了其他行业的发展，尤其是核心零件的应用。减速器是工业机器人不可或缺的重要零件，对机器人的正常使用有很大的影响，因此在选择减速器时，一定要了解减速器的性能。减速器在机械传动领域是连接动力源和执行机构之间的中间装置。减速器通常把电动机、内燃机等高速运转的动力通过输入轴上的小齿轮啮合输出轴上的大齿轮来达到减速的目的，并传递更大的转矩。目前比较成熟并已标准化的减速器有：圆柱齿轮减速器、蜗轮减速器、行星减速器、行星齿轮减速器、RV 减速器、摆线针轮减速器和谐波减速器。其中，RV 减速器和谐波减速器是在工业机器人中广泛应用的两种减速器。

1. RV 减速器

RV 减速器是采用了摆线轮的减速结构的高精密控制用减速器。它具有良好的加速性能，可实现平稳运转并获取正确位置的精度。RV 减速器的主要特点如下：

1）伺服电动机的旋转从输入齿轮向直齿轮传动，输入齿轮和直齿轮的齿数比为减速比，如图 2-16 所示。

2）曲柄轴直接连接在直齿轮上，与直齿轮的旋转数一样。

3）曲柄轴的偏心轴中，通过滚针轴承安装了两个 RV 齿轮（两个 RV 齿轮可取的力平行），如图 2-17 所示。

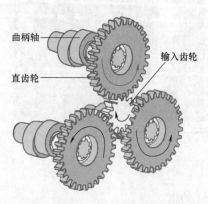

图 2-16　第一级减速

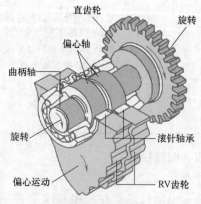

图 2-17　曲柄轴部

4）随着曲柄轴的旋转，偏心轴中安装的两个 RV 齿轮也跟着做偏心运动（曲柄运动）。

5）在壳体内侧等距排列着针齿槽，其数量比 RV 齿轮的齿数多一个，如图 2-18 所示。

6）曲柄轴旋转一次，RV 齿轮与针齿槽接触的同时做一次偏心运动（曲柄运动）。在此结果上，RV齿轮沿着与曲柄轴的旋转方向相反的方向旋转一个齿距。

7）借助曲柄轴在输出轴上取得旋转，曲柄轴的旋转速度是根据针齿槽的数量来区分的，这是第二级减速，如图2-18所示。

8）总减速比是第一级减速的减速比与第二级减速的减速比的乘积。

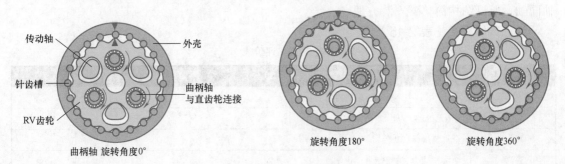

图 2-18　第二级减速

2. 谐波减速器

谐波减速器按照波发生器的不同有凸轮式、滚轮式和偏心盘式，如图2-19所示。谐波减速器传动比大、外形轮廓小、零件数目少且传动效率高。单机传动比可达到50~4000，而传动效率高达92%~96%。

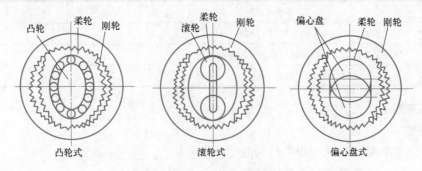

图 2-19　三种常见的谐波减速器类型

谐波减速器是应用于机器人领域的两种主要减速器之一，在关节型机器人中，谐波减速器通常放置在小臂、腕部或手部。

谐波减速器是利用行星齿轮传动原理发展起来的一种新型减速器。谐波齿轮传动是依靠柔性零件产生弹性机械波来传递动力和运动的一种行星齿轮传动。

谐波传动的主要优点如下：

1）传动比大。单级谐波减速器的传动比范围一般为70~320，在某些特殊的装置中可达1000；多级谐波减速器的传动比可达30000以上。它不仅用于减速的场合，也可用于增速的场合。

2）承载能力高。这是因为谐波减速器传动中同时啮合的齿数多，双波传动同时啮合的齿数可达总齿数的30%以上，而且柔轮采用了高强度材料，齿与齿之间是面接触。

3）传动效率高、运动平稳。由于柔轮轮齿在传动过程中做均匀的径向移动，因此，即使输入的速度很高，齿轮的相对滑移速度仍很低，所以，齿轮的磨损小，效率高（可达

69%～96%）。又由于啮入和啮出时，齿轮的两侧都参与工作，因而无冲击现象，运动平稳。

4）传动精度高。谐波减速器中同时啮合的齿数多，误差平均化，即多齿啮合对误差有相互抵消作用，故传动精度高。

5）结构简单、零件数少，安装方便。整个减速器仅有三个基本部件，且输入轴和输出轴同轴，所以结构简单，安装方便。

六、评价反馈（表2-15）

表2-15　评价表

基本素养（30分）				
序号	评估内容	自评	互评	师评
1	纪律（无迟到、早退、旷课）（10分）			
2	安全规范操作（10分）			
3	团结协作能力、沟通能力（10分）			
理论知识（20分）				
序号	评估内容	自评	互评	师评
1	掌握工业机器人的基本结构组成（10分）			
2	掌握工业机器人的安装原则（10分）			
技能操作（50分）				
序号	评估内容	自评	互评	师评
1	完成工业机器人本体的安装（45分）			
2	讲述工业机器人本体安装注意事项和心得（5分）			
综合评价				

七、练习题

1. 填空题

（1）同步带的装配方法应根据机构的_____和_____来确定。

（2）_____是指在伺服系统中控制机械元件运转的电动机。

（3）伺服电动机可以将电压信号转化为_____和_____以驱动控制对象。

（4）交流伺服电动机分为_____和_____。

（5）工业机器人中两种重要的减速器为_____和_____。

（6）谐波减速器主要由_____、_____和_____三部分组成。

2. 简答题

（1）目前比较成熟并已标准化的减速器包含哪些？

（2）谐波传动的优点包括哪些？

任务四　工业机器人本体的安装与调试（BN-R3A）

一、学习目标

1. 了解机器人的机械结构。

2. 掌握工业机器人本体的安装。

3. 掌握工业机器人拆装工具的使用。

4. 了解机器人拆装过程中螺栓的应用。

5. 了解机器人末端执行器的分类。

二、工作任务

1. 进行工业机器人的多轴安装。

2. 连接电动机的控制电路和驱动电路。

三、实践操作

1. 知识储备

运动简图是用规定的符号和线条按一定的比例表示构件和运动副的相对位置，并能完全反映机构特征的简图。运动简图的内容包括构件数目、运动副的数目和类型、构件连接关系、与运动有关的尺寸、主动件及运动特性。运动简图的作用是表示机构的结构和运动情况，是机构运动分析和动力分析的依据。

串联结构机械臂是较早应用于工业领域的机器人。机械臂开始出现时，是由刚度很大的杆通过关节连接起来的，关节有转动和移动两种，前者称为转动副，后者称为棱柱关节。而且这些结构是杆之间串联，形成一个开式运动链，除了两端的杆只能与前面或后面的杆连接外，每一个杆都与前面和后面的杆通过关节连接在一起。由于机器人本体的这种连接的连续性，即使它们有很强的连接，但它们的负载能力和刚性与多轴机械相比还是很低。很明显，刚性差就意味着位置精度低。由于杆件之间连接的运动副不同，串联机器人可分为直角坐标机器人、圆柱坐标机器人和关节型机器人。图 2-20 所示为串联机器人的基本结构型式、结构简图和工作空间。

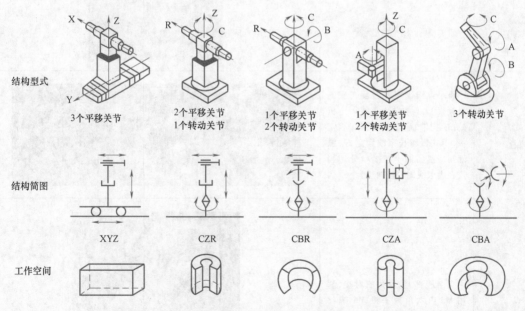

图 2-20 串联机器人的基本结构型式、结构简图和工作空间

通常，机器人需要在三维空间中运动，在直角坐标系中，机器人本体末端需要满足 3 个方向的位置要求和相对于 3 个坐标轴的角度要求，因而在运动或姿态控制时需要控制 6 个参数。所以，一般情况下一个通用机器人本体需要 6 个自由度。某些专用机器人不需要 6 个自

由度，应在满足要求的前提下尽量减少机器人的自由度数，以便减少机器人的复杂程度，降低机器人的制造成本。例如，SCARA 机器人仅有 4 个自由度。有些机器人的工作环境复杂，在工作时需回避障碍，可能需要具有 7 个或 7 个以上的自由度，这种机器人称为具有冗余自由度的机器人。

工业机器人本体拆装过程中，螺栓的拧紧力矩见表 2-16。

表 2-16　螺栓的拧紧力矩

螺栓（12.9 级）	拆装训练拧紧力矩/N·m	实际生产拧紧力矩/N·m
M3	$1.5_{-0.36}^{0}$	$1.57_{-0.18}^{+0.18}$
M4	$3.5_{-0.66}^{0}$	$3.6_{-0.33}^{+0.33}$
M5	$7.3_{-0.98}^{0}$	$7.35_{-0.49}^{+0.49}$
M6	$12.4_{-1.56}^{0}$	$12.4_{-0.78}^{+0.78}$

2. 工业机器人本体 J1、J2、J3 轴的安装（表 2-17）

表 2-17　工业机器人本体 J1、J2、J3 轴的安装步骤

序号	操作说明	图　示
1	安装底座过渡板，注意孔的对接，利用 M4 内六角扳手安装 M5 螺栓	
2	将小束线固定板安装在底座过渡板上，再安装大束线固定板（先串扎带，后安装大束线固定板，用扎带将长束线固定好，腰部与底座的两个连接口分别固定在大束线固定板两边）	
3	安装腰部，注意孔的对接，利用 M3 内六角扳手将 M4 螺栓拧上	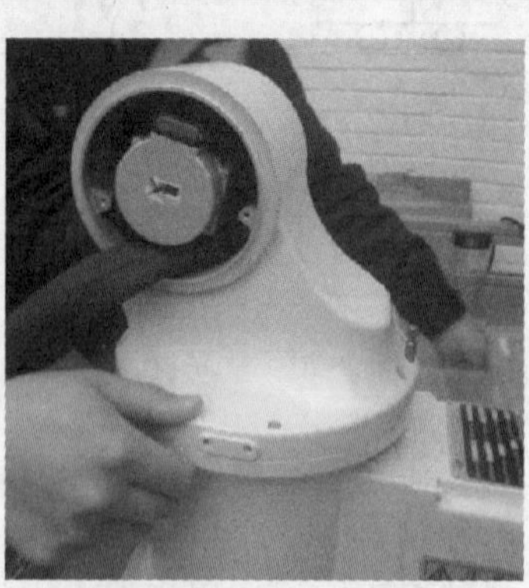

（续）

序号	操作说明	图　示
4	安装 J3 轴电动机,利用 M3 内六角扳手将 M4 螺栓拧上	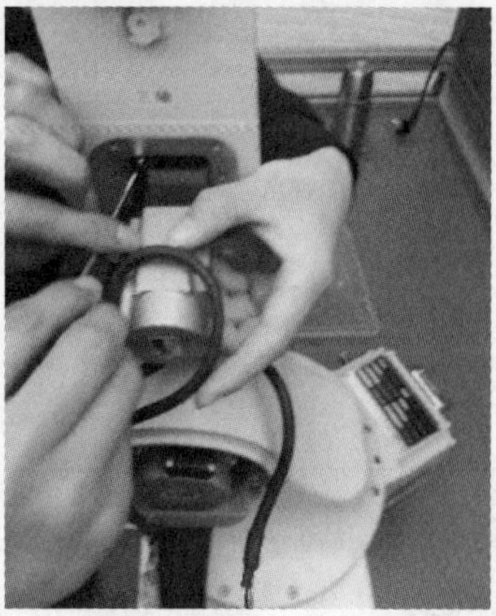
5	安装同步带调整板与同步带,利用 M3 内六角扳手将 M4 螺栓拧上	  
6	安装 J3 轴大臂Ⅰ,注意孔的对接,利用 M3 内六角扳手将 M4 螺栓拧上	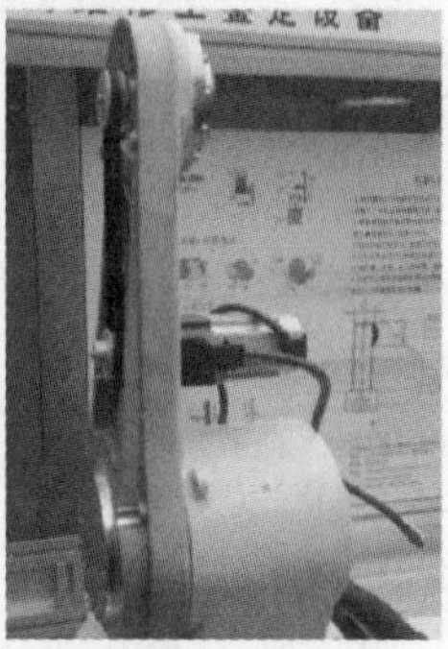

3. 工业机器人本体 J6、J5、J4 轴的安装（表 2-18）

表 2-18　工业机器人本体 J6、J5、J4 轴的安装步骤

序号	操作说明	图　示
1	先将手腕与小臂连接线穿进手腕内,连接手腕与小臂(利用 M4 扭力扳手安装 4 个 M5 螺栓),固定手腕与小臂之间的束线固定板	  

（续）

序号	操作说明	图　示
2	安装手腕上的进出气孔盖（注意进出气管），连接线与管轴	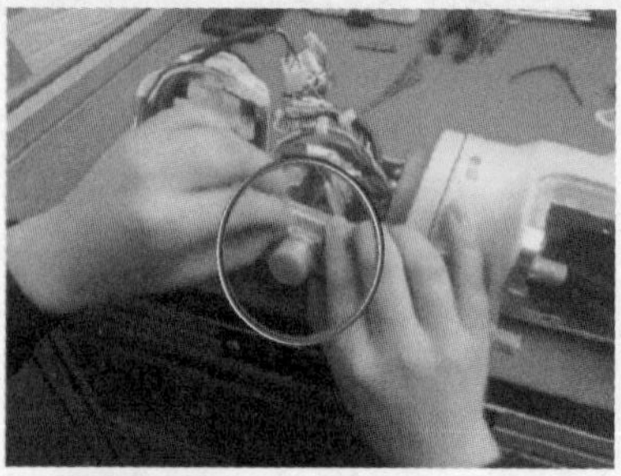
3	安装手腕内的电动机，将同步带调整板套在电动机上；安装同步带，固定电动机（利用 M4 扭力扳手安装 4 个 M5 螺栓）；安装同步带压紧板，调整同步带调整螺栓，调整张紧力	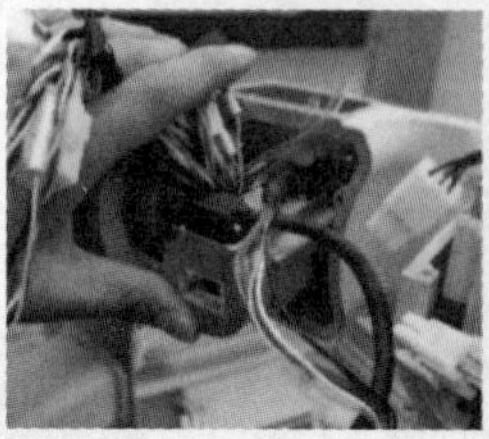 
4	套上手腕右边的外壳，将（J5、J6 轴）连接口接上，（J6 轴）九孔接线口固定在（J6 轴）电动机一侧	 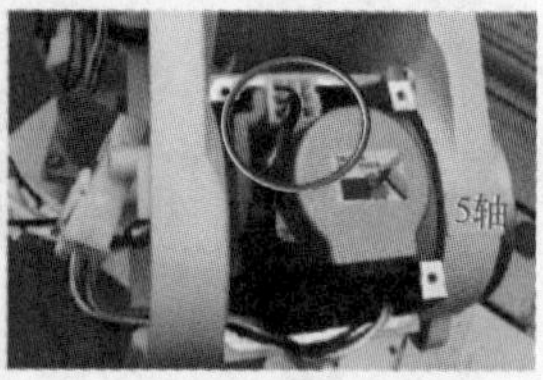
5	固定手腕右边的外壳，将（J5 轴）九孔接线口放入电动机内空间中，固定（J5 轴）塑料束线固定板，将六孔接线口固定在塑料束线固定板上	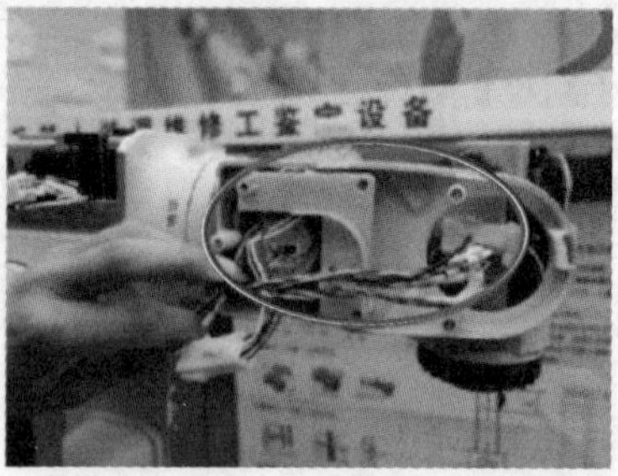
6	将小臂与大臂连接，安装大臂	 

（续）

序号	操作说明	图　示
7	将小臂同步带套入减速器齿轮上,将长束线穿入小臂电动机空间中,并用扎带将其扎在小束线固定板上,用螺栓固定;将大束线固定板固定,并将短束线固定在固定板上	
8	安装电动机,安装同步带压紧板,调整同步带调整螺栓以调节张紧力,接上手腕电动机的两个接线口	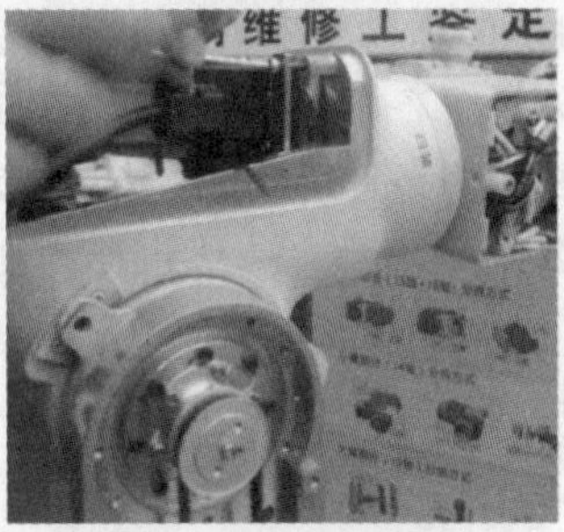
9	将大臂中间的电动机接线口接上,安装大臂Ⅱ中间的束线固定板,将电动机两个接线口分布放在固定板两侧	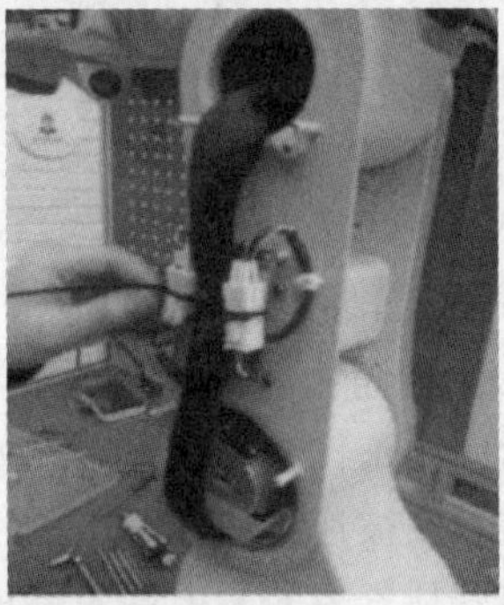
10	机器人本体安装完成	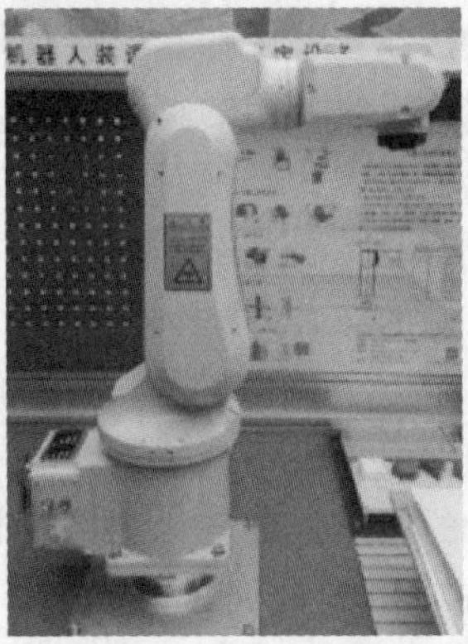

四、问题探究

1. 拧螺栓的正确方法

对称形状的螺栓应对称分步拧紧，即分三步将对称的三对螺栓拧紧：首先不要拧到位，只要拧到底就可以；然后再按相同的步骤将螺栓稍微拧紧；最后再用同样的方法将螺栓拧紧到位。一般的螺栓都是分三步才拧紧到位，以避免个别螺栓受力不均匀。拧螺栓的一般规律是从里往外，松螺栓则相反。拧紧螺栓的方法要点是：以对角线方式逐步地拧紧，使各紧固点受力均匀。

2. 六角形的螺栓布局

使用可调扭矩的扭力扳手，采用具体的数值去拧紧，因为不是一次拧到位，所以拧完一对后就按一定顺序依次拧其他螺栓，这样基本上不会有什么变形。然后再将螺栓拧紧到位，最后再复检一遍（只要按一定顺序依次拧完，就不需要交叉对称，复检只是为了避免漏紧）。对于五角形的螺栓布局，可以先拧紧两对，再紧剩余那个。

应该在充分了解各种拧紧方法特性的基础上，按照设计对初始预紧力离散程度的要求、预紧力的大小和使用条件等因素来合理选择拧紧方法。其中对初始预紧力离散程度的要求，通常用紧固系数 Q 来表示，一般也称为初始预紧力离散度。由于拧紧工具以及精度的不同，所对应的紧固系数也不同；由于拧紧方法的不同，在拧紧时对应的紧固系数更是不同。因此，紧固系数是选择螺栓拧紧方法的一个重要参考因素。典型的拧紧方法包括扭矩法、转角法及扭矩斜率法三种。

（1）扭矩法　扭矩法就是利用扭矩与预紧力的线性关系在弹性区进行紧固控制的一种方法。该方法在拧紧时，只对一个确定的紧固扭矩进行控制，是一种常规的拧紧方法。但是，由于紧固扭矩的90%左右作用于螺纹摩擦和支承面摩擦的消耗，真正作用在轴向的预紧力仅占10%左右，初始预紧力的离散度是随着拧紧过程中摩擦等因素的控制程度而变化的，因而该拧紧方法的离散度较大，适合一般零件的紧固，不适合重要或关键零件的紧固连接。

（2）转角法　转角法就是在拧紧时将螺栓与螺母相对转动一个角度（称为紧固转角），把一个确定的紧固转角作为指标来对初始预紧力进行控制的一种方法。该拧紧方法可在弹性区和塑性区使用。在被连接件和螺栓的刚度较高的场合，对弹性区的紧固是不利的；对于塑性区的紧固，初始预紧力的离散度主要取决于螺栓的屈服强度，而转角误差对其影响不大，故该紧固方法具有可最大限度地利用螺栓强度的优点（即可获得较高的预紧力）。应该注意的是，该拧紧方法在塑性区拧紧时会使螺栓的杆部以及螺纹杆部发生塑性变形，因此，在螺栓塑性差以及螺栓反复使用的场合应考虑其适用性。另外，当预紧力过大时，使用该方法会造成被连接件受损，因此必须对螺栓的屈服强度及抗拉强度的上限值进行规定。

（3）扭矩斜率法　扭矩斜率法是以扭矩-转角曲线中的扭矩斜率值的变化作为指标对初始预紧力进行控制的一种方法。该拧紧方法通常把螺栓的屈服紧固轴力作为控制初始预紧力的目标值。该拧紧方法一般在螺栓初始预紧力离散度要求较小并且可最大限度地利用螺栓强度的情况下使用。但是由于该拧紧方法对初始预紧力的控制与塑性区的转角法基本相同，所以，需要对螺栓的屈服强度进行严格控制。该拧紧方法与塑性区的转角法相比，螺栓的塑性即反复使用等方面出现的问题较少，有一定的优势；但是，紧固工具比较复杂，也比较昂贵。

五、知识拓展

工业机器人的末端执行器是机器人操作机与工件、工具等直接接触并进行作业的装置，是机器人的关键部件之一。末端执行器是直接执行工作的装置，对扩大机器人的作业功能、应用范围和提高工作效率都有很大的影响，因此对机器人的各种末端执行器结构进行分析研究具有非常重要的意义。抓取不同特征的物件需要不同类型的结构和驱动源，可根据不同类型的结构特性分类来分析各种夹持机构的特点和适用范围。

机器人的末端执行器是一个安装在移动设备或者机器人手臂上，使其能够拿起一个对象，并且具有处理、传输、夹持、放置和释放对象到一个准确的离散位置等功能的机构。工业机器人的抓取作业方式是工业生产中的一个重要应用。工业机器人是一种通用性较强的自动化作业设备，末端执行器则是直接执行任务的装置，大多数末端执行器的结构和尺寸都是根据其不同的作业任务要求来设计的，从而形成了多种多样的结构型式。根据其用途和结构的不同可以分为机械式夹持器、吸附式末端执行器和专用的工具（如焊枪、喷嘴和电磨头等）三类。末端执行器通常安装在操作机手腕（如果配置有手腕的话）或手臂的机械接口上，多数情况下末端执行器是为特定的用途而专门设计的，如图 2-21 和图 2-22 所示。

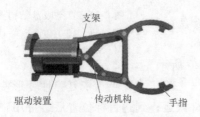

图 2-21 夹钳式末端执行器

图 2-22 仿生灵活手

末端执行器还可分为夹钳式取料手和吸附式取料手两大类。

1. 夹钳式取料手

夹钳式取料手与人手相似，是工业机器人广泛应用的一种手部形式。一般由手指（手爪）、驱动机构、传动机构以及连接、支承元件组成，通过手爪的开闭动作实现对物体的夹持。夹钳式机械手爪的作用是抓住工件、握持工件和释放工件。通常采用气动、液动、电动和电磁来驱动手爪的开合，气动手爪目前得到了广泛的应用。其优点是：结构简单、成本低、容易维修、开合迅速、重量轻。其缺点是：空气介质具有可压缩性，使爪钳位置控制比较复杂。液压驱动手爪的成本要高一些。电动手爪的手爪开合电动机的控制可与机器人控制共用一个系统，但是夹紧力比气动手爪、液动手爪小，相比而言开合时间要稍长。

2. 吸附式取料手

（1）磁力式吸盘 磁力式吸盘是在机器人手部装上电磁铁，通过磁场吸力把工件吸住的装置。图 2-23所示为磁力式吸盘的结构示意图。线圈通电后产生磁性吸力，将工件吸住；线圈断电后磁性吸力消失，将工件松开。若采用永久磁铁作为吸盘，则必须人工强迫性取下工件。

磁力式吸盘的缺点是：只能吸住铁磁材料制成的工

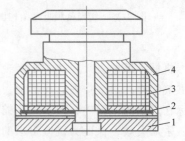

图 2-23 磁力式吸盘的结构示意图

1—磁盘 2—防尘盖
3—线圈 4—外壳体

件，吸不住有色金属和非金属材料的工件；被吸取工件有剩磁；吸盘上常会吸附一些铁屑，导致不能可靠地吸住工件。对于不准有剩磁的场合，不能选用磁力式吸盘，可采用真空式吸盘，如钟表及仪表零件。另外，高温条件下不宜使用磁力式吸盘，因为钢、铁等磁性物质在723℃以上时磁性会消失。

（2）真空式吸盘　真空式吸盘主要用于搬运体积大、重量轻的零件，如冰箱壳体、汽车壳体等；也广泛用在需要小心搬运的物体，如显像管、平板玻璃等。真空式吸盘要求工件表面平整光滑，干燥清洁，气密好。

根据真空产生的原理，真空式吸盘又分为以下三种：

1）真空吸盘。图2-24所示为产生负压的真空吸盘结构，采用真空泵能保证吸盘内持续产生负压。吸盘吸力取决于吸盘与工件表面的接触面积和吸盘内外压差，与工件表面状态也有十分密切的关系（它会影响负压的泄漏）。

2）气流负压吸盘。气流负压吸盘的结构如图2-25所示。压缩空气进入喷嘴后，利用伯努利效应使橡胶皮碗内产生负压。在工厂一般都有空压机或空压站，空压机气源比较容易解决，不用专为机器人配置真空泵，因此气流负压吸盘在工厂使用方便。

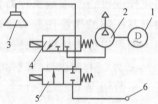

图2-24　真空吸盘结构图

1—电动机　2—真空泵　3—吸盘

4、5—电磁阀　6—通大气

3）挤气负压吸盘。挤气负压吸盘的结构如图2-26所示。当吸盘压向工件表面时，吸盘内空气被挤出；松开时，去除压力，吸盘恢复弹性变形使吸盘内腔形成负压，将工件牢牢吸住，机械手即可进行工件搬运；到达目标位置后，可用碰撞力或电磁力使压盖动作，使空气进入吸盘腔内，释放工件。挤气负压吸盘既不需要真空泵，也不需要压缩空气气源，比较经济方便，但是可靠性比真空吸盘和气流负压吸盘差。

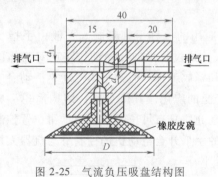

图2-25　气流负压吸盘结构图

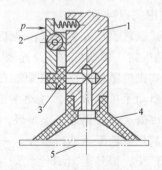

图2-26　挤气负压吸盘结构图

1—吸盘架　2—压盖　3—密封垫　4—吸盘　5—工件

机械手爪的失效形式主要表现在压力不足，其原因是空气压缩机性能发生衰退导致失效或供气管道的沿程损失、局部损失。因此，应对空气压缩机进行定期性能测试，保证其性能指标在规定的范围内，使空气压缩机处于正常工作状态，避免因空气压缩机的性能衰退导致机械手爪失效，保证为机械手爪的正常开合和夹持动作提供动力，为机械手系统的稳定可靠工作提供动力支持。

对于气压回路的老化漏气问题，应使用压力传感器对气压回路的进气口和出气口的压力进行检测，保证其压力值处于正常的范围内。对于易老化的元件，要做到定期更换，避免发生漏气现象。对于气压回路中的各种电磁阀，要定期进行性能指标测试，避免因性能衰退导致失效，对气动回路造成不利影响。

六、评价反馈（表2-19）

表 2-19　评价表

基本素养（30分）				
序号	评估内容	自评	互评	师评
1	纪律（无迟到、早退、旷课）（10分）			
2	安全规范操作（10分）			
3	团结协作能力、沟通能力（10分）			
理论知识（20分）				
序号	评估内容	自评	互评	师评
1	掌握工业机器人的基本结构组成（10分）			
2	掌握工业机器人的安装原则（10分）			
技能操作（50分）				
序号	评估内容	自评	互评	师评
1	完成工业机器人本体的安装（45分）			
2	简述工业机器人本体安装的注意事项和心得（5分）			
综合评价				

七、练习题

1. 填空题

（1）串联机器人可分为_____、_____和_____。

（2）典型的拧紧方法包括_____、_____及_____三种。

（3）根据用途和结构的不同，工业机器人末端执行器可以分为_____、_____和_____三类。

（4）末端执行器分为_____和_____。

（5）真空式吸盘分为_____、_____和_____。

2. 简答题

（1）什么是转角法？

（2）机械手爪的失效形式是什么？

项目三
工业机器人控制系统及故障诊断

任务一　工业机器人 ROBOX 控制系统的组成

一、学习目标

1. 掌握运动控制器的定义、分类和功能。

2. 了解工业机器人运动控制器的含义。

3. 了解工业机器人伺服电动机驱动器的工作原理。

二、工作任务

1. 了解驱动器的分类及特点。

2. 掌握 ROBOX 控制器的结构组成及各端口的作用。

3. 掌握伺服驱动器的结构组成及工作原理。

三、实践操作

1. 知识储备

运动控制是指在复杂条件下将预定的控制方案、规划指令转变成期望的机械运动，实现机械运动精确的位置控制、速度控制、加速度控制和转矩控制。运动控制器就是控制电动机运行方式的专用控制器，其主要由中央逻辑控制单元、传感器、电动机动力装置和执行单元四部分组成。

伺服驱动器（也称伺服控制器或伺服放大器）是用来控制、驱动伺服电动机的一种控制装置，多数是采用脉冲宽度调制进行控制驱动，以完成机器人的动作。为了满足实际工作对机器人的位置、速度和加速度等物理量的要求，通常采用如图 3-1 所示的驱动原理，由位置控制构成的位置环、速度控制构成的速度环和转矩控制构成的电流环组成。

驱动器的电路一般包括功率放大器、电流保护电路、高低压电源和计算机控制系统电路等。根据控制对象（电动机）的不同，驱动器一般分为直流伺服电动机驱动器、交流伺服电动机驱动器和步进伺服电动机驱动器。

（1）直流伺服电动机驱动器　直流伺服电动机驱动器一般采用脉宽调制（PWM）伺服驱动器，通过改变脉冲宽度来改变加在电动机电枢两端的电压进行电动机的转速调节。PWM 伺服驱动器具有调速范围宽、低速特性好、响应快及效率高等特点。

（2）交流伺服电动机驱动器　交流伺服电动机驱动器通常采用电流型脉宽调制（PWM）变频调速伺服驱动器，将给定的速度与电动机的实际速度进行比较，产生速度偏差，根据速度偏差产生的电流信号控制交流伺服电动机的转动速度。交流伺服电动机驱动器具有转矩转动惯量比高的优点。

（3）步进伺服电动机驱动器　步进伺服电动机驱动器是一种将电脉冲转化为角位移的

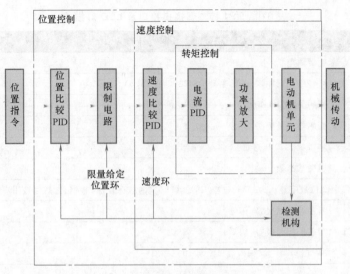

图 3-1　伺服驱动器工作原理

执行机构，主要由脉冲发生器、环形分配器和功率放大器等部分组成。通过控制供电模块对步进电动机的各相绕组按合适的时序供电，驱动器发送一个脉冲信号，能够驱动步进伺服电动机转动一个固定的角度（称为步距角）。通过控制所发送的脉冲个数实现电动机转角位移量的控制，通过控制脉冲频率实现电动机的转动速度和加速度的控制，达到定位和调速的目的。

2. ROBOX 控制器的组成

针对不同的驱动器，ROBOX 控制器设计有两种型号：RP1 控制器和 RP2 控制器。

（1）RP1 控制器（图 3-2）　RP1 控制器支持至多 32 轴插补，能够通过现场总线 CANopen 或 EtherCAT 进行驱动，还包含紧凑型闪存卡，用于记忆参数和报警记录的存储，自身含有 8 路 PNP 数字量 DC 24V 光电耦合输入和 8 路数字量光电耦合输出，1 路增量式编码器输入。表 3-1 为 RP1 控制器通道接口及 LED 灯描述。

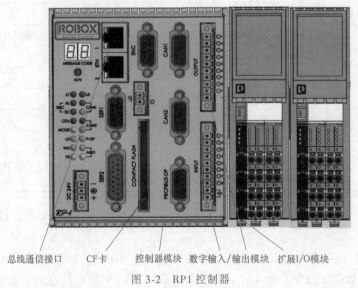

总线通信接口　　CF卡　　控制器模块　数字输入/输出模块　扩展I/O模块

图 3-2　RP1 控制器

表 3-1　RP1 控制器通道接口及 LED 灯描述

通道接口	描　　述
DC 24V	电源供电
ENC	增量编码器输入,通信驱动 RS422,电压 DC 5V
AL	编码器报警 LED 灯
SC	编码器信号短路
u0	零微状态 LED 灯
u0	零微状态数字输入
MESSAG CODE	2 位数字显示,在起动过程,其受 RTE(实时执行程序)控制,之后可被用户控制
L7	当前监控到报警(闪烁)
L8	当前监控到报警(闪烁)
WD	"看门狗"状态(输入端口 9 与 10),必须一起亮
LD	在配置过程产生的错误(来自 RTE. CFG 文件的分析)
MODE	程序正在运行(闪烁)/程序停止(关闭)
CAN1	第一个 CAN 通信通道(有关配置文件是 coc0. coc)
R1	CANopen 通信通道 1 的状态
G1	与 R1 类似
VC	CAN 驱动电压不足(亮)
CAN2	第二个 CAN 通信通道
R2	CANopen 通信通道 2 的状态
G2	与 R2 类似
DP	Profibus DP 通信正常(亮)
ADV	高级功能按钮,按下可清除当前控制器的报警,在供电后长按,则进入控制器重新启动
SER2	RS422/485 串口通道或 uVISPAN/DISPAN,uVISPAN/DISPAN 由 RTE 控制,要求在 rhw. cfg 文件中写入相应的指令
COMPACT FLASH	CF 卡,可以通过 PC 进行读写
SER1	RS232 串口通道,为 ROBOX 编程工具 RDE 通过 BCC 协议对控制器操作,115200. n. 8. 1
ETH1	以太网网口 1,比特率 10/100Mbit/s(EtherCAT)
ETH2	以太网网口 2,比特率 10/100Mbit/s(TCP/IP)
CFA	LED 灯亮表明 CF 卡处于读写状态
PROFIBUS-DP	Profibus DP 从站通道
INPUT	8 位数字输入通道,DC 24V 输入,光耦隔离,其中 3 路可作为输入中断
OUTPUT	8 位数字输出通道,输出通道每路最大允许电流为 500mA,所有输出通道都有短路和过压保护,当过压结束后,端口会自动复位

1）DC 24V 输入端口。DC 24V 输入端口用于控制器电源输入端,输入端口有三个端子。

2）SER1 端口。SER1 为 RS232 串口通信通道,为 ROBOX 编程工具 RDE 通过 BCC 协议对控制器操作。RS232 是 PC 和通信工业中应用最广泛的一种串行接口。RS232 采取不平衡的传输方式，即所谓的单端通信，收、发端的数据信号相对于信号地。典型的 RS232 信号在正负电平之间摆动，在发送数据时，发送端驱动器输出的正电平为+5~+15V，负电平为−15~−5V。接收器典型的工作电平为+3~+12V 和−12~−3V。由于发送电平与接收电平的差仅为 2~3V，所以其共模抑制能力差，再加上双绞线上的分布电容，其传送距离最大为 15m，最高速率为 20kbit/s。RS232 是为点对点（即只用于一对收、发设备）通信而设计的，其驱动器负载为 3~7kΩ，所以 RS232 适合本地设备之间的通信。

3）CAN 端口。CAN 总线是一种串行数据通信协议，其通信接口中集成了 CAN 协议的物理层和数据链路层功能，可完成对通信数据的成帧处理，包括位填充、数据块编码、循环冗余检验和优先级判别等。

4）以太网接口。

① ETH1 端口。ETH1 作为以太网网口通信，采用 EtherCAT 通信协议。EtherCAT 是一个以太网为基础的开放架构的现场总线系统。EtherCAT 为系统的实时性和拓扑的灵活性树立了新的标准；同时，它还符合甚至降低了现场总线的使用成本。EtherCAT 具有速度快、布线容易的特点，且具有兼容性和开放性，适合快速控制的应用场合。

EtherCAT 支持各种拓扑结构，并且允许 EtherCAT 系统中出现多种结构的组合；支持多种传输电缆，以适应不同的场合，提升布线的灵活性。

EtherCAT 采用了精准的同步时钟系统，系统中的数据交换完全基于纯硬件机制，由于通信采用了逻辑环结构，主站时钟能简单、精确地确定各个从站传播的延迟偏移。分布时钟均基于主时钟进行调整，在网络范围内使用精确且确定的同步误差时间基。

EtherCAT 采用从站硬件集成以及网络控制器主站的直接存取，整个协议的处理都在硬件中实现，完全独立于协议堆栈的实时运行系统、CPU 性能或软件实现方式，所以过程数据传输速度快。

EtherCAT 具有较强的通信诊断能力，能迅速地排除故障；同时也支持主站从站冗余检错，提高系统的可靠性。

② ETH2 端口。ETH2 作为以太网网口通信，采用 TCP/IP 通信协议。TCP/IP 协议分为网络接口层、网络层、传输层和应用层。网络接口层对实际的网络媒体进行管理，定义如何使用实际网络（如 Ethernet、SerialLine 等）来传送数据。常见的接口层协议有 Ethernet802.3、TokenRing802.5、X.25、Framerelay、HDLC 和 PPPATM 等。网络层负责提供基本的数据封包传送功能，让每一个数据包都能够到达目的主机，主要协议为 IP（Internet Protocol）协议。传输层提供了节点间的数据传送服务，如传输控制协议（Transmission Control Protocol，TCP）、用户数据报协议（User Datagram Protocol，UDP）等，TCP 和 UDP 给数据包加入传输数据并传输到下一层中，这一层负责传送数据，并且确定数据已被送达并接收。应用层是应用程序间沟通的层，如简单电子邮件传输（SMTP）、文件传输协议（FTP）、网络远程访问协议（TELNET）等，主要协议包括 FTP、TELNET、DNS、SMTP、RIP、NFS 和 HTTP。

5）SER2 端口。SER2 采用 DB15 接口进行连接，支持 RS422 和 RS485 两种通信方式。RS422 接口是一种单机发送、多机接收的单向、平衡传输规范，被命名为 TIA/EIA-422-A 标准。

RS422 接收器采用高输入阻抗和比 RS232 更强的驱动能力的发送驱动器，故允许在相同传输线上连接多个接收节点，最多可接 10 个节点。即一个主设备，其余为从设备，从设备之间不能通信，所以 RS422 接口支持点对多的双向通信。由于 RS422 的四线接口采用单独的发送和接收通道，因此不必控制数据方向。

RS485 采用差分信号负逻辑，有两线制和四线制两种接线。四线制只能实现点对点的通信方式，现在多采用两线制接线方式，在同一总线上最多可以挂接 32 个节点，这种接线方式为总线式拓扑结构。RS485 通信网络一般采用主从通信方式，即一个主机带多个从机。RS485 采用半双工工作方式，任何时候只能有一点处于发送状态，因此，发送电路须由使能信号加以控制。

6）COMPACT FLASH 端口。COMPACT FLASH 作为 CF 卡的输入口，可以通过 PC 读写 CF 卡。CF 卡可保存相关应用的程序数据和固件。控制器必须插入相应的 CF 存储卡后才能运行相应的应用程序。

CF 存储卡使用注意事项：插入不当可能会损坏 CF 存储卡插槽的针脚；插卡时不要使用蛮力。存储卡插槽有防错设计，只能从一个方向把卡插入卡槽。正常插卡只需要很小的力就可以插入；CF 存储卡要防潮、隔热，避免阳光直射；要防静电；不能掉落或弯折；控制器对存储卡做写入操作时，不能断电，不能拔卡。

7）ENC 端口。ENC 端口为增量编码器信号输入端口。增量式编码器直接利用光电转换原理输出三组方波脉冲 A、B 和 C 相；A、B 两组脉冲相位差 90°，可方便地判断出旋转方向，而 C 相为每转一个脉冲，用于基准点定位。其优点是：原理构造简单，机械平均寿命可在几万小时以上，抗干扰能力强，可靠性高，适合长距离传输。其缺点是：无法输出轴转动的绝对位置信息。

8）PROFIBUS-DP 端口。PROFIBUS-DP 是一种通信协议，这种为高速传输用户数据而优化的 PROFIBUS 协议特别适用于可编程控制器与现场级分散的 I/O 设备之间的通信。PROFIBUS-DP 可用于现场层的高速数据传送。主站周期地读取从站的输入信息，并周期地向从站发送输出信息。总线循环时间必须比主站（PLC）程序循环时间短。除周期性用户数据传输外，PROFIBUS-DP 还提供智能化设备所需的非周期性通信，以进行组态、诊断和报警处理。

9）INPUT 端口。INPUT 端口为数字量输入端口，每个输入端口采用光耦隔离，抗干扰能力强，可用于数字量信息采集，常用于连接数字量传感器。3 路还可以作为输入中断，用于处理紧急事件。

10）OUTPUT 端口。OUTPUT 端口为数字量输出端口，数字输出通道每路最大的允许电流为 500mA，所有输出通道都有短路和过压保护，当过压结束后，端口会自动复位。该端口常用于驱动外部设备，如 LED 灯、电动机和继电器等。

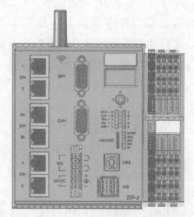

（2）RP2 控制器（图 3-3） RP2 控制器拥有 ARM Cortex A9 双核，可控制 250 个插补轴，能够通过现场总线 CANopen 或 EtherCAT 驱动机器人本体，还包含可记忆 RAM 闪存卡，用于记忆参数和报警记录的存储。RP2 控制器与 RP1 控制器的功能运算是相同的，这里不再赘述。

1）24V DC 输入端口。其功能和 RP1 控制器相同，供电规范见表 3-2。

图 3-3　RP2 控制器

表 3-2　电源参数

项目	参数要求
电压范围	22~28V
功率	15W
比特率	10/100Mbit/s

2）SER1 端口。SER1 为 RS232 串口通信通道，功能和 RP1 控制器相同，端口参数见表 3-3。

表 3-3　SER1 端口参数

项目	参数要求
信号规范	遵循规范 EIARS232-E
电缆长度	电缆长度不超过 20m
比特率	115200bit/s（最大值）
电缆类型	多机电缆 0.22mm² WITH
连接器	DSUB 母座 9 针连接器

3）CAN 端口。CAN 总线是一种串行数据通信协议，其通信接口中集成了 CAN 协议的物理层和数据链路层功能，可完成对通信数据的成帧处理，包括位填充、数据块编码、循环冗余检验和优先级判别等项工作。CAN 端口参数见表 3-4。

表 3-4　CAN 端口参数

项目	参数要求
最大频率	1.0MHz
长度、类型、信号规范	遵循 SPEC. ISO 11898 标准
连接器	DSUB 母座 9 针连接器

4）以太网接口。以太网接口如图 3-4 所示。以太网端口参数见表 3-5。

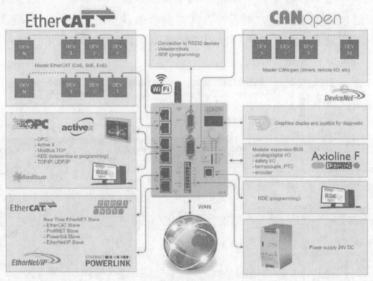

图 3-4　以太网接口

5）扩展 I/O 模块。扩展 I/O 模块数字量输出，每路数字输出通道最大的允许电流为 500mA，所有输出通道都有短路和过压保护，当过压结束后，端口会自动复位；数字量输入采用光耦隔离，抗干扰能力强。对于一个复杂系统，需要比较多的输入和输出端口，控制器本身的 I/O 不能满足工程要求，此时扩展 I/O 模块尤为重要。扩展 I/O 模块的功能见表 3-6。

表 3-5　以太网端口参数

项目	参数要求
信号规范	符合以太网规范的信号规范,IEEE 802.3u 100/10 BASE-T
电缆长度	符合以太网规格,IEEE 802.3u 100/10 BASE-T
比特率	10/100Mbit/s
电缆类型	4X2 双绞线,遵循 IEEE 802.3 规范

表 3-6　扩展 I/O 模块的功能

图示	引脚	引脚定义	功能
	a1	a1	24V 电源正
	a2	a2	24V 电源正
	b1	b1	电源地
	b2	b2	电源地
	00~03	00~03	数字量输入端口
	10~13	10~13	数字量输出端口
	20~23	20~23	数字量输入端口
	30~33	30~33	数字量输出端口

3. 伺服驱动器的组成

伺服驱动器又称为伺服控制器或伺服放大器,是用来控制伺服电动机的一种控制器,其作用类似于变频器作用于普通交流电动机,属于伺服系统的一部分,主要应用于高精度的定位系统。一般通过位置、速度和力矩三种方式对伺服电动机进行控制,实现高精度的传动系统定位。RP1 伺服驱动器如图 3-5 所示,RP2 伺服驱动器如图 3-6 所示。

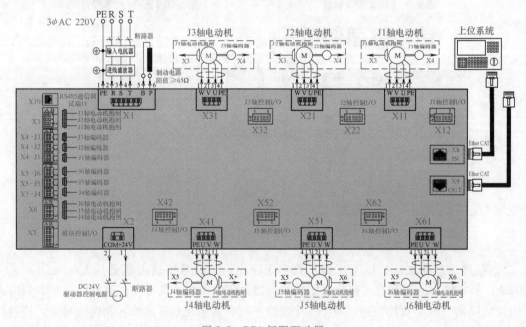

图 3-5　RP1 伺服驱动器

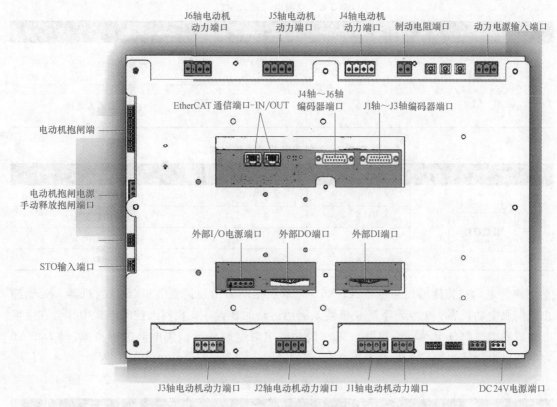

图 3-6 RP2 伺服驱动器

（1）动力电源输入连接器 X1　动力电源输入端同时支持三相 220V（±15%）和单相 220V（±15%）交流输入。当接入单相 220V 动力电源时，将零线和相线接入 R、T 端子，同时选取阻值为 33Ω、功率为 400W 的水泥电阻作为制动电阻。动力电源输入端口见表 3-7。

表 3-7　动力电源输入端口

图示	引脚号	名称	功能
	1	PE	保护地
	2	R	动力电源 R
	3	S	动力电源 S
	4	T	动力电源 T
	5	B	制动电阻
	6	P	连接端子

（2）控制电源输入连接器 X2　连接器 X2 作为控制电源输入端，为控制器提供稳定的逻辑电压。控制电源输入端口见表 3-8。

（3）电动机动力输出连接器 X11　X11、X21、X31、X41、X51、X61 分别为 J1 轴电动机、J2 轴电动机、J3 轴电动机、J4 轴电动机、J5 轴电动机和 J6 轴电动机的动力输出端口，各轴电动机动力输出端口见表 3-9。

表3-8 控制电源输入端口

图示	引脚号	名称	功能
COM +24V 2 1	1	+24V	控制电源输入正极
	2	COM	控制电源输入负极

表3-9 各轴电动机动力输出端口

图示	引脚号	名称	功能
1 2 3 4 W V U PE	1	W	电动机动力输出 W 相
	2	V	电动机动力输出 V 相
	3	U	电动机动力输出 U 相
	4	PE	保护地

（4）电动机抱闸输出连接器 X3/X6 电动机抱闸输出连接器 X3/X6 是当机器人处于静止且伺服电动机在失电状态下防止机器人突然运动的装置。在机器人控制形式中，会在伺服电动机断电时刹住电动机。控制方式一般是得电时抱闸松开，失电时抱闸抱紧。X3 和 X6 为电动机抱闸输出端口，见表3-10。

表3-10 电动机抱闸输出端口

图示	引脚号	引脚定义	功能
A B 1 2 3	A1	BK+	电动机抱闸 J1/J4 轴正极输出
	B1	BK−	电动机抱闸 J1/J4 轴负极输出
	A2	BK+	电动机抱闸 J2/J5 轴正极输出
	B2	BK−	电动机抱闸 J2/J5 轴负极输出
	A3	BK+	电动机抱闸 J3/J6 轴正极输出
	B3	BK−	电动机抱闸 J3/J6 轴负极输出

电动机抱闸端子最大输出电流为 1A，如果电动机抱闸电流超过允许值，则需通过外接继电器控制。驱动器直接控制电动机抱闸和驱动器外接继电器控制电动机抱闸分别如图 3-7 和图 3-8 所示。

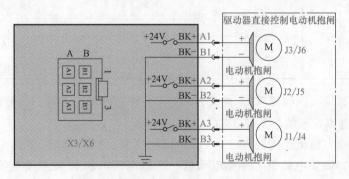

图 3-7 驱动器直接控制电动机抱闸

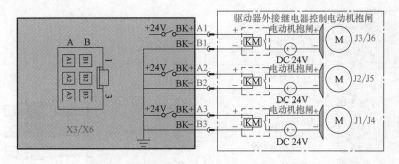

图 3-8 驱动器外接继电器控制电动机抱闸

（5）编码器线端连接器 X4/X5　编码器是将信号或数据进行编制、转换为可用于通信、传输和存储的信号形式的设备。编码器把角位移或直线位移转换成电信号，前者称为码盘，后者称为码尺。常见的编码器可分为增量式和绝对式两类。增量式编码器是将位移转换成周期性的电信号，再把这个电信号转变成计数脉冲，用脉冲的个数表示位移的大小。绝对式编码器的每一个位置对应一个确定的数字码，因此示值只与测量的起始和终止位置有关，而与测量的中间过程无关。X4 和 X5 为编码器连接器端口，见表 3-11。

表 3-11　编码器连接器端口

图示	轴	引脚号	引脚定义	功能
	X4-J1 （X5-J4）	A1	DATA−	J1 编码器信号（J4 编码器信号）
		B1	DATA+	
		A2	GND	J1 编码器电源（J4 编码器电源）
		B2	VCC	
X4-J3（X5-J6） X4-J2（X5-J5） X4-J1（X5-J4）	X4-J2 （X5-J5）	A1	DATA−	J3 编码器信号（J5 编码器信号）
		B1	DATA+	
		A2	GND	J1 编码器电源（J5 编码器电源）
		B2	VCC	
	X4-J3 （X5-J6）	A1	DATA−	J3 编码器信号（J6 编码器信号）
		B1	DATA+	
		A2	GND	J1 编码器电源（J6 编码器电源）
		B2	VCC	

编码器端口 X4 接线和 X5 接线分别如图 3-9 和图 3-10 所示。

注意：对于不同的编码器，信号名称不一样，几种常用编码器信号名称见表 3-12。

（6）模块控制 I/O 线端连接器 X7　模块控制 I/O 端口集成 3 路 24V 驱动器输出、2 路风扇输出和 3 路 ALM、STO1、STO2 信号输入口。B1、B2 端口总计最大输出电流为 0.4A，B3 端口为低电平有效输出端口，最大输出电流为 0.1A。模块控制 I/O 端口见表 3-13。

STO 可以采用 24V 内部电源或 24V 外部电源供电。模块控制 I/O 端口（STO 内部供电）接线如图 3-11 所示，STO 外部供电接线如图 3-12 所示。

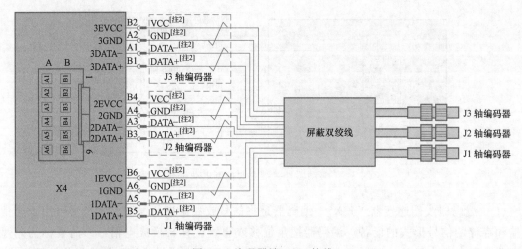

图 3-9   编码器端口 X4 接线

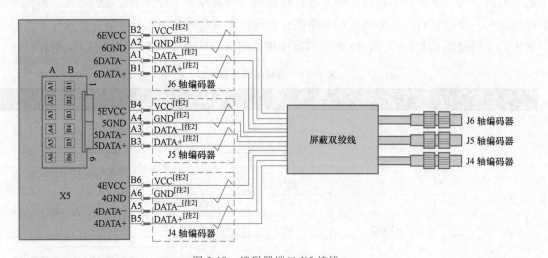

图 3-10   编码器端口 X5 接线

表 3-12   常用编码器信号名称

驱动器侧信号名称	编码器信号名称				
	尼康	多摩川	松下	三协	Motor Power
VCC	+5V	VCC	E5V	VCC	DC +5V
GND	0	GND	E0V	GND	GND
DATA+	ES+	/SD	PS	+D	DATA+
DATA-	ES-	SD	PS	-D	DATA-

（7）轴控制 I/O 线端连接器 X12/X22/X32/X42/X52/X62   机器人各轴关节运动分为正向运动和反向运动，可设置正、反向运动最大位置和相应的限位开关。同时还有原点开关和碰撞开关输入端口，用于机器人原点校正和机器人在运动过程中各轴出现可预见碰撞及时停止运行。轴控制 I/O 线端口见表 3-14，轴控制 I/O 端口（X12/X22/X32/X42/X52/X62）接线如图 3-13 所示。

表 3-13　模块控制 I/O 端口

图示	引脚号	引脚定义	功能
	A1	24VGND	24V 负极
	A2	24VGND	24V 负极
	A3	+24V_OUT	驱动器输出 24V 正极
	A4	+24V_OUT	驱动器输出 24V 正极
	A5	+24V_OUT	驱动器输出 24V 正极
	B1	FAN	风扇
	B2	FAN	风扇
	B3	/ALM	报警输出
	B4	STO2	STO2
	B5	STO1	STO1

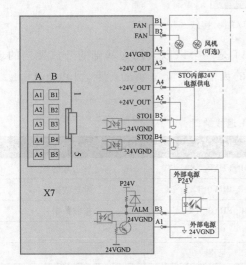

图 3-11　模块控制 I/O 端口（STO 内部供电）接线

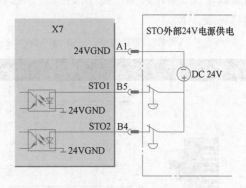

图 3-12　STO 外部供电接线

表 3-14　轴控制 I/O 线端口（X12/X22/X32/X42/X52/X62）

图示	引脚号	引脚定义	功能
	A1	24VGND	24V 负极
	A2	24VGND	24V 负极
	A3	24VGND	24V 负极
	A4	24VGND	24V 负极
	A5	保留	保留
	B1	HDI1	寻原点开关
	B2	HDI2	碰撞开关
	B3	DI1	负限位开关
	B4	DI2	正限位开关
	B5	保留	保留

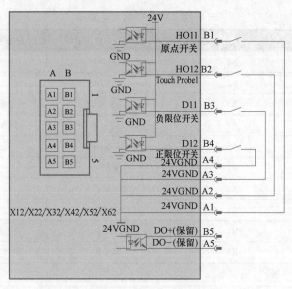

图 3-13　轴控制 I/O 端口接线

（8）EtherCAT 通线端连接器 X8/X9　EtherCAT 是一个以以太网为基础的开放架构的现场总线系统，EtherCAT 为系统的实时性能和拓扑的灵活性树立了新的标准。EtherCAT 通线端口见表 3-15。

表 3-15　EtherCAT 通线端口

图示	引脚号	引脚定义	功能
	1	DP_PHY0_TX+	发送数据+
	2	DP_PHY0_TX-	发送数据-
	3	DP_PHY0_RX+	接收数据+
	4	悬空	
	5	悬空	
	6	DP_PHY0_RX-	接收数据-
	7	悬空	
	8	悬空	

（9）串口调试线端连接器 X10　串口是采用串行通信方式的扩展接口，常见的有普通计算机应用的 RS232 和工业计算机应用的半双工 RS485 与全双工 RS422。RS485 端口见表 3-16。

表 3-16　RS485 端口

图示	引脚号	引脚定义	功能
	1	NC	悬空不接
	2	RS485+	RS485 信号+
	3	RS485-	RS485 信号-
	4	NC	悬空不接
	5	NC	悬空不接
	6	GND	信号地

四、问题探究

什么是机器人控制器？

机器人控制器作为工业机器人最为核心的零部件之一，对机器人的性能起着决定性的影响，在一定程度上影响着机器人的发展。

工业机器人控制系统的主要任务是控制机器人在工作空间中的运动位置、姿态、轨迹、操作顺序及动作的时间等。同时，它编程简单，有软件操作菜单、人机交互界面和在线操作提示，使用方便。

机器人自由度的多少取决于可移动的关节数目，关节数越多，自由度越多，位移精准度也越出色，使用的伺服电动机数量越多。换言之，越精密的工业机器人，其内的伺服电动机数量越多，一般每台多轴机器人由一套控制系统控制，也意味着控制器性能要求越高。

控制器、软件与本体一样，一般由机器人厂家自主设计研发。目前，国外主流机器人厂商的控制器均是在通用的多轴运动控制器平台基础上进行自主研发的，各品牌机器人均有自己的控制系统与之匹配。因此，控制器的市场份额基本和机器人保持一致，国内企业控制器正在逐渐形成自己的市场竞争优势。

机器人控制器是根据指令及传感信息控制机器人完成一定的动作或作业任务的装置，是机器人的心脏，决定了机器人性能的优劣。从机器人控制算法的处理方式来看，机器人控制器可分为串行、并行两种结构类型。

1. 串行处理结构

串行处理结构是指机器人的控制算法由串行机来处理，对于这种类型的控制器，从计算机结构、控制方式来划分，又可分为以下几种。

（1）单 CPU 结构、集中控制方式 用一台功能较强的计算机实现全部控制功能，早期的机器人（如 Hero-Ⅰ、Robot-Ⅰ等）就采用这种结构，但控制过程中需要许多计算（如坐标变换），因此这种控制结构速度较慢。

（2）二级 CPU 结构、主从式控制方式 一级 CPU 为主机，承担系统管理、机器人语言编译和人机接口功能，同时也利用其运算能力完成坐标变换、轨迹插补，并定时地把运算结果作为关节运动的增量送到公用内存，供二级 CPU 读取；二级 CPU 完成全部关节位置数字控制。这类系统的两个 CPU 总线之间基本没有联系，仅通过公用内存交换数据，是一个松耦合的关系，对采用更多的 CPU 进一步分散功能是很困难的。

（3）多 CPU 结构、分布式控制方式 目前普遍采用上、下位机二级分布式结构，上位机负责整个系统管理以及运动学计算、轨迹规划等。下位机由多 CPU 组成，每个 CPU 控制一个关节运动，这些 CPU 和主控机联系是通过总线形式的紧耦合，这种结构的控制器工作速度和控制性能明显提高。但这些多 CPU 系统共有的特征都是针对具体问题而采用的功能分布式结构，即每个处理器承担固定任务，目前世界上大多数商品化机器人控制器都是这种结构。

以上几种类型的控制器均采用串行机来计算机器人控制算法，都存在一个共同的缺点：计算负担重、实时性差，所以大多采用离线规划和前馈补偿解耦等方法来减轻实时控制中的计算负担，当机器人在运行中受到干扰时其性能将受到影响，更难以保证高速运动中所要求的精度指标。

2. 并行处理结构

并行处理技术是提高计算速度的一个重要而有效的手段，能满足机器人控制的实时性要求。关于机器人控制器并行处理技术，研究较多的是机器人运动学和动力学的并行算法及其实现方法。关节型机器人的动力学方程是一组非线性强耦合的二阶微分方程，计算十分复杂，故提出机器人动力学并行处理技术，提高机器人动力学算法的计算速度可为实现复杂的控制算法（如计算力矩法、非线性前馈法和自适应控制法等）打下基础。开发并行算法的途径之一就是改造串行算法，使之并行化，然后将算法映射到并行结构，一般有两种方式：一是考虑给定的并行处理器结构，根据处理器结构所支持的计算模型开发算法的并行性；二是首先开发算法的并行性，然后设计支持该算法的并行处理器结构，以达到最佳并行效率。

五、知识拓展

ROBOX 运动控制器（图 3-14）的应用领域非常广泛，除了涉及机器人外，还在 AGV、印刷包装、多线切割、激光切割、木材和塑料等众多工业领域得到了广泛的应用，可为客户提供专业的整体解决方案和相关配套设施。

ROBOX 运动控制器能够实现对任何机械装备在精度、平滑度及速度的控制需求，并且能根据任务要求实现从单轴到多轴的同步控制。ROBOX 运动控制器支持各种机器人控制模型、G代码、电子凸轮、飞剪和电子齿轮等，并在机器人、印刷包装和机床等领域有众多成功的应用解决方案。

图 3-14　ROBOX 运动控制器

ROBOX 运动控制器具备广泛的通信方式，包括 EtherCAT、CANopen、Profibus、DeviceNet、Sercos and Modbus TCP 等主流总线，支持 OPC Server、ActiveX 和 .NET 库，可用于 Windows 环境中的通信。此外，数字量输入/输出（PNP）、扩展驱动器和远程 I/O 使用便捷，编程语言支持 C++ 功能块，便于导入原有的控制程序。并且，其完全自主知识产权的实时操作系统可根据实际应用需要，灵活快速地进行底层定制和更改。

ROBOX 集成驱动器产品具有四大优势。

1. 功能齐全

支持 EtherCAT（CoE、FoE）、CANopen（DS402）、RS232、旋变（或 ENDAT2.2）等接口，具有 PNP 数字输入/输出端口（带捕捉功能），DC 24V 光电耦合；具有强大的高温和振动耐受能力，内置 STO 安全扭矩关断功能、DC 24V 抱闸控制功能和用于振动分析的内部加速度计等。

2. 模块化设计

集成驱动器直接安装在伺服电动机上，电控柜内部无须为驱动器提供预留空间，电控柜外形尺寸得到有效缩减。另外，外置驱动器使电控柜内电磁干扰得到有效改善，也使柜内的温度大大降低。

3. 线路布局精简

采用混合连接方式，可大大减少电缆的使用数量和有效长度，为柜内布线提供优良的简化方案，为客户提供更高的可靠性。

4. 经济性原则

电控柜外形尺寸的缩减、电缆线路和长度的减少、人工设计和布局时间的减少使成本大幅度降低，效率有极大的提高。

六、评价反馈（表 3-17 ）

表 3-17 评价表

基本素养（30 分）				
序号	评估内容	自评	互评	师评
1	纪律（无迟到、早退、旷课）（10 分）			
2	安全规范操作（10 分）			
3	团结协作能力、沟通能力（10 分）			
理论知识（20 分）				
序号	评估内容	自评	互评	师评
1	了解运动控制器及伺服驱动器原理（10 分）			
2	了解工业机器人 ROBOX 控制系统（5 分）			
3	了解 ROBOX 控制系统控制的伺服驱动器（5 分）			
技能操作（50 分）				
序号	评估内容	自评	互评	师评
1	简述工业机器人 ROBOX 控制系统的组成（50 分）			
综合评价				

七、练习题

1. 填空题

（1）运动控制可实现机械运动精确的_____、_____、_____和转矩控制。

（2）运动控制器是控制电动机运行方式的专用控制器，它主要由_____、_____、_____和_____四部分组成。

（3）驱动器的电路一般包括_____、_____、_____和计算机控制系统电路等。

（4）PWM 伺服驱动器具有调速范围宽、_____、_____和_____等特点。

（5）步进伺服电动机驱动器主要由脉冲发生器、_____和_____等部分组成。

（6）CAN 总线是一种串行数据通信协议，其主要工作包括位填充、_____、_____和优先级判别等内容。

2. 简答题

（1）ROBOX 控制器中 ADV 的含义是什么？

（2）TCP/IP 协议常见的接口层协议有哪些？

（3）CF 存储卡的使用注意事项有哪些？

任务二　工业机器人 GTC-RC800 控制系统的组成

一、学习目标

1. 掌握运动控制器端口的定义和功能。

2. 了解工业机器人运动控制器的含义。

3. 了解工业机器人伺服电动机驱动器端口的定义和功能。

二、工作任务

1. 掌握运动控制器端口的定义和功能，并进行线路连接。

2. 掌握伺服电动机驱动器端口的定义和功能，并进行线路连接。

3. 根据安全电路板功能进行故障排除。

三、实践操作

1. 知识储备

运动控制系统的基本架构组成包括：一个运动控制器，用于生成轨迹点和闭合位置的反馈环，许多控制器也可以在内部闭合一个速度环；一个驱动器或放大器，用于将运动控制器的控制信号（通常是速度或转矩信号）转换为更高功率的电流或电压信号。更为先进的智能化驱动可以自身闭合位置环和速度环，以获得更精确的控制；一个执行器，如液压泵、气缸、线性执行机构或电动机，用于输出运动；一个反馈传感器，如光电编码器、旋转变压器或霍尔效应设备等，用于反馈执行器的位置给位置控制器，以实现与位置控制环的闭合。

电路保护主要是保护电子电路中的元器件和设备在受到过压、过流、浪涌和电磁干扰等情况下不受损坏，同样为了防止电路中导线或电器设备过载，需要在每个用电设备的电路中安装电路保护装置。常见的电路保护有过电流保护、过电压保护、欠电压保护、过热保护和缺相保护。常见的电路保护装置有漏电保护器、熔断器、电磁脱扣器、断路器、隔离开关和接触器等。

固高科技 GTC-RC800 控制器是针对机器人系统设计的控制平台，在原有 GUC-T 控制器的基础上集成了常用机器人的功能信号，重新设计了 GUC 结构，使 RC800 成为一款功能较全、结构紧凑、能稳定保持高性能的机器人控制器。工业机器人控制系统开发平台由开放的、可重组的硬件平台和软件平台组成。开发平台基于 WINCE 的操作系统，满足机器人对实时性、安全性及稳定性的应用需求。RC800 控制器针对有开发能力的机器人制造商、有行业应用需求的工业客户和高校研究型机构，采用可二次开发的系统架构，为客户定制工艺、算法提供解决方案。

工业机器人控制系统开发平台提供了弧焊、点焊、切割、喷涂、搬运、装配、加工、码垛、跟随取放和数控雕刻等工艺，广泛应用于汽车、食品和包装等行业。

2. GTC-RC800 多轴嵌入式控制器的组成

工业机器人运动控制器是根据指令及传感信息控制机器人完成一定的动作或作业任务的装置。工业机器人运动控制器如图 3-15 所示，运动控制器相关参数见表 3-18。

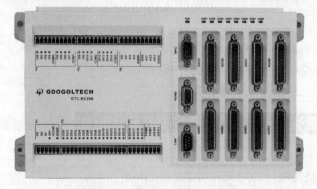

图 3-15　工业机器人运动控制器

表 3-18 运动控制器相关参数

序号	名称	参数
1	CPU	1.66GHz
2	VGA 接口	200MHz
3	eHMI 接口	I/O 扩屏信号
4	USB 接口	2 路
5	LAN 接口	2 路,100Mbit/s
6	RS232 接口	1 路,DB9 公头
7	轴接口	8 轴脉冲/模拟量控制
8	I/O	20 路数字量输出,16 路数字量输入,4 路模拟量输入,4 路模拟量输出,4 路 PWM 输出
9	额定电源	DC 24V±10%
10	额定电流	3A
11	工作温度	0~55℃
12	CE	工业 3 级

（1）运动控制器电源接口（P1） 机器人运动控制器正常运行需要两个 DC 24V 电源：一个是内部电源，给控制器供电，接"+24"和"0V"；另一个是外部电源，供外部 I/O 使用，接"IOGND"和"IO24V"。当两个 DC 24V 电源接通后，控制器上的 2 个 LED（24V 和 IO24V）指示灯常亮，表明运动控制器已上电完毕。另外，在电源接口上提供了一个与运动控制器外壳连通的"PE"（保护地）触点，根据电气系统的需要，将其与其他外部地（机壳地、大地等）和运动控制器内部地（数字地 SG、+24V、参考地）连通。电源连接如图 3-16 所示。

（2）通用数字量输出及其他信号输出接口（P2 及 P3） 运动控制器提供 20 路通用数字量输出（DO0~DO19），输出类型为集电极开路，低电平有效。每一路输出有对应的 LED 指示灯，指示当前输出端口的工作状态，LED 亮起表示有信号输出，LED 熄灭表示没有输出，如图 3-17 所示。PWM 信号与 HSO 信号作为激光控制接口使用。

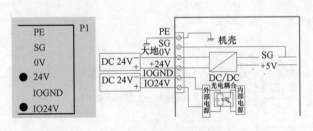

图 3-16 电源连接图

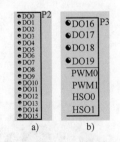

图 3-17 数字量输出及其他信号输出接口

（3）通用数字量输入及公共端接口（P4 及 P5） 运动控制器提供 16 路通用数字量输入（DI0~DI15），输入类型为集电极开路，高电平有效。每一路输入有对应的 LED 指示灯，指示当前输入端口的工作状态，LED 亮起表示有信号输入，LED 熄灭表示没有输入。

16 路通用数字量输入分成 4 块，每块伴随一路公共端（COM），公共端输入类型为集电极开路，低电平有效，如图 3-18 所示。

（4）通用模拟量输入及输出接口（P6） 运动控制器提供 4 路通用模拟量输入（AI0～AI3）、4 路通用模拟量输出（AO0～AO3）和 2 路公共端（类型为集电极开路），高电平有效，如图 3-19 所示。

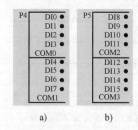

图 3-18　数字量输入及公共端接口　　　　　　　图 3-19　模拟量输入及输出接口

（5）通信接口

1）通信总线接口（CAN）。CAN 属于现场总线的范畴，是一种有效支持分布式控制或实时控制的串行通信网络。具有网络各节点之间的数据通信实时性强、开发周期短等优点，其外观如图 3-20 所示。

2）RS485 通信接口（图 3-21）。RS485 通信接口采用差分信号负逻辑，RS485 有两线制和四线制两种接线，四线制是全双工通信方式，两线制是半双工通信方式。在 RS485 通信网络中，一般采用主从通信方式，即一个主机带多个从机。

图 3-20　通信总线接口　　　　　　图 3-21　RS485 通信接口

（6）手轮输入接口（MPG） 运动控制器提供手轮输入接口，外壳上标识为 MPG。手轮输入接口可接收 A 相、B 相信号和 7 个通用输入信号。手轮输入接口及内部电路如图 3-22 所示。

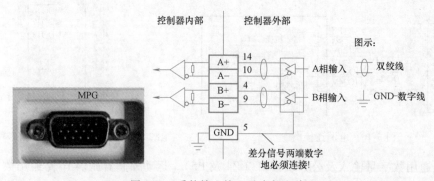

图 3-22　手轮输入接口及内部电路

（7）轴信号接口（AXIS1～AXIS8） 运动控制器提供 8 个轴信号的连接（AXIS1～AXIS8），如图 3-23 所示。

（8）指示灯 运动控制器提供8个轴信号连接（AXIS1～AXIS8）的指示灯，如图 3-24 所示，指示当前输出轴的工作状态，LED 亮起表示有信号输出，LED 熄灭表示没有信号输出；当运动控制器正常运行时，RUN 指示灯亮绿灯。

图 3-23　轴信号接口　　　　　　　　　　　　　　　图 3-24　指示灯

（9）专用通信接口 运动控制器提供一个专用通信接口，如图 3-25 所示，通常以太网的 IP 地址设置为 192.168.1.2。

（10）RS232 通信接口 运动控制器提供一个 9 针插口的 RS232 串行通信接口，如图 3-26 所示，点对点连接，一个串口只能连接一个外设，另一端接到伺服驱动器的 C7 接口。

（11）USB 接口 运动控制器提供两个 USB 接口，如图 3-27 所示，可以进行内部数据的传输。USB 是一种多点、高速的连接方式，采用集线器能实现更多的连接。USB 外设能自动进行设置，支持即插即用与热插拔。

图 3-25　专用通信接口　　　　图 3-26　RS232 接口　　　　　图 3-27　USB 接口

（12）以太网通信接口（LAN） 运动控制器提供两个以太网通信接口，如图 3-28 所示。

（13）鼠标、键盘接口（KM&MS） 运动控制器提供新型的鼠标、键盘接口，如图 3-29 所示，可以进行外部的控制。

图 3-28　LAN 接口　　　　　　　　　　　图 3-29　KM&MS 接口

（14）VGA 接口 VGA 接口是显卡输出模拟信号的接口，也是 D-Sub 接口，是一种 D型接口，上面共有 15 个针孔，分成三排，每排 5 个，如图 3-30 所示。

（15）千兆网人机界面接口（eHMI） eHMI 是千兆网人机界面接口，是连接机器人示教器的通信接口，如图 3-31 所示。

3. GTHD 伺服驱动器的组成

GTHD 伺服驱动器如图 3-32 所示，是用来控制伺服电动机的一种控制器，其作用类似于变频器作用于普通交流电动机，属于伺服系统的一部分，主要应用于高精度的定位系统。

一般是通过位置、速度和力矩三种方式对伺服电动机进行控制，实现高精度的传动系统定位。

图 3-30　VGA 接口

图 3-31　eHMI 接口

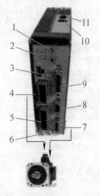

图 3-32　GTHD 伺服驱动器

1—旋转按钮　2—数码管　3—STO 安全转矩禁止接口　4—电动机动力线接口
5—电动机动力线再生电阻接口　6—电动机动力线接地　7—编码器反馈线接口
8—电动机抱闸输入接口　9—控制器 I/O、基准电压、脉冲和方向输入
10—RS232 串行通信接口　11—菊花链（串接伺服驱动器）

（1）单相交流伺服驱动器　单相交流伺服驱动器的参数见表 3-19。

表 3-19　单相交流伺服驱动器参数

项目	规格	参数
额定输入电路电源(L1,L2)	额定电压	AC 120V±10% 或 AC 240V±10%
	频率	50Hz/60Hz
	AC 120V 或 AC 240V	1 相
	连续电流(1phA 有效值)	5A
	电路保险(FRN-R、LPN 或等效)	10A
	耐受电压(对地)	AC 1500V(DC 2121V)
控制电路输入电源(L1C,L2C)	AC 120V±10% 或 AC 240V±10%	1 相
逻辑输入保险（延时）	AC 120V 或 AC 240V	0.5A
STO(安全转矩切断)	STO 电源	DC 24V±10%
STO 保险（延时）	AC 120V 或 AC 240V	1.5A
电动机输出(U/V/W)	连续输出电流有效值	3A
	连续输出电流峰值	4.24A
	PWM 频率	16kHz
软件启动	最大软件启动飙升电流	7A
	最大充电时间	350ms
控制电路电源损耗	功率	5W
连接硬件	PE 接地螺母尺寸/转矩	M4/1.35N·m
电压跳闸	欠电压跳闸(额定值)	DC 100V
	过电压跳闸	DC 420V

（续）

项目	规格	参数
	外部再生电阻(B1+,B2)	
外部并联稳压器	峰值电流	12.7A
	最小电阻	31.5Ω
	额定功率	取决于系统
应用信息	内部总线电容	660μF
	再生回路关闭(VLOW)	DC 380V
	再生回路打开(VMAX)	DC 400V

（2）控制器 I/O 接口（C2）　按照数字/模拟量的输入和输出控制要求接线，未使用的引脚必须悬空。

为了保持数字 I/O 的隔离，DC 24V 电源连接到引脚 19，如图 3-33 所示。DC 24V 电源的回路连接到引脚 1，引脚还有作为输出的接地路径的功能。

（3）抱闸输入接口（C3）　按照应用需求来连接数字/模拟量的输入和输出接口，未使用的引脚必须悬空。

为了保持数字 I/O 的隔离，DC 24V 电源连接到引脚 9，如图 3-34 所示。DC 24V 电源的回路连接到引脚 19，引脚还有作为输出的接地路径的功能。

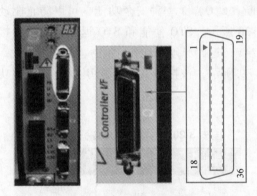 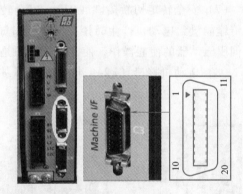

图 3-33　控制器 I/O 接口　　　　图 3-34　抱闸输入接口

AP 型号：DC 24V 电源和回路可通过控制器 I/O 接口（C2）或抱闸输入接口（C3）进行连接，但没有必要把两个接口都连接。

（4）电动机反馈接口（C4）　电动机反馈接口的接线由在应用中所使用的反馈装置类型确定，电动机反馈接口如图 3-35 所示。引脚 1、2、14 和 15 具有双重功能；引脚 25 为电动机温度传感器接口，另一端连接到伺服驱动器的内部地，未使用的引脚必须悬空。

（5）菊花链接口（C8）　伺服驱动器通过菊花链连接的 RS232 线路进行寻址和控制，菊花链接口如图 3-36 所示。在菊花链 RS232 配置中，所有驱动器必须通过 C8 连接器进行菊花链连接。每个驱动器必须拥有唯一的地址，以便在网络中进行识别。

（6）伺服驱动器旋转地址开关　伺服驱动器前端面板上有两个档位旋转开关，用于设定 CAN 和串行通信的驱动器地址，如图 3-37 所示。当菊花链或 CAN 总线网络上的驱动器多于一个时，每个驱动器都需确定唯一的地址作为网络上的标识。

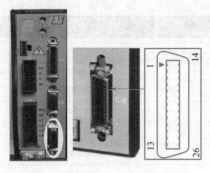

图 3-35　电动机反馈接口

图 3-36　菊花链接口

图 3-37　伺服驱动器
旋转地址开关

注意：

1）对于基于以太网的运动总线，此开关对驱动器和网络都没有功能性用途，可以在应用层用来识别网络上的特定驱动器。

2）每个开关有 10 个状态，上面的开关作为十位设定，下面的开关作为个位设定。如果两个或两个以上的驱动器连接到通信网络上，就不能使用地址 0，单一的驱动器可使用地址 0。

3）同一网络中的两个驱动器不能拥有相同的地址。

（7）安全转矩切断接口（P1）　安全转矩切断（STO）是一种安全功能，可以防止驱动器传输能量给电动机产生转矩，STO 接口如图 3-38 所示。STO 使能和 STO 返回，必须连接到伺服驱动器的使能操作，使能电压必须是 DC 24V，返回必须接地。

（8）电动机接口（P2）　电动机接口如图 3-39 所示，该接口共有 4 个引脚，各引脚功能见表 3-20。

图 3-38　STO 接口　　图 3-39　电动机接口

表 3-20　电动机接口各引脚功能

引脚	引脚定义	功能
1	PE	功能地（电动机壳）
2	U	电动机 U 相
3	V	电动机 V 相
4	W	电动机 W 相

（9）交流输入电压接口（P3）　交流输入电压接口如图 3-40 所示，各引脚功能见表 3-21。交流电压的接入要求如下：

1）连接 L1、L2 和 L3（母线电源）。如果主电源来自单相电源，则只需连接相线和零线到 L1 和 L2；如果主电源来自三相电源，则需连接三相电源到 L1、L2 和 L3。

再生电阻和交流输入电压从同一接口连接。模块只支持单相交流输入，没有用于母线电源输入的 L3 端子。

图 3-40　交流输入电压接口

表 3-21　交流输入电压接口各引脚功能

引脚	引脚定义	功能
1	L1	AC 相 1
2	L2	AC 相 2
3	L3	AC 相 3
4	L1C	逻辑 AC 相 1
5	L2C	逻辑 AC 零线

2）连接 L1C 和 L2C（逻辑电源）。如果主电源来自单相电源，则只需连接相线和零线到 L1C 和 L2C；如果主电源来自三相电源，则需连接任何两相到 L1C 和 L2C。

3）连接交流输入电压的地线到位于 GTHD 前面板上的 PE 端子。使用 M4 环形或叉形接头。

4. 安全电路板的组成

安全电路板是工业机器人电路元件保护的核心部分，既可以防止伺服驱动器因过电流而损坏，又能防止因电动机过载造成电枢绕组短路。其内部由多个直流继电器组成，通过对输入/输出信号采样来控制伺服电动机的正转、反转和抱闸。同时安全电路板上装有输入/输出信号指示灯，通过对指示灯状态的观察可以初步确认系统是否正常工作。安全电路板区域划分如图 3-41 所示。

（1）安全电路板各部分功能

1）区域 1：控制继电器供电电源输入，DC 24V（24VP 接"+"），其中 F1 为熔丝，额定电流为 5A。

2）区域 2：电动机抱闸电源输入，DC 24V（24V+ 接"+"），其中 F2 为熔丝，额定电流为 10A。

3）区域 3：驱动报警控制继电器和指示灯。

4）区域 4：电动机抱闸控制继电器和指示灯。

5）区域 5：急停、主电和错误信号控制继电器。

6）区域 6：7 个电动机轴的驱动器报警和抱闸控制输入信号，其中 A1~A7 为驱动器报警控制输入信号，KB1~KB7 为抱闸控制输入信号，这两种信号由驱动器输入到安全电路板。

7）区域 7：抱闸输出信号和 24V−。

8）区域 8：K3OUT 是主电接触器输出引脚，当主电接触器正常工作时，其触点闭合，H1 引脚和 24VP 短接，主电指示灯亮，代表主电正常给驱动器供电。

9）区域 9：左侧的 ERROR2 连接 24VP 正电压，右侧的 ERROR2 连接到端子排上给伺服驱动器 P1 的 24V 供电。

10）区域 10：外部急停 1、2，需要将这 4 个引脚分别短接，其中 EMG5/1 与 EMG5/2 短接，EMG6/1 与 EMG6/2 短接。

11）区域 11：电柜急停 1、2，外部急停 1、2，手压开关和 ALARMI 驱动报警等信号输出给运动控制器的 I/O 口（未接）。

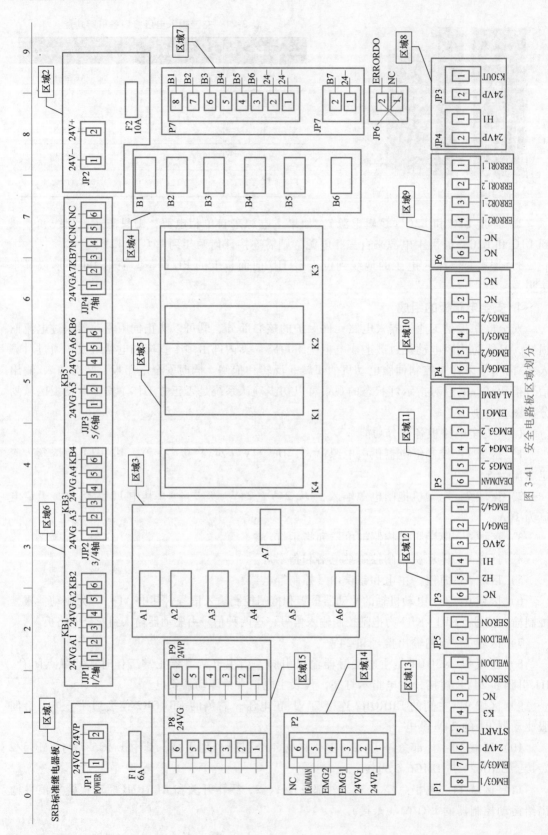

图 3-41 安全电路板区域划分

12）区域 12：EMG4/1 和 EMG4/2 连接外部急停 2，H1 和 H2 分别连接面板上的主电伺服指示灯和报警指示灯。

13）区域 13：左边 8 个引脚中的 EMG3/1 和 EMG3/2 连接电气柜上急停，START 连接到电气柜开伺服按钮，K3 连接到安全电路板上的主电控制继电器。

14）区域 14：连接到示教器上，其中 DEADMAN 连接到手压开关按钮上，EMG1 和 EMG2 连接到示教器急停按钮上，并将 24VP 与 EMG1 短接。

15）区域 15：24VP 和 24VG 扩展端子，用户可以在安全电路板上的这两排引脚上引出 DC 24V 给外部供电。

（2）安全电路板的急停设计　设备有电柜急停按钮和示教器急停按钮，外部急停默认短接。安全电路板采用双回路急停设计，具有很高的安全性，双回路急停原理如图 3-42 所示。

注意：所有感性负载（如继电器线圈、电磁阀和电磁接触器线圈等）应配备浪涌吸收器件来防止浪涌，在浪涌吸收器件负载上并联二极管时，务必注意二极管的极性。如果并联二极管极性反接，则会因过电流而损坏元器件。浪涌吸收器示意图如图 3-43 所示。

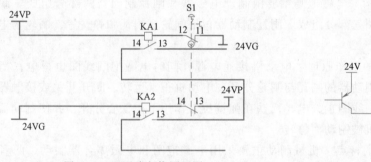

图 3-42　双回路急停原理图　　　　图 3-43　浪涌吸收器示意图

正常情况下停止机器人运行的步骤是：先按下电柜面板上的关伺服按钮，再切断电控柜上的电源总开关，只有在紧急情况下才使用电柜急停按钮。如果想使用外部急停按钮，需要将安全电路板上的 EMG5/1 和 EMG5/2 或 EMG6/3 和 EMG6/4 引接到外部，并在其两端接入一个常闭开关。所接常闭开关应满足以下条件：

1）触电容量：电压大于或等于 DC 24V，电流为 2A。

2）符合安全标准。

3）正开机构。

4）带有 NC（常闭触点）。

5）建议使用横截面积为 0.5mm^2 的电线来连接。

（3）驱动器报警和电动机开抱闸电路

1）驱动器报警。当驱动器发出报警时，报警信号由高电平变为低电平，并在报警过程中一直保持低电平，进而触发安全电路板报警电路，此时安全电路板上对应的报警指示灯点亮，并将报警信号传输给运动控制器。驱动器报警示意图如 3-44 所示。

2）电动机开抱闸。伺服驱动器上电后，当电控柜上使能开关处于关闭状态时，驱动器发出开抱闸信号（KB1~KB6），此信号为低电平有效，触发抱闸电路接通，电动

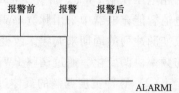

图 3-44　驱动器报警示意图

机抱闸打开，以防止电动机的误动作和抖动。

错误信号由 ERROR2_1 和 ERROR2_2 两端子产生，两端子由继电器的常闭触点连接。通常会将 ERROR2_1 接入到 24VP 端子上，而另一端子 ERROR2_2 会接入伺服驱动器。正常情况下，ERROR2_2 输入信号为高电平，当驱动器报警或急停按钮被按下时，继电器内部常闭触点断开，ERROR2_1 和 ERROR2_2 两端子不再连通，ERROR2_2 输入信号变为低电平，伺服驱动器检测到 ERROR2_2 输入端电平的变化后，认为电路中发生故障做出相应的保护动作。

（4）系统正常工作时安全电路板上各指示灯的状态　在给伺服上电前，区域 1、2 的电源指示灯常亮，区域 5 中四个大继电器的指示灯仅最右侧的主电指示灯不亮，左边的三个指示灯都常亮，区域 3 中单个小继电器的指示灯常亮，其余各区域的指示灯都不亮。电柜伺服上电后，区域 5 最右侧的主电指示灯会亮，示教器伺服上电后，区域 4 左侧的抱闸控制继电器的指示灯也会亮，此时表示各轴电动机抱闸已经打开，电动机可以开始运行。

四、问题探究

1. 什么是电磁抱闸制动？

（1）电磁抱闸的结构　电磁抱闸主要由制动电磁铁和闸瓦制动器两部分组成。制动电磁铁由铁心、衔铁和线圈三部分组成。闸瓦制动器包括闸轮、闸瓦和弹簧等，闸轮与电动机装在同一根转轴上。

（2）电磁抱闸制动的工作原理　电动机接通电源，同时电磁抱闸线圈也得电，衔铁吸合，克服弹簧的拉力使制动器的闸瓦与闸轮分开，电动机正常运转。断开开关或接触器，电动机失电，同时电磁抱闸线圈也失电，衔铁在弹簧拉力作用下与铁心分开，并使制动器的闸瓦紧紧抱住闸轮，电动机被制动而停转。

（3）电磁抱闸制动的特点　机械制动主要采用电磁抱闸和电磁离合器制动，两者都是利用电磁线圈通电后产生磁场，使静铁心产生足够大的吸力吸合衔铁或动铁心（电磁离合器的动铁心被吸合，动、静摩擦片分开），克服弹簧的拉力而满足工作现场的要求。电磁抱闸靠闸瓦的摩擦片制动闸轮，电磁离合器利用动、静摩擦片之间足够大的摩擦力使电动机断电后立即制动。

优点：电磁抱闸的制动力强，广泛用在起重设备，安全可靠，不会因突然断电而发生事故。

缺点：电磁抱闸体积大，制动器磨损严重，快速制动时会产生振动。

2. 什么是 PWM？

脉冲宽度调制（Pulse Width Modulation，PWM）简称脉宽调制，是利用微处理器的数字输出来对模拟电路进行控制的一种非常有效的技术，广泛应用在从测量、通信到功率控制与变换的许多领域中。

（1）脉冲宽度调制的基本原理　随着电子技术的发展，出现了多种 PWM 技术，其中包括相电压控制 PWM、脉宽 PWM 法、随机 PWM 及 SPWM 法、线电压控制 PWM 等。在镍氢电池智能充电器中采用脉宽 PWM 法，每一脉冲宽度均相等的脉冲列作为 PWM 波形，通过改变脉冲列的周期来调频，改变脉冲的宽度或占空比来调压，采用适当控制方法即可使电压与频率协调变化。通过调整 PWM 的周期、PWM 的占空比来达到控制充电电流的目的。

（2）脉冲宽度调制的具体过程　脉冲宽度调制（PWM）是一种对模拟信号电平进行数字编码的方法。通过高分辨率计数器的使用，方波的占空比被调制用来对一个具体模拟信号的电平进行编码。PWM 信号仍然是数字的，因为在给定的任何时刻，满幅值的直流供电要么完全有（ON），要么完全无（OFF）。电压或电流源是以一种通（ON）或断（OFF）的重复脉冲序列被加到模拟负载上。通即表示直流供电被加到负载上，断即表示供电被断开。只要带宽足够，任何模拟值都可以使用 PWM 进行编码。

3. 为什么使用总线通信?

任何一个微处理器都要与一定数量的部件和外围设备连接，但如果将各部件和每一种外围设备都分别用一组线路与 CPU 直接连接，那么连线将会错综复杂，甚至难以实现。为了简化硬件电路设计、简化系统结构，常用一组线路，配置以适当的接口电路，与各部件和外围设备连接，这组共用的连接线路被称为总线。采用总线结构便于部件和设备的扩充，尤其制定了统一的总线标准后，更容易使不同设备实现互联。

微机中总线一般有内部总线、系统总线和外部总线。内部总线是微机内部各外围芯片与处理器之间的总线，用于芯片一级的互连；而系统总线是微机中各插件板与系统板之间的总线，用于插件板一级的互连；外部总线则是微机和外部设备之间的总线，微机作为一种设备，通过总线与其他设备进行信息和数据交换，用于设备一级的互连。

五、知识拓展

计算机可编程自动化控制器（Computer Programmable Automation Controller，CPAC）是一个将计算机、运动控制、逻辑控制、现场网络和人机组态结合在一起的工业装备控制的软硬件开发平台，包括可选择的嵌入式运动控制器、I/O 模块和人机界面等硬件和 OtoStudio 软件开发环境。CPAC 平台的开发环境——OtoStudio 符合 IEC 61131-3 标准，提供 6 种编程语言，即结构文本（ST）、指令表（IL）、顺序流程图（SFC）、功能框图（FBD）、梯形图（LD）和连续功能编辑器（CFC），可满足不同语言习惯的用户需求。OtoStudio 支持文本化和图形化混合编程，用户可以用结构文本做复杂的数学运算和运动控制，同时用梯形图实现逻辑控制和过程控制。

CPAC 平台可用于开发多种控制系统，包括机器人系统（GTC-RC800）、数控系统、包装设备系统、点胶设备系统、检测设备系统和非标自动化设备系统等，如图 3-45 所示。

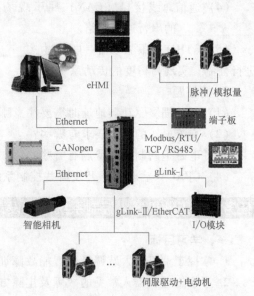

图 3-45　系统架构

六、评价反馈（见表 3-22）

表 3-22　评价表

基本素养（25 分）			
序号	评估内容	自评	互评	师评
1	纪律（无迟到、早退、旷课）(5 分)			
2	安全规范操作（10 分）			
3	团结协作能力、沟通能力（10 分）			

（续）

理论知识（25分）					
序号	评估内容		自评	互评	师评
1	了解电路保护方式（5分）				
2	掌握工业机器人GTC-RC800控制器结构的组成（10分）				
3	掌握GTHD伺服驱动器的组成（10分）				
技能操作（50分）					
序号	评估内容		自评	互评	师评
1	简述工业机器人GTC-RC800控制系统的组成（50分）				
综合评价					

七、练习题

1. 填空题

（1）常见的电路保护装置有漏电保护器、_____、_____、_____、_____和接触器等。

（2）GTC-RC800运动控制器中的通用数字量输出类型为_____，_____有效。

（3）GTC-RC800运动控制器中的通用数字量输入类型为_____，_____有效。

（4）通信总线接口（CAN）属于现场总线的范畴，是一种有效支持_____或_____的串行通信网络。

（5）GTHD伺服驱动器一般通过_____、_____和_____三种方式对伺服电动机进行控制，实现高精度的传动系统定位。

2. 简答题

（1）设置伺服驱动器地址时需要注意哪些事项？

（2）交流电压的接入要求有哪些？

（3）电磁抱闸制动的特点有哪些？

（4）CPAC平台可用于开发哪些控制系统？

任务三 工业机器人控制系统故障设置与排除

一、学习目标

1. 掌握工业机器人装调维修智能故障训练系统的应用。

2. 了解工业机器人常见的故障及排除方案。

二、工作任务

操作工业机器人智能故障训练系统软件进行故障设置与排除。

三、实践操作

1. 知识储备

（1）工业机器人故障检测原则

1）先动口再动手。对于有故障的电气设备，不应急于动手，应先询问产生故障的前后经过及故障现象。对于生疏的设备，还应先熟悉电路原理和结构特点，遵守相应规则。拆卸前要充分熟悉每个电气部件的功能、位置、连接方式以及与周围其他器件的关系，在没有组装图的情况下，应一边拆卸，一边画草图，并记上标记。

2）先外后内。应先检查设备有无明显裂痕、缺损，了解其维修史、使用年限等，然后再对机内进行检查。拆卸前应排除周边的故障因素，确定为机内故障后才能拆卸，盲目拆卸可能将设备越修越坏。

3）先机械后电气。只有在确定机械零件无故障后，再进行电气方面的检查。检查电路故障时，应利用检测仪器寻找故障部位，确认无接触不良故障后，再有针对性地查看线路与机械的运作关系，以免误判。

4）先静态后动态。在设备未通电时，判断电气设备按钮、接触器、热继电器以及熔丝的好坏，从而判定故障。通电试验，听声音、测参数、判断故障，最后进行维修。如在电动机缺相时，若测量三相电压值无法判别，则应该听声音，单独测每相对地电压，方可判断哪一相缺损。

5）先清洁后维修。对污染较重的电气设备，先对按钮、接线点和接触点进行清洁，检查外部控制键是否失灵。许多故障都是由脏污及导电尘块引起的，一经清洁故障往往会排除。

6）先电源后设备。电源部分的故障率在整个故障设备中的占比很高，所以先检修电源往往可以事半功倍。

7）先普遍后特殊。因装配配件质量或其他设备故障而引起的故障，一般占常见故障的50%左右。电气设备的特殊故障多为软故障，要靠经验和仪表来测量和维修。例如，有一个0.5kW 的电动机由于带不动负载，有人以为是负载故障。根据经验，戴上加厚手套，顺着电动机旋转方向抓，结果抓住了，这就是电动机本身的问题。

8）先外围后内部。先不要急于更换损坏的电气部件，在确认外围设备电路正常后，再考虑更换损坏的电气部件。

9）先直流后交流。检修时，必须先检查直流回路静态工作点，再检查交流回路动态工作点。

10）先故障后调试。对于调试和故障并存的电气设备，应先排除故障，再进行调试，调试必须在电气线路正常的前提下进行。

（2）故障检查方法和操作实践

直观法是根据电气故障的外部表现，通过看、闻、听等手段，检查、判断故障的方法。具体操作步骤如下：

① 调查情况。向操作者和故障在场人员询问情况，包括故障外部表现、大致部位以及发生故障时的环境情况，如有无异常气体、明火、热源是否靠近电器、有无腐蚀性气体侵入、有无漏水，是否有人修理过以及修理的内容等。

② 初步检查。根据调查的情况，查看有关电器外部有无损坏，连线有无断路、松动，绝缘有无烧焦，螺旋熔断器的熔断指示器是否跳出，电器有无进水、油垢，开关位置是否正确等。

③ 试车。通过初步检查，确认不会使故障进一步扩大和造成人身、设备事故后，可进行试车检查，试车中要注意有无严重跳火、异常气味和异常声音等现象，一经发现，应立即停车，切断电源。注意检查电器的温升及电器的动作程序是否符合电气设备原理图的要求，从而发现故障部位。

2. 智能故障训练系统简介

智能故障训练系统包括故障软件和硬件电路两部分。故障软件可以设置 32 种工业机器人常见的电气故障，模拟工业机器人现场电气故障环境，为学生提供电气故障排故训练平台。硬件电路主要由单片机控制，进行工业机器人内部电气电路故障设置，让学生在操作台上练习电气故障排查。

1）故障软件 IP 地址配置。在使用故障软件时，将故障软件所在计算机的本地以太网 IP 地址设置为 192.158.1.150，如图 3-46 所示。

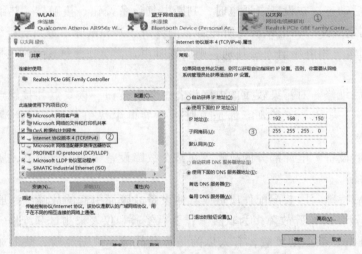

图 3-46　以太网 IP 配置参数

2）故障软件使用流程如图 3-47 所示。

3）故障软件开始界面如图 3-48 所示，故障软件开始界面各部分名称及功能见表 3-23。

图 3-47　故障软件使用流程

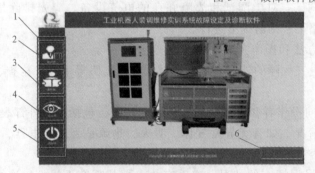

图 3-48　故障软件开始界面

表 3-23　故障软件开始界面各部分名称及功能

序号	名称	功能
1	功能区	软件功能选择区
2	教师端	六自由度工业机器人电路故障设置
3	学生端	六自由度工业机器人电路故障排除

（续）

序号	名称	功能
4	后台	查看学生端排除故障按钮单击次数
5	退出	程序退出
6	倒计时	排故倒计时

4）教师端。教师登录界面如图 3-49 所示，需要输入密码才可登陆，初始登录密码为 admin。登录后即可看到如图 3-50 所示的故障设置界面，故障设置界面各部分名称及功能见表 3-24。

图 3-49　教师端登录界面

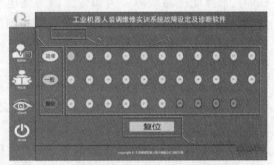

图 3-50　教师端故障设置界面

表 3-24　故障设置界面各部分名称及功能

序号	名称	功能
1	故障等级	设置故障难易度
2	故障提示	提示每个按钮设置的故障内容
3	故障设置	32 路故障设置区
4	复位	消除全部故障

故障设置方法分为定向故障设置方法和随机故障设置方法。定向故障设置方法可根据提示选择要设置的故障点；随机故障设置方法分为简单、一般和复杂三个难易等级，选择难度等级，单击对应按钮即可完成故障设置。例如，设置简单故障，只需要单击"简单"按钮便可随机生成相应简单故障，如图 3-51 所示。

排除故障的设置方法：单击"复位"按钮即可清除所有故障。

5）学生端。当教师端故障设置成功后，即可进入学生端进行故障排除，图 3-52 所示为学生端界面（故障已排除），学生端界面各部分名称及功能见表 3-25。

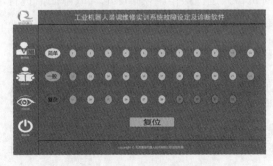

图 3-51　简单故障等级

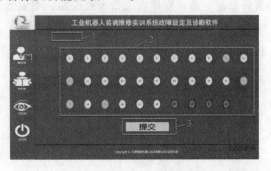

图 3-52　学生端界面

表 3-25　学生端界面各部分名称及功能

序号	名称	功能
1	故障提示	提示每个按钮相对应的故障
2	排故	排除故障区
3	提交	确定提交

　　故障排除使用简介：根据实际检测故障结果及故障提示内容选择故障按钮，单击对应按钮即可消除此电路故障。例如，实测为高电压故障，如图 3-53 所示，按照故障提示寻找到高电压故障对应的按钮 1 并单击，即可排除实测的高电压故障。

　　注意：排除故障时只能提交一次，在实际操作过程中要将全部故障排除后再进行提交，否则故障不能全部排除。

图 3-53　1 轴电源断开故障

　　6）后台界面。后台界面显示学生排故情况，如图 3-54 所示。例如，学生在排故过程中总共在学生端界面排故区单击按钮 3 次，则后台会显示 3 个按钮及对应的单击时间。

　　7）退出。单击"退出端"并确定即可退出系统，如图 3-55 所示。

图 3-54　后台界面

图 3-55　退出

3. 基于智能故障训练系统的排故训练

　　（1）ROBOX-RP1 控制系统电气排故训练　在智能故障训练系统教师端进行电气故障设定后，通过示教器操作机器人或外部设备（计算机、PLC）等访问时，会在示教器上显示错误警告信息，告诫操作者机器人有故障，不要继续对机器人进行操作。在排除电气故障后需进行警告解除，解除警告需要连续单击 ⚠ 按钮，直到警告信息消失。智能故障训练系统可对工业机器人电气系统设置 28 路故障并排除，下面介绍 28 路部分电气故障的故障现象和解决方法。

　　1）高电压。

　　故障现象：接通伺服开关，长时间按下手动使能开关，示教器会弹出 4054#1 直流母线欠压告警的报警信息，如图 3-56 所示。

　　故障原因：直流母线电路断路或者接触不良。

　　解决方案：用万用表沿着直流母线电路自上而下测量电压，寻找故障点并排除故障。排除故障后单击 ⚠ 按钮，将报警清除。

2）24V 总电源。

故障现象：24V 开关电源输出指示灯亮起，24V 电气设备电源指示灯全部熄灭，包括控制器、PLC、触摸屏、交换机和示教器等。

故障原因：24V 开关电源输出电路断路。

解决方案：用万用表沿着 24V 开关电源输出电路自上而下测量电压，寻找故障点并排除故障，排除故障后需要重启设备。

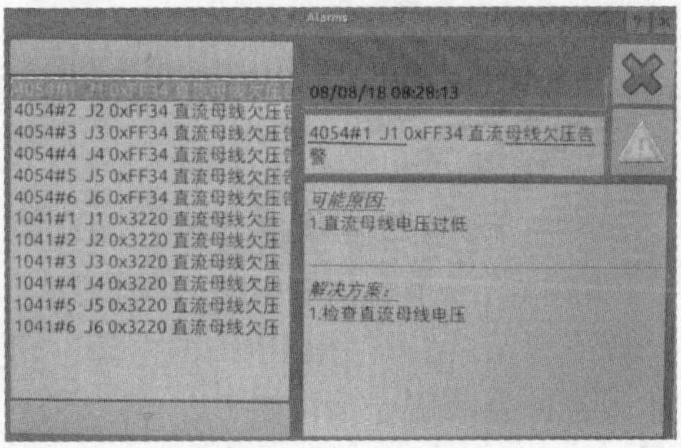

图 3-56　高电压断路报警信息

3）24 电源 1。

故障现象：24V 电气设备仅有驱动器断电，驱动器指示灯熄灭。

故障原因：驱动器 24V 电源输入电路断路。

解决方案：用万用表沿着驱动器 24V 电源输入电路自上而下测量电压，寻找故障点并排除故障，排除故障后清除报警，示教器会自动重启。

4）24 电源 2。

故障现象：24V 电气设备仅有控制器断电，控制器指示灯熄灭。

故障原因：控制器 24V 电源输入电路断路。

解决方案：用万用表沿着控制器 24V 电源输入电路自上而下测量电压，寻找故障点并排除故障，排除故障后清除报警，示教器会自动重启。

5）24V 电源 3。

故障现象：24V 电气设备仅有示教器断电，示教器黑屏。

故障原因：示教器 24V 电源输入电路断路。

解决方案：用万用表沿着示教器 24V 电源输入电路自上而下测量电压，寻找故障点并排除故障，排除故障后示教器会自动重启。

6）急停错误 1。

故障现象：设备急停按钮出现故障，控制器断电，示教器出现 1083#和 1051#相关报警信息，如图 3-57 所示。

故障原因：外部急停按钮被按下。

解决方案：恢复或者更换急停按钮，排除故障后单击 ⚠ 按钮，将报警清除。

7）急停错误 2。

故障现象：设备急停出现故障，示教器出现"1083 急停被按下"报警信息，如图 3-58 所示。

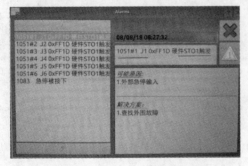

图 3-57　急停按钮故障 1 报警信息

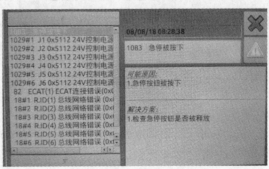

图 3-58　急停按钮故障 2 报警信息

故障原因：外部急停按钮被按下。

解决方案：恢复或者更换急停按钮，排除故障后单击 ![warn] 按钮，将报警清除。

8）伺服手动。

故障现象：示教器伺服电源出现故障，手动伺服没有反应，自动伺服正常运行。

故障原因：手动伺服开关可能断路。

解决方案：断开整个系统的电源，用万用表沿着手动伺服开关电路自上而下测量导通寻找故障，排除故障后清除报警。

9）伺服故障。

故障现象：设备自动伺服按钮出现故障，伺服绿色按钮不能保持常亮。

故障原因：自动伺服回路可能断路。

解决方案：断开整个系统的电源，用万用表沿着自动伺服回路自上而下测量导通寻找故障，排除故障后清除报警。

10）驱动器抱闸回路报警。

故障现象：驱动器信号出现故障，示教器出现 1079#1-J1 驱动器抱闸回路异常报警信息，如图 3-59 所示。

故障原因：①驱动器抱闸输出短路；②驱动器抱闸输出过大导致过热；③驱动器抱闸输出断路；④驱动器内部检测电路异常。

解决方案：①检查驱动器抱闸输出接线并确保接线正确可靠；②更换驱动器。排除故障后单击 ![warn] 按钮，将报警清除。

注意：驱动器多回路抱闸报警类似于图 3-59 出现的报警信息 （1079#2-J2、1079#3-J3、1079#4-J4、1079#5-J5、1079#6-J6）。

11）驱动器相线故障。

故障现象：驱动器相线出现故障，长按使能开关，示教器出现 1034#1-J1 驱动器输出缺相报警信息，如图 3-60 所示。

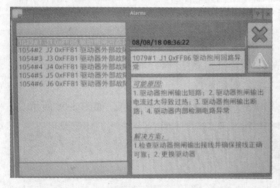

图 3-59　驱动器抱闸回路异常报警信息

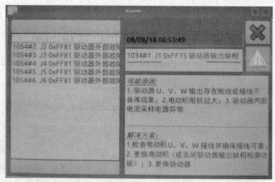

图 3-60　驱动器输出缺相报警信息

故障原因：①驱动器 U、V、W 输出存在断线或接线不良等现象；②电动机阻抗过大；③驱动器内部电流采样电路异常。

解决方案：①检查电动机 U、V、W 接线并确保接线可靠；②更换电动机；③更换驱动器。排除故障后单击 ![warn] 按钮，将报警清除。

注意：驱动器多回路输出缺相报警类似于图 3-60 出现的报警信息（1034#2-J2、1034#4-J4、1034#5-J5、1034#6-J6）。驱动器第 3 回路输出缺相时，示教器出现 1082#3-J3 相关报警信息。

12）驱动器编码器故障。

故障现象：驱动器编码器出现故障，示教器出现 1002#1-J1 编码器内部通信异常报警信息，如图 3-61 所示。

故障原因：①编码器发生故障；②电动机编码器接线异常；③驱动器地线未可靠连接；④驱动器周围存在强干扰源。

解决方案：①检查电动机编码器接线并确保接线规范正确；②编码器线缆、电动机动力增加磁环。排除故障后单击 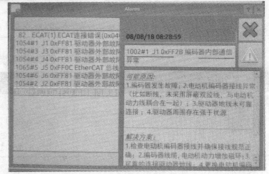 按钮，将报警清除。

图 3-61　编码器内部通信异常报警信息

注意：驱动器编码器多回路出现异常报警类似于图 3-61 出现的报警信息（1002#2-J2、1002#3-J3、1002#4-J4、1002#5-J5、1002#6-J6）。在排除故障时，建议先排除不需要重启设备的故障，再排除需要重启设备的故障。

（2）GTC-RC800 多轴嵌入式控制系统电气排故训练　在智能故障训练系统教师端进行电气故障设定后，通过示教器操作机器人或外部设备（计算机、PLC）等访问时，会在示教器上显示错误警告信息，告诫操作者机器人有故障，不要继续对机器人操作。在排除电气故障后需进行警告解除，解除警告的方法有以下两种：①按示教器的"清除"键；②按"机器人"→"异常处理"→"初始化运动控制器"按钮。当系统发生多个电气故障时，报警信息将在显示区显示，进入"系统信息"→"错误信息"可查看一览表。智能故障训练系统可对工业机器人电气系统设置 28 路故障并排除，用户根据故障原因寻找故障点并在故障软件中进行故障排除，即可完成故障排除训练。下面介绍 28 路部分电气故障的故障现象和解决方法。

1）220V 主电源断开。

故障现象：①电气柜启动按钮能上电，示教器可以启动伺服准备，按住示教器使能开关并停顿 5s，示教器报错并显示错误代码为"1008：Axis［1］alarm：FLT 11 Under-Voltage"，如图 3-62 所示；②6 个伺服驱动器依次闪烁"u"，如图 3-63 所示。

图 3-62　示教器报警

图 3-63　伺服驱动器报警

故障原因：根据故障现象①，并查看错误代码"1008：Axis［1］alarm：FLT 11 Under-

Voltage"，见表 3-26，判断驱动器出现故障问题。根据故障现象②，6 个驱动器数码管依次闪烁代码"u"，查看伺服驱动器报警信息表，见表 3-27。结合两个故障现象与查看错误代码，判断故障是 6 个轴的 220V 主电源断开。

表 3-26　"1008"错误代码

错误代码	错误分析
1008	驱动器上下伺服出现异常，驱动器未能正常接通或断开伺服电源（驱动器或控制器异常错误），当通过使能开关频繁上下伺服的时候可能会出现这种情况

表 3-27　驱动器持续显示"u"的含义

图示	定义	电压故障
闪烁	类型	故障
	描述	绝对编码器电池电压低
	须采取措施	更换电池，重置驱动器；检查驱动器动力线

2）24V 主电源断开。

故障现象：①示教器启动伺服准备，按住示教器使能开关，示教器报错并显示错误代码为"1008：Axis［1］alarm：FLT 4 STO Fault"，如图 3-64 所示；②电气柜启动按钮不能上电，6 个驱动器数码管显示代码"n"，如图 3-65 所示。

图 3-64　示教器报警

图 3-65　伺服驱动器报警

故障原因：根据故障现象①，并查看机器人示教器错误信息"1008：Axis［1］alarm：FLT 4 STO Fault"，判断机器人伺服驱动器出现故障；根据故障现象②，6 个驱动器数码管闪烁"n"，查看驱动器报警代码，见表 3-28，确认故障是 6 个伺服驱动器 24V 主电源断开。

表 3-28　驱动器显示"n"的含义

图示	定义	STO 警告
持续显示	类型	警告
	激活禁止	否
	描述	驱动器禁用时 STO 信号未连接
	须采取措施	检查 STO 接头（P1）是否正确连接

3）驱动器 220V 电源断开（以 1 轴为例）。

故障现象：①电气柜启动按钮能上电，示教器可以启动伺服准备，按住示教器使能开关并停顿 5s，示教器报错并显示错误代码为"1008：Axis［1］alarm：FLT 11 Under-Voltage"，如图 3-66 所示；②J1 轴伺服驱动器数码管闪烁代码"u"，其他伺服驱动器数码管显示代码"1"，如图 3-67 所示。

图 3-66　示教器报警　　　　　　　　　　　图 3-67　伺服驱动器报警

故障原因：根据故障现象①，并查看机器人示教器错误信息"1008：Axis［1］alarm：FLT 11 Under-Voltage"，判断机器人伺服驱动器出现故障；根据故障现象②，J1 轴伺服驱动器数码管闪烁代码"u"，其他伺服驱动器数码管显示代码"1"，确认故障是 J1 轴伺服驱动器 220V 电源断开。

4）驱动器 24V 电源断开（以 1 轴为例）。

故障现象：①示教器启动伺服准备，按住示教器使能开关，示教器报错并显示错误代码为"1008：Axis［1］alarm：FLT 4 STO Fault"，如图 3-68 所示；②电气柜启动按钮能上电，J1 轴伺服驱动器数码管显示代码"n"，其他伺服驱动器数码管显示代码"1"，如图 3-69 所示。

图 3-68　示教器报警　　　　　　　　　　　图 3-69　伺服驱动器报警

故障原因：根据故障现象①，并查看机器人示教器错误信息"1008：Axis［1］alarm：FLT 4 STO Fault"，判断机器人伺服驱动器出现故障；根据故障现象②，J1 轴伺服驱动器数码管持续显示代码"n"，其他伺服驱动器数码管显示代码"1"，确认故障是 J1 轴伺服驱动器 24V 电源断开。

5）驱动器动力线断开（以 J1 轴为例）。

故障现象：电气柜启动按钮能上电，示教器可以启动伺服准备，按住示教器使能开关，点 J1 轴运动，示教器报错并显示错误代码为"1024：Axis［1］follow error"；按住示教器使能开关，点其他轴运动，其他轴可以正常运动。

故障原因：根据故障现象查错误代码，见表 3-29。根据代码错误分析故障是 J1 轴动力线断开，即 J1 轴缺相。

表 3-29 "1024" 错误代码

错误代码	错误分析
1024	电动机缺相引起该报警错误

6）安全电路板故障。

故障现象：①6个驱动器数码管显示代码"n"，如图 3-70 所示；②安全电路板上的所有指示灯不亮；③示教器黑屏；④电气柜启动按钮不能上电。

故障原因：根据故障现象①，查看驱动器报警代码，见表 3-28；根据故障现象②，安全电路板区域 1、2 中指示灯都不亮，整个安全电路板不通电。可能是 24V 电源出现问题，找到 24V+或 24VG 断开；根据故障现象③，示教器电源没电，可能是 24V 电源出现问题，找到 24V+或 24VG 断开；根据故障现象④，并结合以上故障现象推断 24V+电源出现问题，找到设置的故障点 P1-安全电源断开，安全电路板没电。

7）电气柜启动故障。

故障现象：①示教器启动伺服准备，按住示教器使能开关，示教器报错并显示错误代码为 "1008：Axis［1］alarm：FLT 4 STO Fault"，如图 3-71 所示；②6个驱动器数码管显示代码"n"，如图 3-72 所示；③电气柜启动按钮不能上电；④安全电路板区域 5 中 K4 继电器不亮，其他继电器亮，如图 3-73 所示。

图 3-70　伺服驱动器报警

图 3-71　示教器报警

图 3-72　伺服驱动器报警

图 3-73　安全电路板故障现象

故障原因：根据故障现象①，查看示教器报警错误代码，见表 3-26；根据故障现象②，查看伺服驱动器报警代码，见表 3-28，结合对驱动器接口 P1 的认识，初步分析是 6 个伺服驱动器 24V 电源断开；根据故障现象③和④，安全电路板区域 5 中 K4 继电器是与电气柜启动按钮对应的，初步分析故障为安全电路板 P1 中的 K3 线断开；根据故障现象④，电气柜启动按钮为伺服驱动器的使能开关，电气柜启动按钮不能上电，伺服驱动器也就没电，就会出现故障现象②和③。综上所述，确认故障为安全电路板 P1 中的 K3 线断开。

8）电气柜急停故障。

故障现象：①示教器启动伺服准备，按住示教器使能开关，示教器报错并显示错误代码为"1008：Axis ［1］ alarm：FLT 4 STO Fault"，如图 3-74 所示；②6 个驱动器数码管显示代码 "n"，如图 3-75 所示；③安全电路板区域 5 中 K4、K2 和 K3 继电器不亮，K1 继电器亮，如图 3-76 所示；④电气柜启动按钮不能上电。

故障原因：根据故障现象①，查看示教器报警错误代码，见表 3-26；根据故障现象②，查看伺服驱动器报警代码，见表 3-28；根据故障现象

图 3-74　示教器报警

③，初步分析是安全电路板 P1 中的 emg3_1 线断开；根据故障现象④，电气柜启动按钮不能上电，伺服驱动器也就没电。综上故障现象，确认故障为安全电路板 P1 中的 emg3_1 线断开。

图 3-75　伺服驱动器报警

图 3-76　安全电路板故障现象

9）示教器黑屏。

故障现象：示教器黑屏。

故障原因：根据故障现象分析得出，P2 接口中 24VG 支路有设置故障。

10）示教器急停。

故障现象：①示教器启动伺服准备，按住示教器使能开关，示教器报错并显示错误代码为"1008：Axis ［1］ alarm：FLT 4 STO Fault"，如图 3-77 所示；②6 个驱动器数码管显示代码 "n"，如图 3-78 所示；③电气柜启动按钮不能上电；④安全电路板区域 5 中 K4、K1 和 K3 继电器不亮，K2 继电器亮。

图 3-77　示教器报警

图 3-78　伺服驱动器报警

故障原因：根据以上故障现象分析判断，P2 接口中 EMG2 支路有设置故障。

11）触摸屏。

故障现象：触摸屏黑屏。

故障原因：触摸屏是由 24V 和 0V 供电的，根据故障现象分析判断，24V 和 0V 中有一处断路。

四、问题探究

常见导致工业机器人电路板故障的四大原因如下：

1）工业机器人电路板电路中许多参数使用软件来调整，某些参数的裕量调得太低，处于临界范围，当机器人运行工况符合软件判定故障的理由时，故障报警就会出现。

2）工业机器人电路板上有湿气、积尘等。湿气和积尘会导电，具有电阻效应，而且在热胀冷缩的过程中阻值还会变化，这个电阻值会同其他元件有并联效果，当效果比较强时就会改变电路参数，使故障发生。

3）线插头及接线端子接触不好、板卡与插槽接触不良、缆线内部折断时通时不通以及元器件虚焊等。

4）对数字电路而言，在特定的条件下，故障才会呈现，有可能工业机器人电路板个别元件参数或整体表现参数发生了变化，使抗干扰能力趋向临界点；也有可能干扰太大，导致控制系统出错。

五、知识拓展

1. 单片机的结构

单片微型计算机简称单片机，是典型的嵌入式微控制器（Microcontroller Unit），常用英文字母的缩写 MCU 表示单片机，单片机又称为单片微控制器，不是完成某一个逻辑功能的芯片，而是把一个计算机系统集成到一个芯片上。单片机由运算器、控制器、存储器和输入/输出设备构成，相当于一个微型的计算机（最小系统）。与计算机相比，单片机缺少了外围设备。

2. 单片机的工作原理

单片机自动完成赋予它的任务的过程，就是单片机执行程序的过程，即一条条执行的指令的过程，所谓指令就是把要求单片机执行的各种操作用命令的形式写下来，这是由设计人员赋予指令系统所决定的，一条指令对应着一种基本操作；单片机所能执行的全部指令就是该单片机的指令系统，不同种类的单片机，其指令系统也不同。为使单片机能自动完成某一特定任务，必须把要解决的问题编成一系列指令（这些指令必须是单片机能识别和执行的指令），这一系列指令的集合就是程序，程序需要预先存放在具有存储功能的部件——存储器中。存储器由许多存储单元（最小的存储单位）组成，指令就存放在这些单元里，每一个存储单元也必须被分配到唯一的地址号，地址号称为存储单元的地址。只要知道存储单元的地址，就可以找到这个存储单元，其中存储的指令就可以被取出，然后再被执行。程序通常是顺序执行的，所以程序中的指令也是一条条顺序存放的。单片机在执行程序时要能把这些指令一条条取出并加以执行，必须有一个部件能追踪指令所在的地址，这一部件就是程序计数器（PC，包含在 CPU 中）。在开始执行程序时，给 PC 赋以程序中第一条指令所在的地址，然后取得每一条要执行的命令，PC 中的内容就会自动增加，增加量由本条指令长度决定，可能是 1、2 或 3，以指向下一条指令的起始地址，保证指令顺序执行。

3. 单片机的分类

单片机作为计算机发展的一个重要分支领域，根据目前的发展情况，单片机大致可以分为通用型/专用型、总线型/非总线型及工控型/家电型。

（1）通用型/专用型　这是按单片机适用范围来区分的。例如，80C51 是通用型单片机，它不是为某种专门用途设计的；专用型单片机是针对一类产品甚至某一个产品设计生产的，例如为了满足电子体温计的要求，在片内集成 ADC 接口等功能的温度测量控制电路。

（2）总线型/非总线型　这是按单片机是否提供并行总线来区分的。总线型单片机普遍设置有并行地址总线、数据总线和控制总线，这些引脚用于扩展并行外围器件，都可通过串行口与单片机连接。另外，许多单片机已把所需要的外围器件及外设接口集成一片内，因此在许多情况下可以不要并行扩展总线，大大节省封装成本和减小芯片体积，这类单片机称为非总线型单片机。

（3）工控型/家电型　这是按单片机大致应用的领域来区分的。一般而言，工控型单片机寻址范围大，运算能力强；用于家电的单片机多为专用型，通常是小封装、低价格，外围器件和外设接口集成度高。

显然，上述分类并不是唯一的和严格的。例如，80C51 类单片机既属于通用型，又属于总线型，还可以做工控用。

六、评价反馈（表 3-30）

表 3-30　评价表

基本素养（30 分）			
序号	评估内容	自评	互评	师评
1	纪律（无迟到、早退、旷课）（10 分）			
2	安全规范操作（10 分）			
3	团结协作能力、沟通能力（10 分）			
理论知识（20 分）			
序号	评估内容	自评	互评	师评
1	掌握工业机器人故障检测的原则（10 分）			
2	掌握工业机器人常见的故障原因（10 分）			
技能操作（50 分）			
序号	评估内容	自评	互评	师评
1	掌握智能故障训练系统的应用（15 分）			
2	根据故障提示分析故障原因并设置排除故障（15 分）			
3	完成故障训练系统设置（15 分）			
4	学习心得分享（5 分）			
综合评价			

七、练习题

1. 填空题

（1）机器人拆卸前要充分熟悉每个电气部件的_____、_____、_____以及与周围其他器件的关系，在没有组装图的情况下，应一边拆卸，一边画草图，并记上标记。

（2）检查电路故障时，应利用检测仪器寻找故障部位，确认＿＿＿＿＿＿故障后，再有针对性地查看＿＿＿＿＿＿与＿＿＿＿＿＿的运作关系，以免误判。

（3）机器人故障检测对于调试和故障并存的电气设备，应先＿＿＿＿＿＿，再进行调试，调试必须在＿＿＿＿＿＿的前提下进行。

（4）故障检测的直观法是根据电气故障的外部表现，通过看、闻、听等手段，检查、判断故障的方法，具体检查步骤是：＿＿＿＿＿＿、＿＿＿＿＿＿、＿＿＿＿＿＿。

（5）单片机由＿＿＿＿＿＿、＿＿＿＿＿＿、＿＿＿＿＿＿和＿＿＿＿＿＿构成，相当于一个微型的计算机（最小系统）。与计算机相比，单片机缺少了外围设备。

（6）单片机作为计算机发展的一个重要分支领域，根据目前的发展情况，单片机大致可以分为＿＿＿＿＿＿、＿＿＿＿＿＿及＿＿＿＿＿＿。

2．简答题

（1）简述工业机器人故障检测的原则。

（2）简述工业机器人故障检查方法。

（3）简述常见的导致工业机器人电路板故障的四大原因。

项目四
工业机器人系统的通信连接

任务一 PLC 与触摸屏的通信连接

一、学习目标

1. 学习 PLC 与触摸屏的通信原理。

2. 学习 PLC 与触摸屏的配置参数设定。

二、工作任务

1. 将触摸屏连接到 PLC 通信接口。

2. 配置 PLC 的通信参数。

3. 配置触摸屏的通信参数。

三、实践操作

1. 知识储备

（1）通信的概念 通信是指不在同一地点的双方或多方之间进行迅速、有效的信息传递。通信从本质上就是实现信息传递的一门科学技术。

（2）以太网概述 以太网是一种基带局域网技术，以太网通信是一种使用同轴电缆作为网络媒体，采用载波多路访问和冲突检测机制的通信方式，数据传输速率达到 1Gbit/s，可满足非持续性网络数据传输的需要。

（3）以太网的工作原理 以太网中所有的站点共享一个通信通道，在发送数据的时候，站点将自己要发送的数据帧在这个信道上进行广播，以太网上的所有其他站点都能够接收到这个帧，通过比较自己的 MAC 地址和数据帧中包含的目的地 MAC 地址来判断该帧是否是发给自己的，一旦确认是发给自己的，则复制该帧做进一步处理。

因为多个站点可以同时向网络上发送数据，在以太网中使用 CSMA/CD 协议来减少和避免冲突。需要发送数据的工作站要先侦听网络上是否有数据在发送，只有检测到网络空闲时，工作站才能发送数据。当两个工作站发现网络空闲而同时发出数据时，就会发生冲突。这时，两个站点的传送操作都遭到破坏，工作站进行退避操作。退避时间的长短遵照二进制指数随机时间退避算法来确定。

2. 建立 PLC 与触摸屏的通信连接

1）单击博途软件图标，进入如图 4-1 所示的初始界面。

2）单击"创建新项目"，弹出如图 4-2 所示新建项目界面，在该界面中可修改项目名称和保存路径。单击"创建"按钮完成新项目创建。

3）单击"组态设备"，随后单击"添加新设备"→"控制器"→"SIMATIC S7-1200"→"CPU"→"CPU 1215C DC/DC/DC"，选择对应的订货号"6ES7 215-1AG40-0XB0"，选择版本"V4.0"，如图 4-3 所示。选择完对应的 PLC 后，双击订货号或单击右下方的"添加"按钮，设备添加完成。

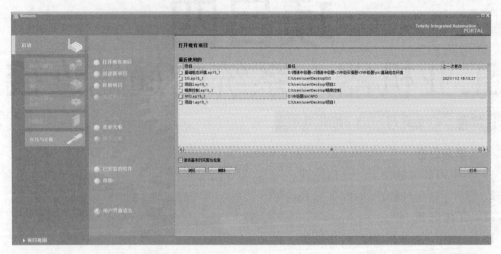

图 4-1　初始界面

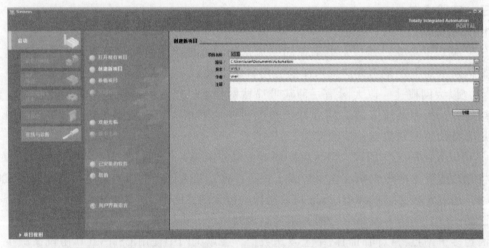

图 4-2　新建项目界面

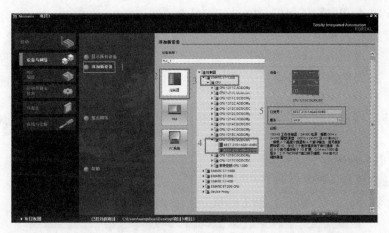

图 4-3　添加控制器

4）修改 PLC 设备参数，如图 4-4 所示。

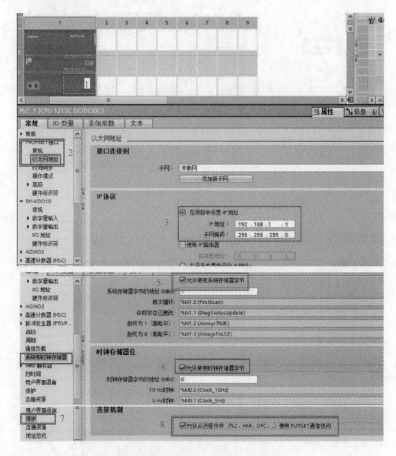

图 4-4　修改 PLC 设备参数

① 双击 PLC 设备部件，打开"常规"选项卡。

② 选择"常规"选项卡下的"PROFINET 接口"→"以太网地址"，出现修改 PLC 的 IP 地址窗口。

③ 修改 PLC 的 IP 地址：192.168.1.1，单击子网掩码。

④ 选择并打开"系统和时钟存储器"。

⑤ 勾选"允许使用系统存储器字节"。

⑥ 勾选"允许使用时钟存储器字节"。

⑦ 选择并打开"保护"窗口。

⑧ 找到连接机制，勾选"允许从远程伙伴（PLC、HMI、OPC）使用 PUT/GET 通信访问"。

5）建立 PLC 程序。

① 添加通信模块。选择并打开"添加新块"，弹出"添加新块"对话框，选择"FC 函数"块，修改块名称为"通信"，单击"确定"按钮，如图 4-5 所示。

图 4-5 添加通信模块

② 添加数据库模块。选择并打开"添加新块"，弹出"添加新块"对话框，选择"DB 数据块"，修改块名称为"数据库"，单击"确定"按钮，如图 4-6 所示。

图 4-6 添加数据库模块

③ 添加静态变量。添加完成数据库模块后，系统自动弹出一个新的窗口，在该窗口建立静态变量，如图 4-7 所示，修改变量名称为"1"，修改变量数据类型为"Int"整型，添

加多个变量（64 个）。

名称		数据类型	启动值	保持性	可从 HMI...	在 HMI...	设置值	注释
▼ Static								
	1	Int			☐	☑	☑	☐
	2	Int	0		☐	☑	☑	☐
	3	Int	0		☐	☑	☑	☐
	4	Int	0		☐	☑	☑	☐
	5	Int	0		☐	☑	☑	☐
	6	Int	0		☐	☑	☑	☐
	60	Int	0		☐	☑	☑	☐
	61	Int	0		☐	☑	☑	☐
	62	Int	0		☐	☑	☑	☐
	63	Int	0		☐	☑	☑	☐
	64	Int	0		☐	☑	☑	☐

图 4-7　添加静态变量

④ 修改数据库参数属性。添加完成静态变量后，选择建立的"数据库"模块，单击鼠标右键，选择模块的"属性"，取消勾选"优化的块访问"，单击"确定"按钮后弹出新的窗口，选择并单击标题栏上的"编译"，添加的静态变量会出现偏移量，用于在通信时使用，如图 4-8 所示。

图 4-8　修改数据库参数属性

⑤ 建立通信子程序。选择并打开"通信 FC1"块，在程序段中建立通信指令"MB_CLIENT"，如图 4-9 所示。

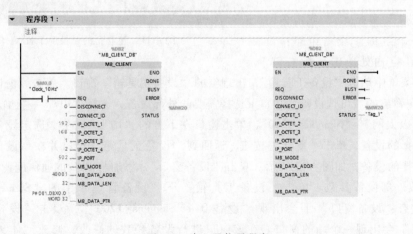

图 4-9　建立通信子程序

⑥ 建立主程序。选择并打开"Main"块，在程序段中建立启动（M10.0）、停止（M10.1）和移动（MOVE）指令，如图 4-10 所示。

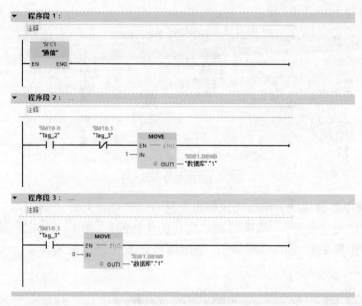

图 4-10　建立主程序

6）新建 MCGS 触摸屏项目。打开软件后，单击"文件"→"新建工程"，出现一个新的窗口，选择触摸屏的型号为"TPC1061Ti"，背景参数可以使用默认值，如图 4-11 所示。

7）添加外部设备，修改设备参数。

① 添加外部设备。单击标题栏上的"设备窗口"，在标题栏下方出现"设备窗口"图标，双击该图标，出现一个空的"设备组态：设备窗口"。在空白处单击鼠标右键，

图 4-11　建立新的触摸屏工程

在右键快捷菜单中单击"设备工具箱"，出现空的"设备工具箱"窗口。单击该窗口下的"设备管理"，在弹出的"可选设备"窗口下选择需要的外部设备，选择"PLC"→"西门子"→"Siemens_1200 以太网"→"Siemens_1200"，单击窗口左下方的"增加"，在"选定设备"窗口中会出现已选择的设备，单击"确认"按钮，返回到"设备工具箱"窗口并在"设备管理"下方出现已选择的设备，如图 4-12 所示。双击"设备窗口"，添加与 PLC 的通信配置。

② 修改外部设备参数。单击"设备工具箱"下"设备管理"中的"Siemens_1200"，在"设备组态：设备窗口"下会出现"设备 0→[Siemens_1200]"，双击"设备 0→[Siemens_1200]"会出现一个新的窗口。在该窗口进行设备参数的修改，修改"本地 IP 地址"（触摸屏自身的 IP 地址）：192.168.1.3；修改"远端 IP 地址"（建立 PLC 程序时设置的 IP 地址）：192.168.1.1。修改完成后，单击该窗口右下方的"确认"按钮，系统自动跳转到"设备组态：设备窗口"，关闭该窗口会弹出确认窗口，单击"是"按钮，返回到最初的界

面。至此，外部设备添加完成，并完成参数修改，如图 4-13 和图 4-14 所示。

8）建立用户界面，单击标题栏上的"用户窗口"，选择"新建窗口"，在标题栏下方出现"窗口 0"，单击"窗口 0"→"窗口属性"出现"用户窗口属性设置"界面，在该界面进行窗口属性参数的设置，修改窗口名称为"机器人调试界面"，窗口背景等可以默认，修改完成后单击"确定"按钮，窗口属性修改完成，如图 4-15 所示。

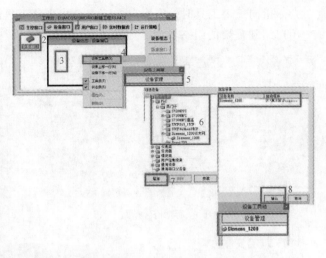

图 4-12　添加外部设备

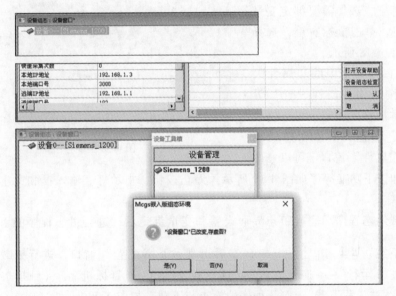

图 4-13　修改设备参数

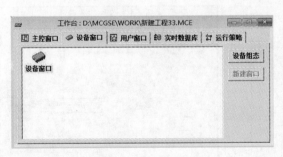

图 4-14　添加设备返回界面

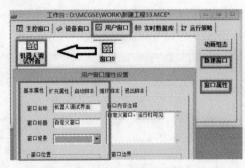

图 4-15　新建组态窗口

9）双击"机器人调试界面"，弹出"动画组态机器人调试界面"，单击"查看"，选择"绘图工具箱"，出现"工具箱"菜单，工具箱里面包括各种图形、图符、仪表和表格等工具，光标指向一个工具时，在窗口左下方会出现该工具的功能说明，如图 4-16 所示。

10）组建需要的组态界面，如图 4-17 所示。

图 4-16　新建组态界面

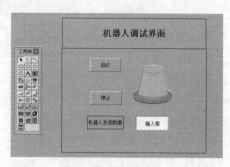

图 4-17　组态界面

11）绑定变量。

① 按照 PLC 上建立的变量进行相应变量的绑定，选择需要绑定变量"启动"按钮，单击鼠标右键，选择"属性"，如图 4-18 所示。

② 单击右键菜单中的"属性"，出现"标准按钮构件属性设置"界面。在"基本属性"窗口下可以修改按钮的文本、颜色、字体和边框线等，在"操作属性"窗口下可以修改

图 4-18　绑定变量

按钮的抬起和按下功能等，如图 4-19 所示。停止按钮、指示灯、输入框和文本都是类似的操作。

12）下载组态程序。完成组态界面设置和变量绑定后，进行组态程序的下载。单击标题栏上的"下载" 　，单击"是"确定后出现"下载配置"窗口，进行下载前参数的修改，单击"连机运行"→"连接方式"（TCP/IP 网络）→"目标机名"（触摸屏的 IP 地址：192.168.1.3）→"工程下载"，等待程序的检查与下载，如图 4-20 所示。

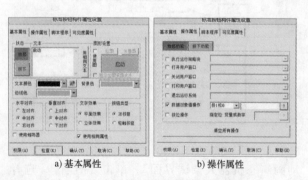

a）基本属性　　　　b）操作属性

图 4-19　"标准按钮构件属性设置"界面

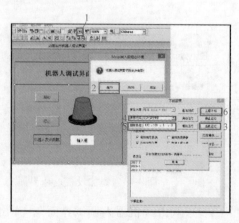

图 4-20　下载触摸屏组态程序

四、问题探究

1. 什么是局域网和广域网？

网络技术分为局域网和广域网两组基本技术。

局域网（LAN）可在相对较近的距离内（通常在同一个建筑物内）将许多设备连接在一起。图书馆中用来显示图书信息的终端计算机便可连接到局域网上。

广域网（WAN）可将相距几十千米的设备连接在一起，但能够连接的设备数量较少。例如，如果两个位于城市两端的图书馆希望共享图书目录信息，那么可以使用广域网技术进行连接，这可能需要从当地电话公司租用一条专线来专门传输数据。

与广域网相比，局域网的速度更快，也更为可靠，但是技术的不断发展已经使它们之间的界限变得越来越模糊。借助光纤可使用局域网技术连接相距数十千米的设备，同时还能极大地提升广域网的速度和可靠性。

2. S7-1200 以太网通信

S7-1200 CPU 本体上集成了一个 PROFINET 通信接口，支持以太网和基于 TCP/IP 的通信标准。使用这个通信接口可以实现 S7-1200 CPU 与编程设备的通信、与 HMI 触摸屏的通信以及与其他 CPU 之间的通信。这个 PROFINET 物理接口支持 10/100Mbit/s 的 RJ45 口，支持电缆交叉自适应。因此一个标准的或是交叉的以太网线都可以用于该接口。

S7-1200 CPU 的 PROFINET 通信接口所支持的通信协议及服务包括 TCP、ISO on TCP 和 S7 通信（服务器端）。

S7-1200 CPU 的 PROFINET 接口有两种网络连接方法：直接连接和网络连接。当一个 S7-1200 CPU 与一个编程设备，或一个 HMI，或一个 PLC 通信时，若只有两个通信设备，就可采用直接连接方法。直接连接不需要使用交换机，用网络直接连接两个设备即可，如图 4-21 所示。

多个通信设备的网络连接（图 4-22）需要使用以太网交换机来实现，可以使用导轨安装的西门子 CSM1277 四口交换机连接其他 CPU 及 HMI 设备。CSM1277 交换机是即插即用的，使用前不用做任何设置。

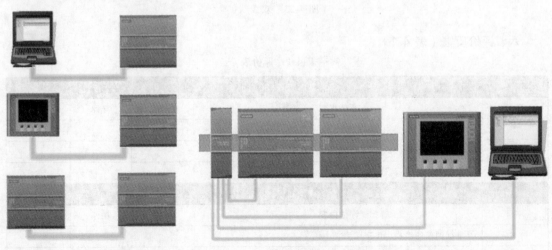

图 4-21　直接连接示意图　　　　　图 4-22　多个通信设备的网络连接

五、知识拓展

1. 数字通信的优点

1）抗干扰、抗噪声性能好。在数字通信系统中，传输的信号是数字信号。以二进制为例，信号的取值只有两个，发送端传输的与接收端接收和判决的电平也只有两个值，"1"码时取值为 A，"0"码时取值为 0，传输过程中由于信道噪声的影响，必然会使波形失真，在接收端恢复信号时，首先对其进行抽样判决，才能确定是 "1" 码还是 "0" 码，并再生 "1" "0" 码的波形。因此，只要不影响判决的正确性，即使波形有失真，也不会影响再生后的信号波形。而在模拟通信中，模拟信号叠加上噪声后，即使噪声很小，也很难消除。

2）差错可控。数字信号在传输过程中出现的错误（差错）可通过纠错编码技术来控制。

3）易加密。数字信号与模拟信号相比，容易加密和解密。因此，数字通信保密性好。

4）数字通信设备和模拟通信设备相比，设计和制造更容易，体积更小，重量更轻。

5）数字信号可以通过信源编码进行压缩，以减少冗余度，提高信道利用率。

6）易于与现代技术相结合。

2. 双绞线

双绞线是目前使用最广、价格相对便宜的一种传输介质，由两条相互绝缘的铜导线组成。其中导线的典型直径为 1mm（一般为 0.4~1.4mm），两条线扭绞在一起，可以减少邻近线的电磁干扰。

为了进一步提高双绞线的抗电磁干扰能力，还可以在双绞线的外层再加上一金属屏蔽层。根据双绞线是否外加屏蔽层，又可分为屏蔽双绞线（STP）和非屏蔽双绞线（UTP）两类，如图 4-23 所示。

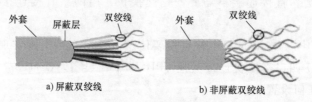

a) 屏蔽双绞线　　　　　　　　b) 非屏蔽双绞线

图 4-23　双绞线

六、评价反馈（表 4-1）

表 4-1　评价表

基本素养（30 分）				
序号	评估内容	自评	互评	师评
1	纪律（无迟到、早退、旷课）（10 分）			
2	安全规范操作（10 分）			
3	团结协作能力、沟通能力（10 分）			
理论知识（20 分）				
序号	评估内容	自评	互评	师评
1	掌握通信的组成（10 分）			
2	掌握以太网的通信原理（10 分）			

（续）

技能操作（50 分）				
序号	评估内容	自评	互评	师评
1	完成 PLC 与触摸屏的通信连接（15 分）			
2	完成触摸屏的参数配置（15 分）			
3	触摸屏调试（10 分）			
4	简述 PLC 与触摸屏通信过程（5 分）			
5	学习心得分享（5 分）			
	综合评价			

七、练习题

1. 填空题

（1）以太网是一种基带局域网技术，以太网通信是一种使用_____作为网络媒体，采用_____的通信方式，数据传输速率达到 1Gbit/s，可满足非持续性网络数据传输的需要。

（2）在"基本属性"窗口下可以修改按钮的_____、_____、_____和_____等，在"操作属性"窗口下可以修改按钮的抬起和按下功能等。

（3）S7-1200 CPU 的 PROFINET 通信接口所支持的通信协议及服务包括：_____、_____和_____。

（4）S7-1200 CPU 的 PROFINET 接口包括_____和_____两种网络连接方法。

2. 简答题

（1）什么是通信？

（2）简述以太网的工作原理。

（3）数字通信有哪些优点？

任务二 PLC 与工业机器人的通信连接

一、学习目标

1. 学习 Modbus 通信协议。

2. 掌握 PLC 与工业机器人的通信配置。

二、工作任务

1. 配置 PLC 的通信参数。

2. 配置工业机器人的通信参数。

三、实践操作

1. 知识储备

Modbus 是一种串行通信协议，是 Modicon 公司于 1979 年为使用可编程逻辑控制器（PLC）通信而研发的。Modbus 已经成为工业领域通信协议的业界标准，并且是目前工业电子设备之间常用的连接方式。

在 Modbus 网络上通信时，此协议决定了每个控制器要知道设备的地址，识别按地址发来的消息，决定要产生何种行动。如果需要回应，控制器将生成反馈信息并用 Modbus 协议发出。在其他网络上，包含了 Modbus 协议的消息转换为在此网络上使用的帧或包结构。这种转换也扩展了根据具体的网络解决节点地址、路由路径及错误检测的方法。

Modbus 协议允许在各种网络体系结构内进行简单通信，每种设备（PLC、人机界面、控制面板、驱动程序及输入/输出设备等）都能使用 Modbus 协议来启动远程操作，一些网关允许在几种使用 Modbus 协议的总线或网络之间进行通信，如图 4-24 所示。

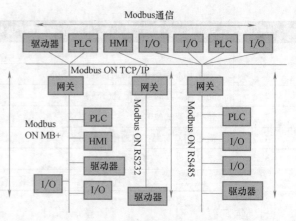

图 4-24　Modbus 协议通信图

Modbus 通信协议支持传统的 RS232、RS422、RS485 和以太网设备。许多工业设备（包括 PLC、DCS、智能仪表等）都在使用 Modbus 协议作为通信标准。

2. 建立 PLC 与工业机器人的通信连接

（1）PLC 和 ROBOX 控制系统建立通信的步骤

1）添加新块，新建 FC 通信块和通信存储的背景数据块，如图 4-25 所示。

图 4-25　添加新块

2）添加物理存储地址，各 6 个物理变量，如图 4-26 所示。

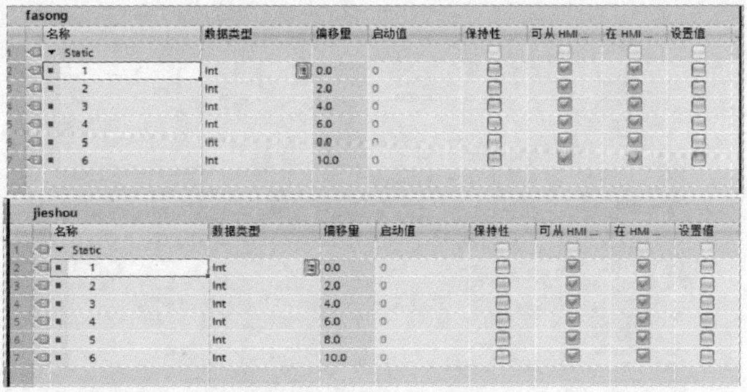

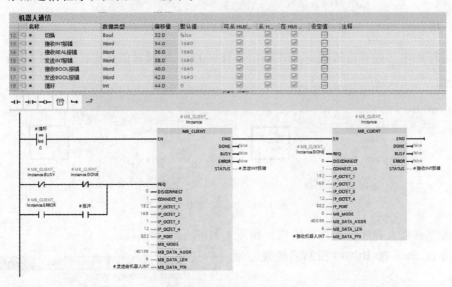

图 4-26   添加物理存储地址变量

3）添加通信程序，如图 4-27 所示。

图 4-27   添加通信程序

4）修改"MB_UNIT_ID"参数值为 16#0001，如图 4-28 所示。

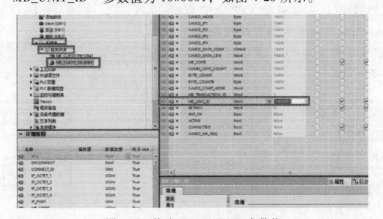

图 4-28   修改 MB_UNIT_ID 参数值

5）下载 PLC 程序到实体机上，如图 4-29 所示。

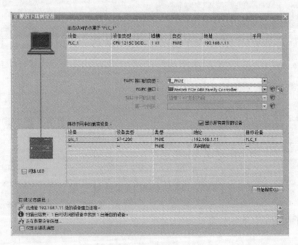

图 4-29　下载 PLC 程序

6）运行程序，查看通信状态，STATUS＝16#0000，表示通信正常，如图 4-30 所示。

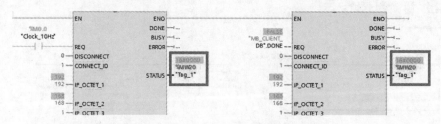

图 4-30　通信正常状态

7）编写机器人程序，并进行监控，如图 4-31 所示。

（2）PLC 和 GTC-RC800 控制系统建立通信的步骤

1）在已建立的 PLC 程序中，通过建立 PLC 与机器人的 Modbus 通信协议，进行数据的交互，从而通过 PLC 控制机器人的动作。数据库用于存储 PLC 和机器人通信的数据信息。在 FC 通信块中建立 Modbus 通信程序如图 4-32 和图 4-33 所示。

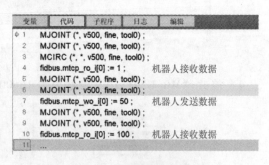

图 4-31　机器人通信程序

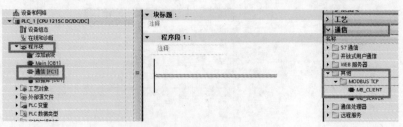

图 4-32　选择通信指令

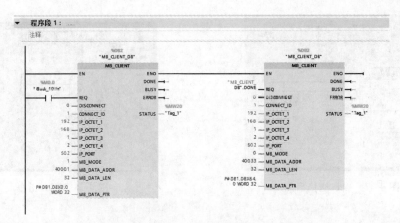

图 4-33　建立通信程序

2）通信程序建立完成后，要修改一个通信指令的 IP 地址。单击"程序块"→"系统块"→"程序资源"，然后双击"MB_CLIENT_DB［DB2］"，修改"MB_UNIT_ID"参数值为 16#0001，如图 4-34 所示。

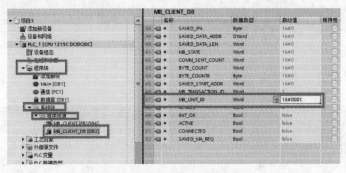

图 4-34　修改通信参数

3）设置机器人的 MODBUS 通信地址。

① 恢复机器人出厂设置，如图 4-35 和图 4-36 所示。

图 4-35　用户权限图

图 4-36　输入密码（6 个 9）

② 单击"设置"→"其他参数"→"使用 MODBUS"（是），如图 4-37 所示。

③ 单击"设置"→"通信参数"→"TCP 指令"，修改服务器地址为 192.168.1.2，端口号为 502，单击"保存"后再单击"返回"，如图 4-38 所示。

4）在上步返回后单击"远程 TCP"，配置通信参数，再单击"连接"，如图 4-39 所示。

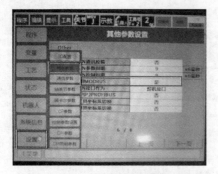

图 4-37　确认通信启用

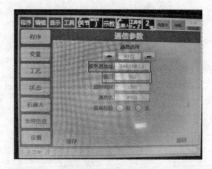

图 4-38　TCP 指令

图 4-39　配置远程 TCP

5）下载 PLC 程序，如图 4-40 所示。

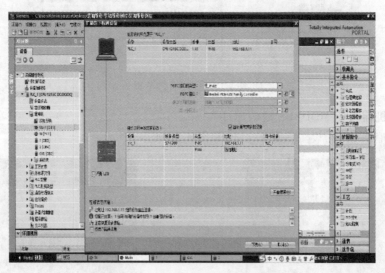

图 4-40　下载 PLC 程序

6）运行程序，并启用监视查看通信状态，STATUS = 16#0000，表示通信正常，如图 4-41 所示。

7）打开机器人通信存储地址，如图 4-42 所示。

8）打开 PLC 通信存储背景数据块，强制写入数字 3，如图 4-43 所示。

9）查看机器人通信存储地址，数字为 3 表示通信发送数据正常，如图 4-44 所示。

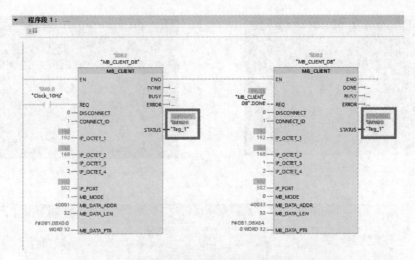

图 4-41　通信正常状态

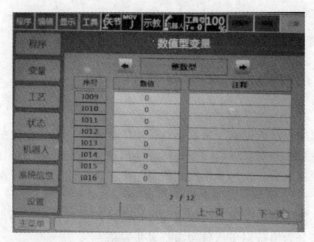

图 4-42　通信存储地址

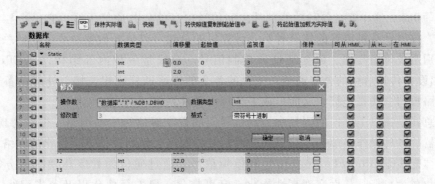

图 4-43　通信存储背景数据块

10）在机器人通信发送区地址写入数字 9，如图 4-45 所示。

11）在 PLC 接收背景数据块查看接收数字 8 和 9，表示通信接收数据正常，如图 4-46 所示。

图 4-44 通信发送数据正常

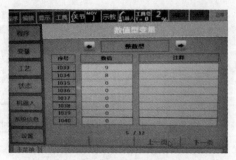

图 4-45 通信发送区地址

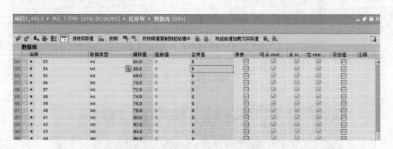

图 4-46 通信接收数据正常

四、问题探究

1. 串行通信

串行通信是指使用一条数据线，将数据逐位地依次传输，每一位数据占据一个固定的时间长度。其只需要少数几条线就可以在系统间交换信息，特别适用于计算机与计算机、计算机与外设之间的远距离通信。发送和接收到的每一个字符实际上都是一次一位传送的，每一位为 1 或 0。

在通信领域内，数据通信中按每次传送的数据位数，通信方式可分为并行通信和串行通信。同时串行通信又分为串行同步通信和串行异步通信。

2. 总线

总线（Bus）是计算机各种功能部件之间传送信息的公共通信干线，它是由导线组成的传输线束，按照计算机传输的信息种类，计算机的总线可以分为数据总线、地址总线和控制总线，分别用来传输数据、数据地址和控制信号。总线是一种内部结构，是 CPU、内存、输入/输出设备传送信息的公用通道，主机的各个部件通过总线相连接，外部设备通过相应的接口电路再与总线相连接，从而形成了计算机硬件系统。

现场总线是指以工厂内的测量和控制机器间的数字通信为主的网络，也称为现场网络，是将传感器、各种操作终端和控制器间的通信及控制器之间的通信进行特化的网络。这些机器间的主体配线是 ON/OFF、接点信号和模拟信号，通过通信的数字化使时间分割、多重化、多点化成为可能，从而实现高性能化、高可靠化、保养简便化以及节省配线（配线的共享）。同时，现场总线是一种工业数据总线，是自动化领域中底层数据通信网络。

五、知识拓展

1. 信号分类

1）模拟信号：信息参数在给定范围内表现为连续的信号。

2）数字信号：幅度的取值是离散的。幅值表示被限制在有限个数值之内。

2. 数字通信系统的组成

数字通信系统的组成如图 4-47 所示。

3. 通信方式

（1）按信息传送的方向与时间关系分类　对于点对点之间的通信，按信息传送的方向与时间关系，通信方式可分为单工通信、半双工通信及全双工通信三种。

单工通信是指信息只能单方向进行传输的一种通信工作方式，如图 4-48a 所示。单工通信的例子很多，如广播、遥控和无线寻呼等。这里，信号只从广播发射台、遥控器和无线寻呼中心分别传到收音机、遥控对象和 BP 机上。

半双工通信是指通信双方都能收发信息，但不能同时进行收和发的工作方式，如图 4-48b 所示。无线对讲机、收发报机等都是这种通信方式。

全双工通信是指通信双方可同时进行双向传输信息的工作方式，如图 4-48c 所示。电话、计算机通信网络等采用的就是全双工通信方式。

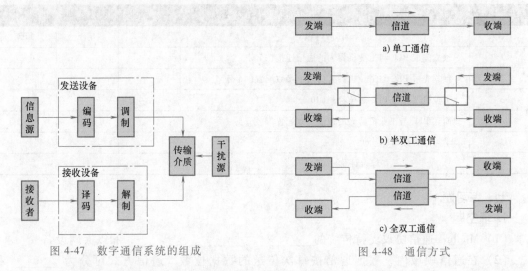

图 4-47　数字通信系统的组成

图 4-48　通信方式

（2）按数字码元排列顺序的方式分类　按数字码元排列顺序的方式不同，通信方式可分为并行传输和串行传输。

1）并行传输是将代表信息的数字信号码元序列分割成两路或两路以上的数字信号序列同时在信道上传输，如图 4-49a 所示。并行传输的优点是速度快、节省传输时间，但需占用频带宽，设备复杂，故较少采用，一般用于计算机和其他高速数字系统，特别适用于设备之间的近距离通信。

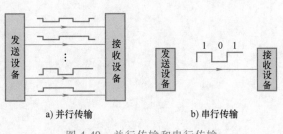

a) 并行传输　　　　　　b) 串行传输

图 4-49　并行传输和串行传输

2）串行传输是将代表信息的数字信号码元序列按时间顺序一个接一个地在信道中传输，如图 4-49b 所示。通常，远距离数字通信采用这种传输方式。

六、评价反馈（表 4-2）

表 4-2　评价表

基本素养（30 分）				
序号	评估内容	自评	互评	师评
1	纪律(无迟到、早退、旷课)(10 分)			
2	安全规范操作(10 分)			
3	团结协作能力、沟通能力(10 分)			
理论知识（20 分）				
序号	评估内容	自评	互评	师评
1	掌握工业机器人常见的通信方式(10 分)			
2	掌握总线的概念(10 分)			
技能操作（50 分）				
序号	评估内容	自评	互评	师评
1	独立完成 PLC 与工业机器人的通信连接(15 分)			
2	独立完成 PLC 与工业机器人的通信参数配置(15 分)			
3	工业机器人与 PLC 通信检测(10 分)			
4	简述 PLC 与工业机器人的通信参数配置(5 分)			
5	学习心得分享(5 分)			
综合评价				

七、练习题

1. 填空题

（1）Modbus 通信协议支持传统的＿＿＿＿、＿＿＿＿、＿＿＿＿和以太网设备。

（2）在通信领域内，数据通信按每次传送的数据位数，通信方式可分为＿＿＿＿和＿＿＿＿。同时，串行通信又分为串行＿＿＿＿和串行＿＿＿＿。

（3）总线是一种内部结构，是＿＿＿＿、＿＿＿＿、＿＿＿＿传送信息的公用通道。

（4）＿＿＿＿是一种工业数据总线，是自动化领域中底层数据通信网络。

2. 简答题

（1）串行通信和总线的区别是什么？

（2）简述现场总线的概念。

项目五
工业机器人的零点标定

一、学习目标

1. 了解工业机器人运动精度。

2. 掌握工业机器人零点标定的方法。

二、工作任务

掌握工业机器人零点标定的方法及步骤。

三、实践操作

1. 知识储备

机器人机械系统的精度主要涉及位姿精度、重复位姿精度、轨迹精度和重复轨迹精度等。位姿精度是指指令位姿和从同一方向接近该指令位姿时的实到位姿中心之间的偏差。位姿精度分为位置精度和姿态精度。

1）位置精度：指令位姿的位置与实到位置集群中心之差。

2）姿态精度：指令位姿的姿态与实到姿态平均值之差。

重复位姿精度是指对同指令位姿从同一方向重复响应 n 次后实到位姿的不一致程度。轨迹精度是指机器人机械接口从同一方向 n 次跟随指令轨迹的接近程度。重复轨迹精度是指对一给定轨迹在同方向跟随 n 次后实到轨迹之间的不一致程度。

2. 工业机器人零点标定

零点标定也称为原点位置校准，是将机器人位置与绝对编码器位置进行对照的操作。原点位置是各轴"0"脉冲的位置，是机器人回零时的终点位置。

零点标定通常是在出厂前进行的，但在下列情况下必须再次进行原点位置校准：

1）更换电动机、绝对编码器后。

2）存储内存被删除后。

3）机器人碰撞工件，原点偏移。

4）电动机驱动器绝对编码器电池没电。

3. ROBOX 控制系统工业机器人的零点标定（表 5-1）

表 5-1　ROBOX 控制系统工业机器人的零点标定

序号	操作说明	图示
1	登录"管理员"模式,查看"监控"中的"驱动器"	

（续）

序号	操作说明	图示
2	如果机器人零点位置没有丢失,则"零位状态"显示为绿色	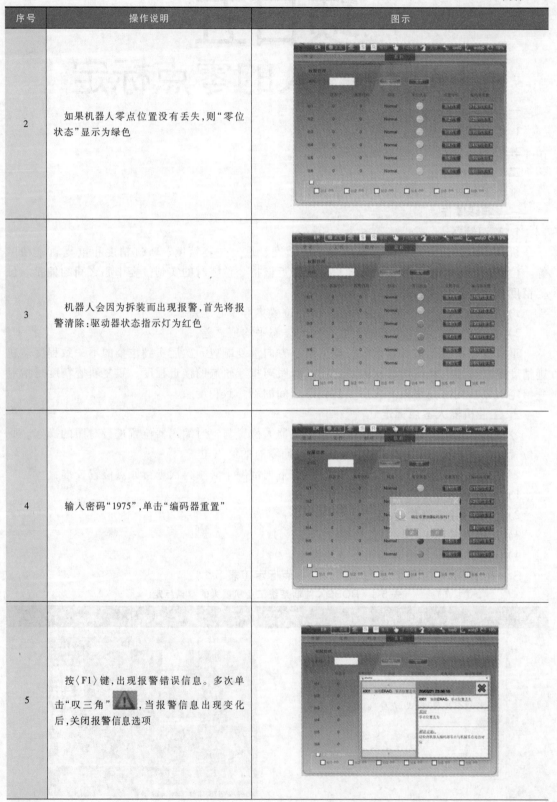
3	机器人会因为拆装而出现报警,首先将报警清除:驱动器状态指示灯为红色	
4	输入密码"1975",单击"编码器重置"	
5	按〈F1〉键,出现报警错误信息。多次单击"叹三角" ⚠ ,当报警信息出现变化后,关闭报警信息选项	

（续）

序号	操作说明	图示
6	单击"监控"下"驱动器"中的"轴清零"，完成机器人零点的标定	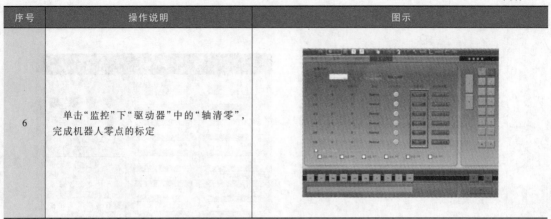

4. GTC-RC800 控制系统工业机器人的零点标定（表5-2）

表 5-2　GTC-RC800 控制系统工业机器人的零点标定

序号	操作说明	图示
1	打开软件，进入"机器人"→"零位标定"界面	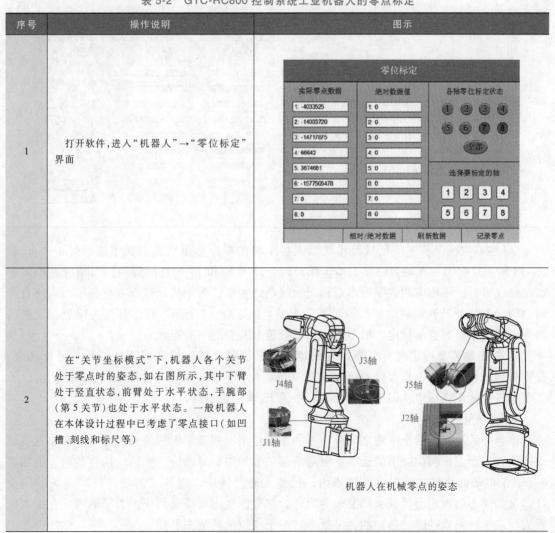
2	在"关节坐标模式"下，机器人各个关节处于零点时的姿态，如右图所示，其中下臂处于竖直状态，前臂处于水平状态，手腕部（第5关节）也处于水平状态。一般机器人在本体设计过程中已考虑了零点接口（如凹槽、刻线和标尺等）	机器人在机械零点的姿态

（续）

序号	操作说明	图示
3	选择要标定的轴。"选择要标定的轴"区域为用户交互区域，用户在此区域选择需要记录零点数据的轴号，如选定 J1 轴。用户可以选择同时记录多个轴的零点数据，也可以选择只记录一个轴的零点数据。若相应的轴号选择按钮被按下，则该按钮以绿色显示	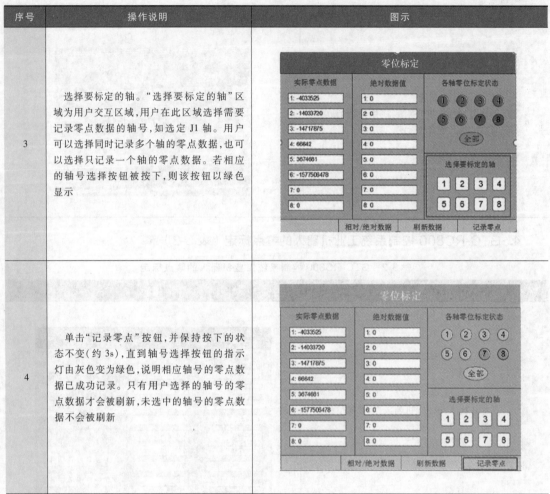
4	单击"记录零点"按钮，并保持按下的状态不变（约 3s），直到轴号选择按钮的指示灯由灰色变为绿色，说明相应轴号的零点数据已成功记录。只有用户选择的轴号的零点数据才会被刷新，未选中的轴号的零点数据不会被刷新	

"各轴零位标定状态"区域显示机器人各个轴的零点标定状态。数字指示灯 1～8 代表 J1～J8 轴，其中 J1～J6 轴为机器人本体插补轴，J7 号轴和 J8 轴是扩展轴。当相应的轴的零点标定成功后，则相应的数字指示灯标记为绿色；否则，数字指示灯以灰色显示。当所有用到的轴（本体插补轴和辅助扩展轴）都完成零点标定后，"全部"指示灯变为绿色，说明机器人已完成零点数据的标定，机器人可以进行笛卡儿空间下的运动。

通常 J3 轴零点标定时，需要先将大臂外壳保护罩去掉，然后将圆柱销插入零标孔中，待重新标定系统后，再将大臂外壳保护罩安装到机器人上。J6 轴因可以旋转 360°，所以不需要进行机械零点标定，但需要对示教器中的 J6 轴记录零点。

四、问题探究

耦合关系是指某两个事物之间存在一种相互作用、相互影响的关系。对大多数非直接驱动的机器人而言，前面关节的运动会引起后面关节的附加运动，产生运动耦合效应。例如将 6 个轴的电动机均装在机器人的转塔内，机器人通过链条、连杆或齿轮传动其他关节的设计，又如同心的齿轮套传动腕部关节的设计，都会产生运动耦合效应。为了解耦，在编制机器人运动学控制软件时，后面的关节要多转一个相应的转数来补偿。

对一台六自由度的机器人来讲，如果从 J2、J3 轴之间开始就有运动耦合，且 J3、J4、J5、J6 轴之间都有运动耦合，那么 J3、J4、J5、J6 轴电动机就必须多转相应的转数（有时是正转，有时是反转，依结构而定）来消除运动耦合的影响，J3 轴要消除 J2 轴的，J4 轴要消除 J2 轴和 J3 轴的，以此类推。如果都要正转，到了 J6 轴，电动机就必须有相当高的速度来消除前面各轴的影响，有时电动机的转速会不够，且有运动耦合关系的轴太多，机器人的运动学分析和控制就会很麻烦。故设计六自由度的交流伺服机器人时，一般情况下，前 4 个轴的运动都设计成是相对独立的，工业机器人运动耦合只发生在 J4、J5、J6 轴之间，即 J5 轴的运动受到 J4 轴运动的影响，J6 轴的运动受到 J4 轴和 J5 轴运动的影响。这样做既能保证机械结构的紧凑，又不会使有耦合关系的轴太多。

五、知识拓展

1. 提高机器人绝对定位精度的方法

自 20 世纪 70 年代，随着工业机器人系统成功应用于生产装配线，"机器人换人"已成为我国工业转型升级的重要举措之一，那就需要工业机器人具有准确的重复性和较高的定位精度。重复定位精度和绝对定位精度已成为衡量工业机器人定位精度好坏的重要指标，重复定位精度是工业机器人多次回到同一位置的能力，绝对定位精度是机器人相对于固定参考系到达指定位置的能力。

通常，用于提高绝对定位精度的方法有标定法和误差预防方法。误差预防方法在经济上局限性比较大，且无法避免机器人在工作过程中由于动态因素、零件磨损和工作环境造成的工业机器人参数误差。标定法可划分为末端位姿法和约束方程法两大类。

（1）末端位姿法 利用高精度的测量仪器或设备精确测量工业机器人末端的位姿，如球杆仪、坐标测量机、自动经纬仪、视觉系统和激光跟踪仪。

1）球杆仪有两种不同的类型，1992 年出现了基于单球杆的标定方法，2004 年出现了基于双球杆的标定方法。2014 年出现了使用 QC20-W 球杆仪系统进行机器人绝对定位精度标定，如图 5-1 所示。

2）坐标测量机是最有代表性的坐标测量仪器。坐标测量机以测量仪器的平台为参考平面建立机械坐标系，采集被测工件表面上的被测点的坐标值，并投射到空间坐标系中，构建工件的空间模型。测量精度基本能达到微米级，三坐标测量机的优点是精度高、可靠性高，但缺点是占用空间大，受使用场地影响较大。1995 年首次出现了采用三坐标测量机对工业机器人进行标定，明显提高了离线编程系统的精度。图 5-2 所示为三坐标测量机。

图 5-1 QC20-W 球杆仪系统

图 5-2 三坐标测量机

3）自动经纬仪具有位姿测量精度高的优点，但存在很多致命缺点，如安装经纬仪自动测量工具需要大量时间，且该仪器体积较大，携带、搬运极不方便，测量精度在很大程度上取决于操作人员的操作水平和测量环境的质量等。1999 年出现了一种使用两个自动经纬仪的运动学标定算法，并分别成功标定了五自由度与六自由度工业机器人的绝对定位精度。图 5-3 所示为自动经纬仪。

4）视觉系统主要分为单目和双目。在 20 世纪初出现了一种基于双摄像机视觉引导机器人控制的方法，可通过在线迭代的方式提高机器人的绝对定位精度。采用基于视觉系统的方法对机器人进行位姿测量存在很多缺点，如精度不高，视野范围小，精度易受到摄像机内部参数标定状况的影响等。

5）激光跟踪仪具有测量精度和测量效率较高、测量范围较大等优点，其缺点是价格昂贵。图 5-4 所示为激光跟踪仪。

图 5-3　自动经纬仪　　　　　　　　图 5-4　激光跟踪仪

（2）约束方程法　在任务空间中对机器人末端施加物理约束，形成运动学闭合链，建立末端执行器与物理约束之间的约束方程，求解真实的运动学参数，如面约束、线约束和点约束。

1）面约束。图 5-5 和图 5-6 所示为对机器人末端姿态位姿的测量，分别对工业机器人末端执行器施以单平面限制及多平面限制。2016 年出现了对工业机器人末端施加球面约束，完成了机器人工具坐标系和工件坐标系的标定。为保证该方法的顺利实行，应使机器人能够移动其工具中心点（TCP）至约束平面上，使刀具的中心点与约束平面上的多个位置保持正确接触，并分别采集机器人内部关节位置传感器此时的读数，其中多面约束应该测量每个平面上的特定点数。收集的接触点数目应超过整个系统需要校正的参数，在约束平面定义一个

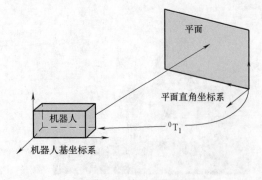 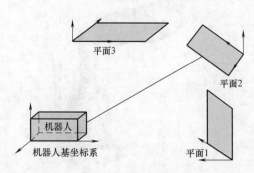

图 5-5　单平面限制　　　　　　　　图 5-6　多平面限制

与机器人基坐标系不同的笛卡儿坐标系，尽管两者均不能作为参考坐标系，但通过面约束可得到系统参数的多组能观性条件。通常对于标定机械手来讲，单面及双面约束在预期特征点数量下并不能保证所有系统参数的能观测性，因此单面约束和双面约束对于标定工业机器人是不足够的，对于标定工业机器人多面约束数目必须不小于 3 个。

2）线约束。利用 PSD 阵列的反馈坐标值建立激光线虚拟约束，成功标定了工业机器人，其标定原理如图 5-7 所示。

3）点约束。通过使机器人末端 TCP 到达一些已知位置点并在末端施加点约束，可完成机器人末端位姿的测量。如图 5-8 所示为一种基于单点约束的标定方法，该方法通过激光器发射激光束，由位置敏感器件（PSD）接收激光束，从不同方位对准 PSD 表面中心点，基于记录的关节角度和正向运动学模型，通过设计算法来估计关节偏移量。

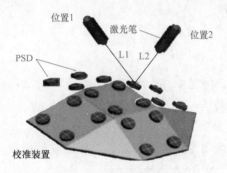

图 5-7　线约束标定

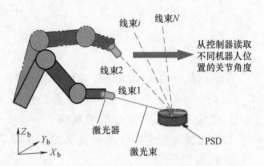

图 5-8　PSD 单点约束标定

三坐标测量机、激光跟踪仪等测量设备虽具有精度高的优势，但价格昂贵，安装和操作过程更是复杂费时，操作人员水平低时严重影响标定精度，不适合在工业生产现场使用；采用以视觉系统的方法进行位姿测量，需要对摄像头进行标定，而相对其他标定方法摄像头的标定精度较低；基于点约束的标定方法虽然操作简单且成本低，但精度较低；基于面约束的标定方法会受到定位孔精度的影响，制造难度大且效率低；基于激光虚拟线约束的标定方法相比三坐标测量机、激光跟踪仪等测量设备标定的精度稍低，但具有成本低且效率高的优势。末端位姿法运用高精度的测量装置精确测量机器人末端的位姿，使用的是机器人系外的测量系进行测量，可称为并行标定；外测量系的精度必高于机器人自身的测量系，其成本势必高于约束方程法；约束方程法在机器人末端施加一些约束（如面约束、线约束和点约束）以形成封闭运动链，采用机器人自身的测量系进行末端位姿测量，可称为自标定，比末端位姿法成本低、效率高，但由于缺少精密的约束基准，精度比末端位姿法低。

2. 机器人标定误差

机器人通过角度测量装置（通常是增量式码盘）得到关节转动的角度值。如果机器人的末端执行器被驱动到一个位置，通过码盘值和机器人运动学模型，就可以得到当前机器人末端执行器的空间位姿。此时，机器人运动学模型的误差就造成了位姿的不准确。对于一个给定的机器人，关节值 J 与末端执行器位置 S 的关系可以用机器人运动学正解 $F(\,\cdot\,)$ 和反解 $I(\,\cdot\,)$ 来表示：

$$S = F(J, L) \tag{5-1}$$

$$J = I(S, L) \tag{5-2}$$

其中，关节值 $\boldsymbol{J}=[q_1,q_2,\cdots,q_n]^T$，向量 $\boldsymbol{L}$ 是造成机器人误差的所有几何参数。

设 $\boldsymbol{J}$、$\boldsymbol{S}$、$\boldsymbol{L}$ 的实际值分别为 $\boldsymbol{J}_d$、$\boldsymbol{S}_a$、$\boldsymbol{L}_n$，当要求机器人移动到指定位置 $\boldsymbol{S}_d$ 时，机器人末端执行器会运动到实际的位置 $\boldsymbol{S}_a$：

$$S_a = F(\boldsymbol{J}_d, \boldsymbol{L}_n + \Delta \boldsymbol{L}) \tag{5-3}$$

$$\boldsymbol{J}_d = I(\boldsymbol{S}_d, \boldsymbol{L}_n) \tag{5-4}$$

其中，$\boldsymbol{J}_d$ 是应用机器人各几何参数的名义值 $\boldsymbol{L}_n$ 通过机器人反解得到的关节值，因几何参数的误差 $\Delta \boldsymbol{L}$ 引起的机器人末端执行器的误差为

$$\Delta \boldsymbol{S} = \boldsymbol{S}_a - \boldsymbol{S}_d \tag{5-5}$$

当几何参数的误差足够小时，线性化方程得

$$\Delta \boldsymbol{S} = \boldsymbol{J}_L \Delta \boldsymbol{L} \tag{5-6}$$

$$\boldsymbol{J}_L = \frac{\partial F}{\partial \boldsymbol{L}} \tag{5-7}$$

其中，$\boldsymbol{J}_L$ 为雅可比矩阵，如果测量到足够数量的 $\Delta \boldsymbol{S}$（可以通过相应的空间坐标偏差 ΔP_x、ΔP_y、ΔP_z 得到），就可以计算出机器人实际位姿与期望位姿误差最小时的 $\Delta \boldsymbol{L}$。

3. 工业机器人标定与校准系统

工业机器人标定与校准系统如图 5-9 所示。系统由专用测量传感器与标定软件组成，针

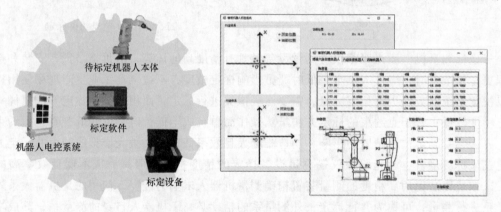

图 5-9　工业机器人标定与校准系统

对焊接、雕刻等行业对机器人精度的需求，通过简单快速的数据采集过程完成对机器人关节零点位置、杆长等参数的修正，可以大幅度提高机器人的绝对定位精度，主要功能包括补偿零点位置偏差、补偿杆长尺寸偏差等。其特点是多参数补偿，修正机器人的关节零点、臂长参数；实时高速采样与数据传输；支持标准空间串联六关节机器人；自定义模型参数，便于系列化本体标定；系统支持的机器人 D-H 模型参数可以自行设定；广泛应用在焊接、雕刻等精度要求高的行业中；可以一键标定，针对不同参数进行标定；能够标定机器人的 D-H 模型参数、关节零点等。所采用的标定设备及标定软件如图 5-10、图 5-11 所示。

图 5-10　标定设备

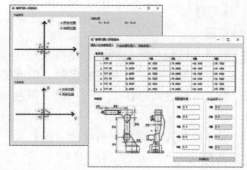

图 5-11　标定软件

4.标定原理

1）通过建立标定系统正向运动学模型得到速度运动学模型。

2）通过伺服控制使机器人末端达到特定位姿。

3）通过编码器读数精确测量并记录特定末端位姿下每个关节向量，并对参数辨识算法进行推导，求解四组位姿下平方误差之和，并运用 L-M 非线性优化算法得到机器人关节补偿值。

4）利用各个关节补偿值，获得真实的机器人正向运动学模型，求解真实位姿。基于双PSD 的误差补偿是利用 PSD 系与机器人系的旋转变换矩阵分别得出两种位姿和激光线向量在不同系之间的转换关系式，再利用最小二乘方法即可求出旋转变换矩阵。

5）通过激光线方程求得位姿变换矩阵中的平移位置关系。

标定软件一般适用于 Windows、Linux 系统，设备用以太网进行通信，可采用一键标定功能，根据用户的需求，针对不同的参数进行标定。

六、评价反馈（表 5-3）

表 5-3　评价表

基本素养（30 分）			
序号	评估内容	自评	互评	师评
1	纪律（无迟到、早退、旷课）（10 分）			
2	安全规范操作（10 分）			
3	团结协作能力、沟通能力（10 分）			
理论知识（30 分）				
序号	评估内容	自评	互评	师评
1	了解工业机器人系统精度分类及定义（10 分）			
2	掌握工业机器人零点标定方法（10 分）			
3	掌握工业机器人零点标定注意事项（10 分）			
技能操作（40 分）				
序号	评估内容	自评	互评	师评
1	掌握 GTC-RC800 控制系统工业机器人零点标定操作步骤（20 分）			
2	掌握 ROBOX 控制系统工业机器人零点标定操作步骤（20 分）			
综合评价				

七、练习题

1. 填空题

（1）机器人机械系统的精度主要涉及_____、_____、_____和_____等。

（2）工业机器人在进行零点标定时，没有进行_____，不能进行示教和回放操作。

（3）当关节轴之间存在_____时，单独对各个轴进行零点标定所记录的零点数据是无效的。

（4）提高机器人绝对定位精度的方法有_____和_____。

2. 简答题

（1）机器人的耦合关系是指什么？

（2）工业机器人标定与校准系统的主要功能包括什么？

项目六
工业机器人编程与操作

任务一　工业机器人示教器的操作

一、学习目标

1. 了解工业机器人示教器的基本组成。

2. 了解工业机器人示教器的基本操作。

二、工作任务

1. 认识示教器。

2. 掌握示教器的操作。

三、实践操作

1. 知识储备

示教器又称为示教编程器，是机器人控制系统的核心部件，是用来注册和存储机械运动或处理记忆的单元。示教器的作用是示教机器人的工作轨迹，进行人机交互操作和机器人参数设定，它拥有独立的 CPU 及存储单元，与运动控制器之间以总线通信方式实现信息交互。

示教器进行机器人轨迹示教被称为示教再现，也称为直接示教，就是通常所说的手把手示教。示教再现是机器人普遍采用的编程方式，典型的示教过程是操作者操作机器人及其夹持工具对作业对象进行位置和姿态记录的过程。通过对示教器的操作，反复调整示教点处机器人的作业位姿、运动参数和工艺参数，然后将满足作业要求的数据记录下来，并转入下一点的示教。整个示教过程结束后，机器人实际运行时使用这些被记录的数据，经过插补运算，就可以再现在示教点上记录的机器人位姿。实现这些功能的用户接口是示教器键盘，操作者通过操作示教器向运动控制器发送控制命令，完成对机器人本体的控制；其次，示教器将接收到的当前机器人运动和状态等信息，并通过液晶屏完成显示。示教器通过线缆与机器人控制系统相连，如图 6-1 所示。

图 6-1　机器人操作流程控制简图

示教器是重要的编程设备，一般具备直线、圆弧、关节插补以及能够在关节空间和笛卡儿空间实现对机器人的控制等功能。示教时数据流关系如图 6-2 所示，当用户按下示教键盘上的按键时，示教器通过线缆向运动控制器发出相应的指令代码（S0）；此时，运动控制器串口通信模块接收指令代码（S1）；然后由指令运算模块分析判断指令码，并进一步向相关模块发送与指令码相应的消息（S2）；驱动有关模块完成指令码要求的具体功能（S3）；同时，为了让操作用户时刻掌握机器人的运动位置和各种状态信息，运动控制器的有关模块将状态信息（S4）从串口发送给示教器（S5），在液晶显示屏上显示，从而与用户沟通，完成数据的交换。

在示教再现系统中，还有一种人工牵引示教，如图 6-3 所示，一般是操作员直接牵引机器人沿作业路径运动一遍。对于难以直接牵引的大、中型功率液压机器人，这种方式并不适合，可以采用人工模拟牵引示教，在牵引的过程中，由计算机对机器人各关节运动数据进行采样记录，得到作业路径数据。由于这些数据是各关节的数据，因此这种方法又称为关节坐标示教法，它的优点是控制简单，缺点是劳动强度大，操作技巧性高，精度不易保证。

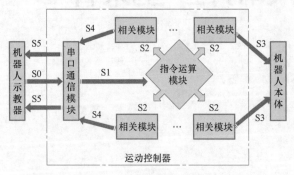

图 6-2 示教时数据流关系

图 6-3 人工牵引示教

机器人直接示教再现系统具有如下共同特点：

1）利用机器人具有较高的重复定位精度的优点，降低系统误差对机器人运动绝对精度的影响，这是目前机器人普遍采用这种示教方式的主要原因。

2）要求操作者具有相当的专业知识和熟练的操作技能，并需要现场近距离示教操作，因而具有一定的危险性，安全性较差。

3）示教过程繁琐、费时，需要根据作业任务反复调整机器人的动作轨迹姿态与位置，时效性较差。

2. ROBOX 示教器的操作

ROBOX 示教器如图 6-4 所示。

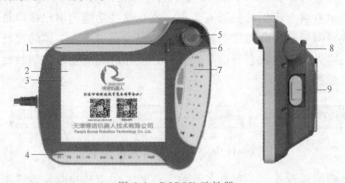

图 6-4 ROBOX 示教器

1—薄膜面板 2—触摸屏 3—液晶屏 4—薄膜面板Ⅰ 5—急停按钮
6—模式旋钮 7—薄膜面板Ⅱ 8—USB 接口 9—三段手压开关

（1）薄膜面板Ⅰ 薄膜面板Ⅰ是示教器的功能按键区，如图 6-5 所示。薄膜面板Ⅰ按键功能见表 6-1。

（2）薄膜面板Ⅱ 薄膜面板Ⅱ是工业机器人的示教操作区，如图 6-6 所示，工业机器人的示教操作按键功能见表 6-2。

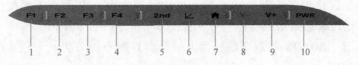

图 6-5 示教器的功能按键区

表 6-1 薄膜面板 I 按键功能

序号	名称	功能
1	F1	调出当前报警内容
2	F2	备用按键
3	F3	程序运行方式（连续、单步进入和单步跳过等）
4	F4	备用按键
5	翻页	页面切换
6	坐标系切换	工业机器人坐标系切换
7	回主页	回到示教器主页
8	速度–	减慢机器人运行速度
9	速度+	加快机器人运行速度
10	伺服上电	机器人自动模式使能上电

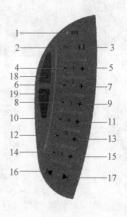

图 6-6 工业机器人的示教操作区

表 6-2 工业机器人的示教操作按键功能

序号	名称	功能
1	三色灯	自动模式显示伺服状态
2	开始	自动模式下运行
3	暂停	自动模式下暂停
4	轴 1 运动–	J1 轴沿顺时针方向旋转
5	轴 1 运动+	J1 轴沿逆时针方向旋转
6	轴 2 运动–	J2 轴沿顺时针方向旋转
7	轴 2 运动+	J2 轴沿逆时针方向旋转
8	轴 3 运动–	J3 轴沿顺时针方向旋转
9	轴 3 运动+	J3 轴沿逆时针方向旋转
10	轴 4 运动–	J4 轴沿顺时针方向旋转
11	轴 4 运动+	J4 轴沿逆时针方向旋转
12	轴 5 运动–	J5 轴沿顺时针方向旋转
13	轴 5 运动+	J5 轴沿逆时针方向旋转
14	轴 6 运动–	J6 轴沿顺时针方向旋转
15	轴 6 运动+	J6 轴沿逆时针方向旋转
16	单步后退	程序单步逆向运行
17	单步前进	程序单步正向运行
18	热键 1	机器人"慢速"启动开关
19	热键 2	机器人"步进长度"启动开关

（3）示教器的握持 左手握持示教器，点动机器人时，左手指需要按下手压开关，使机器人处于伺服开的状态。示教器握持方法如图 6-7 所示。

（4）操作界面 ROBOX 控制系统机器人示教器界面布局分为状态栏、任务栏和显示区三部分，如图 6-8 所示。

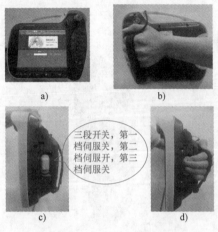

图 6-7　示教器握持方法

图 6-8　界面布局

状态栏的图标介绍见表 6-3

表 6-3　状态栏的图标介绍

序号	图标介绍
1	桌面按键 ，单击该图标进入桌面界面
2	机型显示按键 ER3
3	状态显示按键，单击进入报警日志界面。 正常 表示正常； 错误 表示错误
4	急停信号状态： 表示正常， 表示急停被按下
5	伺服状态：S 表示伺服关，S 表示伺服开
6	程序运行模式：R 表示 Rpl 模式，P 表示冲压模式
7	程序循环方式：连续 表示连续运行，单步跳过 表示单步跳过，单步进入 表示单步进入
8	机器人运行方式：手动慢速 手动全速 自动
9	机器人 JOG 方式：关节 机器人 工具 用户
10	当前工具坐标系：tool0
11	当前工件坐标系：wobj0
12	机器人当前运行速度：20%

（5）桌面 ROBOX 控制系统机器人示教器的应用功能在桌面（图 6-9）上，单击桌面上的功能图标，进入相应的功能界面。桌面上默认有四项应用："工具坐标系""用户坐标系""设置""关于"。"工具坐标系"用于设置机器人工具坐标，"用户坐标系"用于设置

工件坐标，"设置"用于设置机器人的相关参数，"关于"用于显示机器人信息（如机器人型号、软件版本、控制系统版本和示教器版本）。

1）设置界面。设置界面（表6-4）包括系统（语言、IP 设置和重启）、轴参数、DH 参数、切换 Logo、应用选择、总线设置和屏幕设置。修改机器人参数时需要输入权限密码"1975"，修改完成保存后需重启机器人控制器数据才有效。

2）设置内容。

① IP 设置。IP 设置界面用于设置控制器 IP 地址、示教器 IP 地址和子网掩码，见表6-5。

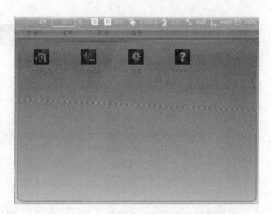

图 6-9　桌面

表 6-4　设置界面

序号	功能简介	图示
1	系统：设置机器人语言（中文语言、英文语言和意大利语言）、机器人 IP 地址（控制器 IP 和示教器 IP）和机器人系统重启（示教器重启和控制器重启）	
2	轴参数：显示机器人各轴关节运动范围、运动最大速度、运动最大加速度、运动最大加加速度、电动机减速比参数和编码器分辨率	
3	DH 参数：显示机器人各轴杆长参数	

（续）

序号	功能简介	图示
4	切换 Logo：修改开机界面、状态栏、登录界面和关于界面的图片	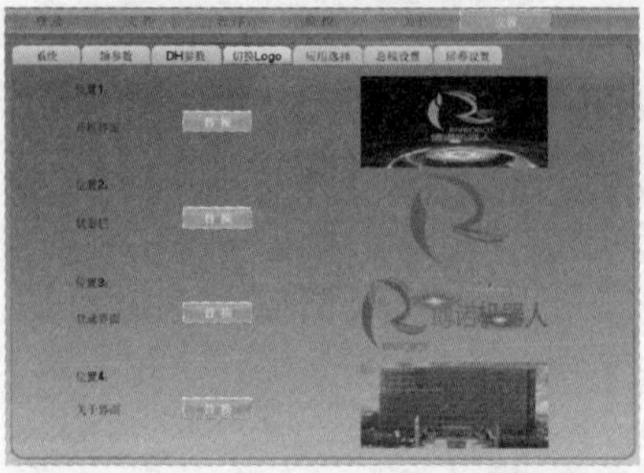
5	应用选择：将多个应用添加到桌面，添加完成后需要重启机器人使配置生效	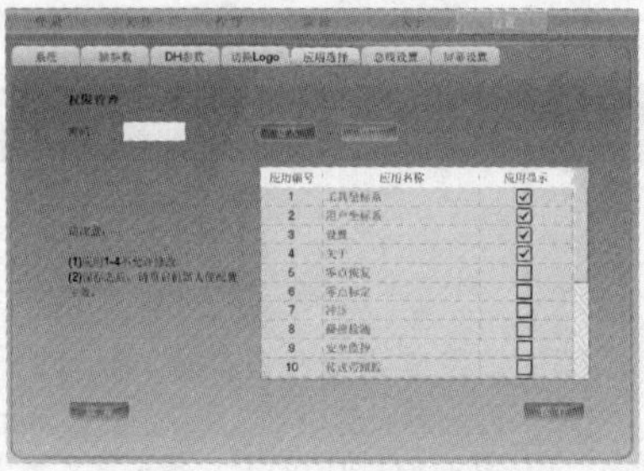
6	总线设置：进行 Mes 和 Pfb 通信设置	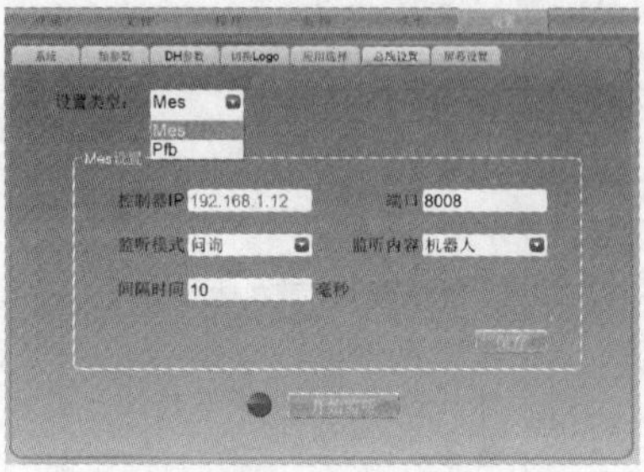
7	屏幕设置：进行示教器亮度控制	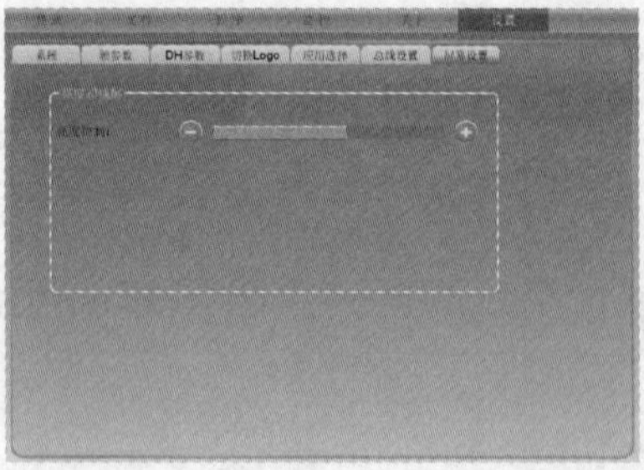

表 6-5　IP 设置操作

序号	操作说明	图示
1	进入 IP 设置界面,单击控制器 IP	
2	输入新 IP 地址 192.168.1.12,单击"OK"	
3	单击"保存"按钮,然后在提示信息框单击"是"	
4	重启控制器、示教器后设置生效	

② 轴参数。通过"轴参数"可以查看和修改轴参数，操作流程见表 6-6。

表 6-6　轴参数

序号	操作说明	图示
1	进入设置界面,单击"轴参数"按钮	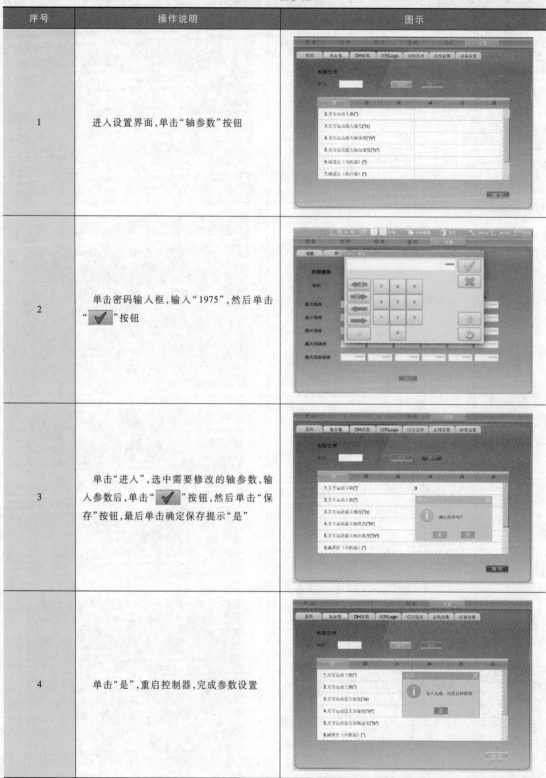
2	单击密码输入框,输入"1975",然后单击" ✓ "按钮	
3	单击"进入",选中需要修改的轴参数,输入参数后,单击" ✓ "按钮,然后单击"保存"按钮,最后单击确定保存提示"是"	
4	单击"是",重启控制器,完成参数设置	

③ DH 参数。通过"DH 参数"可以查看和修改机器人杆长参数，其操作流程见表 6-7。

表 6-7　DH 参数

序号	操作说明	图示
1	进入设置界面，单击"DH 参数"按钮	
2	单击密码输入框，输入"1975"，然后单击"✔"按钮	
3	单击"进入"按钮	
4	若要修改其中的参数，输入参数后，单击"保存"按钮，然后单击确定保存提示"是"，重启控制器。若不修改参数，关闭界面时应单击"退出"按钮	

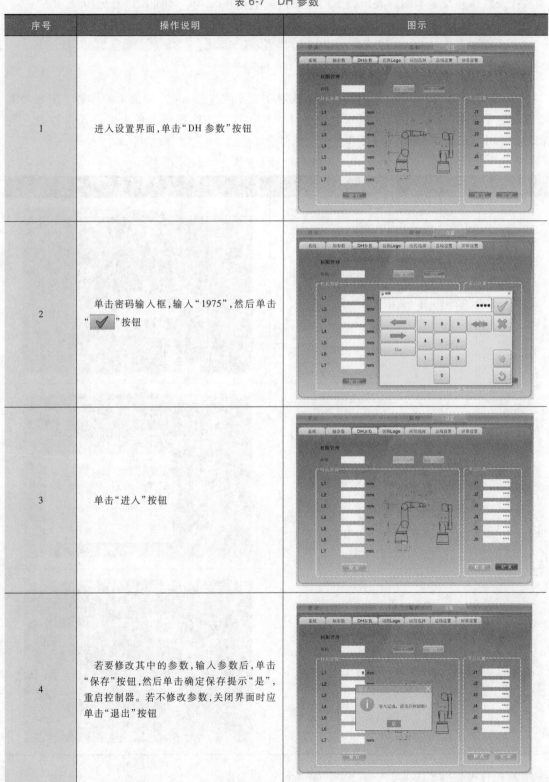

（6）任务栏 任务栏中显示的是已打开的 App 界面快捷键。其中，登录、文件、程序和监控是默认一直显示的，其余显示的是在桌面中打开的 App 界面，如图 6-10 所示。

图 6-10 任务栏

1）登录。ROBOX 控制系统机器人示教器登录界面（表 6-8）提供了操作者、工程师和管理员三个权限等级的账号，默认登录账号为操作者。切换账号，单击"登录"按钮，在密码弹窗中输入账号密码，即可登录相应账号。

表 6-8 登录操作

序号	操作说明	图示
1	进入登录界面,单击显示区的"输入框"。若不在登录界面,单击任务栏中的"登录"按钮进入登录界面	
2	输入账号密码"666666",然后单击"✓"按钮	
3	单击"登录"按钮,登录成功。账号由"操作者"切换为"工程师"	

操作权限划分见表 6-9。

表 6-9　操作权限划分

账号	操作者	工程师	管理员
密码	无	666666	999999
登录	√	√	√
监控	√	√	√
程序	×	√	√
文件	×	×	√

注："√"表示包含此操作权限，"×"表示不包含此操作权限。

2）文件。文件是为方便用户管理项目文件而设计的，主体部分展示目录结构，底部为文件操作的功能按钮。支持新建、删除、重命名、复制、粘贴和剪切等功能，如图 6-11 所示。

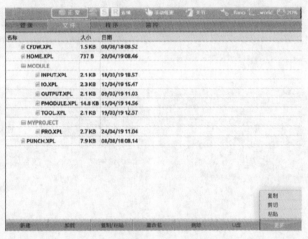

图 6-11　"文件"界面

程序文件都存储在控制器上，因此更换示教器不会造成程序文件丢失。如果需要在不同机器人间拷贝程序，可使用 U 盘，示教器上提供了标准 USB 接口。

3）程序。在"文件"界面新建或者加载一个文件，示教器界面会自动跳转到程序编辑器界面。程序编辑器显示的程序为当前控制器内存中加载的程序，如图 6-12 所示。

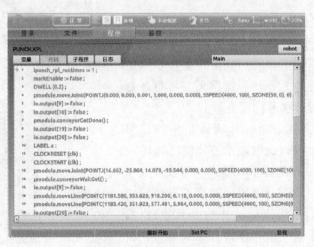

图 6-12　"程序"界面

4）监控。监控界面包括"位置""IO""驱动器"和"现场总线"四个子菜单。"位置"界面显示机器人此时在关节坐标系和机器人坐标系下的位姿，还可以开启机器人移动的步进长度与慢速功能；"IO"界面显示机器人 I/O 状态；"驱动器"界面显示机器人驱动器运行状态；"现场总线"界面显示机器人 Modbus 或 Profibus 通信状态，如图 6-13 所示。

图 6-13 "监控"界面

3. 固高 GRP2000 示教器的操作

固高 GRP2000 示教器，如图 6-14 所示。

（1）示教器按键

1）机器人示教器按键说明。

① 急停键：按下该按键后将不能打开伺服电源，切断伺服电源后，示教器的伺服准备指示灯熄灭；屏幕上显示急停信息，故障排除后，可打开急停键，打开后方可继续接通伺服电源。

打开急停键的方法：顺时针旋转至急停键弹起，伴随"咔"的声音，此时表示急停键已打开。

② 工作模式键：可选择示教模式、回放模式和远程模式。在示教模式下，可用示教器进行轴操作和编辑（此时外部设备发出的工作信号无效）；在回放模式下，可对示教完的程序进行回放运行；在远程模式下，可通过外部 TCP/IP 协议、I/O 进行

图 6-14 固高 GRP2000 示教器

启动示教程序操作。

③ 开始键：按下该按键，机器人开始回放运行。回放模式运行过程中，指示灯亮起。通过专用输入的启动信号可使机器人开始回放运行。按下该按键前，必须把工作模式设定为回放模式，确保示教器的伺服准备指示灯亮起。

④ 暂停键：该按键在任何模式下均可使用。按下该按键后，机器人将暂停运行。在示教模式下，按下按键后白灯会变亮，此时机器人不能进行轴操作；在回放模式下，按下该按键后，白灯变亮，机器人进入暂停状态。示教器上的开始按键可使机器人继续工作。

⑤ 使能开关键：又称三段开关键。该按键在示教器背面，按下该按键可使伺服电源接通。操作前必须先把工作模式设为示教模式，按示教器上的伺服准备键（伺服准备指示灯处于闪烁状态），轻轻握住三段开关，伺服电源接通（伺服准备指示灯处于常亮状态）。此时若用力握紧，则伺服电源切断。如果不按示教器上的伺服准备键，即使轻握三段开关，伺服电源也无法接通。

2）功能键（图 6-15）说明。

① 退格键：该按键用于输入字符时，删除最后一个字符。

② 多画面键：功能预留。

③ 外部轴键：按下该按键后，在焊接过程中可控制变位机的回转和倾斜。当需要控制的轴数超过6 个时，按下该按键（按键右下角的指示灯亮起），此时控制 J1 轴即为控制 J7 轴，J2 轴即为 J8 轴，以此类推。

④ 机器人组键：功能预留。

⑤ 移动键：该按键组必须在示教模式下使用。按下某按键时，光标朝箭头方向移动。根据界面的

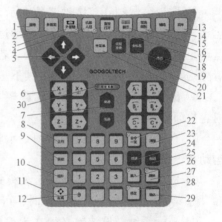

图 6-15 功能键示意图

不同，光标的可移动范围有所不同。在子菜单和指令列表操作时可打开下一级菜单和返回上一级菜单。

⑥ 轴操作键：该按键组必须在示教模式下使用。对机器人各轴进行操作的键，可以按住两个或更多的键，以操作多个轴，机器人将按照选定坐标系和设定手动速度运行。在进行轴操作前，务必确认设定的坐标系和手动速度是否适当。操作前需确认机器人示教器上的伺服准备指示灯亮起。

⑦ 手动速度键：该按键组必须在示教模式下使用，手动操作时可设定机器人运行速度。设定的速度在使用轴操作键时有效。手动速度有 8 个等级：微动 1%、微动 2%、低 5%、低10%、中 25%、中 50%、高 75% 和高 100%。被设定的速度显示在状态区域。

高速键：微动 1%→微动 2%→低 5%→低 10%→中 25%→中 50%→高 75%→高 100%。

低速键：高 100%→高 75%→中 50%→中 25%→低 10%→低 5%→微动 2%→微动 1%。

⑧ 上档键：该按键必须在示教模式下使用。可与其他键同时使用，例如：上档键+联锁键+清除键可退出机器人控制软件进入操作系统界面；上档键+2 键可实现在程序内容界面下查看运动指令的位置信息，再次按下可退出指令查看功能；上档键+9 键可实现机器人快速回零位；上档键+翻页键可实现在选择程序和程序内容界面返回上一页。

⑨ 联锁键：该按键必须在示教模式下使用。作为辅助键，可与其他键同时使用。联锁键+前进键：在程序内容界面下，按照示教程序点轨迹进行连续检查；在位置型变量界面下，可实现位置型变量的检查功能。

⑩ 插补键：该按键必须在示教模式下使用，是机器人运动插补方式的切换键，所选定的插补方式种类显示在状态显示区。每按一次该键，插补方式做如下变化：MOVJ→MOVL→MOVC→MOVP→MOVS。

⑪ 区域键：该按键必须在示教模式下使用。按下该按键后，选中区在"主菜单区"和"通用显示区"间切换。

⑫ 数值键：该按键组必须在示教模式下使用。按数值键可输入键显的数值和符号。"."是小数点，"-"是减号或连字符。数值键也可作为用途键来使用。

⑬ 回车键：在操作系统中，按下该键表示确认，可进入选择的文件夹或选定目标文件。

⑭ 辅助键：功能预留。

⑮ 取消限制键：该按键必须在示教模式下使用。当运动范围超出限制时，机器人停止运动，按下该按键，机器人可以继续运动。取消限制有效时，按键右下角的指示灯亮起，当运动至范围内时，指示灯自动熄灭。若取消限制后仍存在报警信息，则在指示灯亮起时按下清除键，待运动到范围限制内继续下一步操作。

⑯ 翻页键：该按键必须在示教模式下使用。按下该按键后，可实现在选择程序和程序内容界面中显示下一页的功能。

⑰ 直接打开键：该按键必须在示教模式下使用。在程序内容界面，利用该按键可查看运动指令的示教点信息。

⑱ 选择键：该按键必须在示教模式下使用。在软件界面菜单操作时，可选中"主菜单"和"子菜单"；在指令列表操作时，可选中指令。

⑲ 坐标系键：该按键必须在示教模式下使用。手动操作时，利用该按键可选择机器人的动作坐标系，可在关节坐标系、直角坐标系、世界坐标系、工件坐标系和工具坐标系中切换选择。每按键一次，坐标系按以下顺序变化：关节坐标系→直角坐标系→工具坐标系→世界坐标系→工件坐标系1→工件坐标系2，被选中的坐标系将显示在状态区域。

⑳ 伺服准备键：按下该按键，伺服电源可有效接通。由于急停等原因伺服电源被切断后，用此键可有效地接通伺服电源。在回放模式和远程模式下，按下此键后，伺服准备指示灯亮起，伺服电源被接通。在示教模式下，按下此键后，伺服准备指示灯闪烁，此时轻握示教器上三段开关，伺服准备指示灯亮起，表示伺服电源被接通。

㉑ 主菜单键：该按键必须在示教模式下使用，用于显示主菜单。

㉒ 命令一览键：该按键必须在示教模式下使用，可显示可输入的指令列表。使用前必须先进入程序内容界面。

㉓ 清除键：该按键必须在示教模式下使用，用于清除"人机交互信息"区域的报警信息。

㉔ 后退键：该按键必须在示教模式下使用。按住该按键时，机器人按示教程序点轨迹逆向运行。

㉕ 前进键：该按键必须在示教模式下使用。在伺服电源接通的状态下，按住该按键时，机器人将按示教程序点轨迹单步运行。同时按下联锁键+前进键时，机器人将按示教程序点

轨迹连续运行。

㉖ 插入键：该按键必须在示教模式下使用。按下该按键，按键左上侧指示灯亮起，按下确认键，新程序点插入完成，指示灯熄灭。

㉗ 删除键：该按键必须在示教模式下使用。按下该按键，按键左上侧指示灯亮起，按下确认键，已输入的程序点删除完成，指示灯熄灭。

㉘ 修改键：该按键必须在示教模式下使用。按下该按键，按键左上侧指示灯亮起，按下确认键，示教的位置数据、指令参数等修改完成，指示灯熄灭。

㉙ 确认键：该按键必须在示教模式下使用。配合插入键、删除键和修改键使用，当插入键、删除键和修改键指示灯亮起时，按下按键完成插入、删除和修改等操作的确认。

㉚ 伺服准备指示灯：伺服准备键的指示灯。在示教模式下，按下该按键，此时指示灯会闪烁，轻握三段开关后，指示灯会亮起，表示伺服电源接通。在回放模式和远程模式下，按下伺服准备键，此时指示灯会常亮，表示伺服电源接通。

（2）示教器软件界面　固高 GRP2000 示教器的示教软件是采用 OtoStudio 编程开发平台在 Windows 操作系统下开发的，运行于 WinCE 平台。采用 WinCE 嵌入式系统的标准开发模式，在宿主计算机上进行程序开发，通过以太网将可执行程序下载到目标计算机，如图 6-16 所示。

开机自动进入机器人控制程序界面，如图 6-17 所示，示教器软件界面组成见表 6-10。

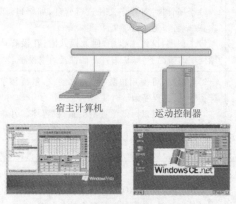

图 6-16 示教软件的开发

图 6-17 示教器开机界面

表 6-10 示教器软件界面组成

序号	功能区名称	功能
1	主菜单区	每个菜单和子菜单都显示在主菜单区,通过按下示教器上的主菜单键,或单击界面左下角的主菜单软键,系统显示主菜单
2	菜单区	快速进入程序内容、工具管理功能等操作界面
3	状态显示区	显示机器电控柜的当前状态,显示的信息根据机器人的状态不同而不同
4	通用显示区	可对程序文件、设置等进行显示和编辑
5	人机接口显示区	进行错误和操作提示或报警;机器人运动时实时显示机器人各轴关节和末端点的运动速度 中文系统和英文系统都默认显示英文报错内容。中文系统中,如果单击英文报错信息,则会显示中文提示

1）主菜单。主菜单区域显示每个主菜单选项及其子菜单，可通过触屏或采用移动键来操作。按下示教器上的主菜单键或单击界面左下角的主菜单软键，进入主菜单区域，如图 6-18 所示。通过按下示教器上的区域键，可切换选中区至主菜单区或通用显示区。按下示教器上的上移键或下移键可移动选中主菜单项，被选中项变为蓝色。选中主菜单中的某选项后，按下示教器上的右移键或左移键，可弹出或收起子菜单。按下示教器上的选择键，即可选中子菜单，进入相应界面。

2）子菜单。子菜单及功能见表 6-11。

3）标题栏。标题栏如图 6-19 所示。

① 程序：可快速进入程序内容界面。

② 编辑：可快速编辑（包括复制、剪切、粘贴和批量修改）程序。

图 6-18　主菜单

表 6-11　子菜单及功能

序号	主菜单	子菜单	功能
1	程序	程序内容 选择程序 程序管理 主程序	1）程序内容：编辑显示程序文件，可对程序文件进行添加、修改和删除等操作，显示程序文件内容执行情况，打开程序一览等 2）选择程序：选择要操作的程序文件 3）程序管理：对程序文件进行管理，如新建、删除、重命名和复制程序文件 4）主程序：设置主程序，回放模式时，在没有选择程序的情况下，默认为打开已设置的主程序
2	变量	数值型 位置型	1）数值型：可使用整数型、实数型、布尔型和字符型变量，供程序编辑时使用 2）位置型：可以标定位置型变量，供程序文件编辑时使用
3	工艺		预留
4	状态	IO 控制器轴 通用轴状态	1）IO：显示系统 I/O 和 I/O 模块的状态 2）控制器轴：显示控制器所有轴的状态 3）通用轴状态：显示控制器主要的伺服状态
5	机器人	当前位置 零位标定 坐标系管理 工具管理 异常处理	1）当前位置：显示机器人当前的位置姿态 2）零位标定：对机器人的零位进行标定 3）坐标系管理：标定及管理世界坐标系、工件坐标系 1 和工件坐标系 2 4）工具管理：标定及管理工具坐标系，支持三点法、四点法和六点法标定 5）异常处理：处理机器人异常情况下的操作，如使各轴进入仿真模式等
6	系统信息	用户权限 报警历史 版本	1）用户权限：设置管理员权限，不同权限存在不同的操作内容 2）报警历史：可查看机器人报警历史状态 3）版本：可查看主控制软件及其功能模块的版本信息

（续）

序号	主菜单	子菜单	功能
7	设置	轴关节参数 笛卡儿参数 CP参数 DH参数 控制参数设置 其他参数	1）轴关节参数：对轴关节空间进行参数设置，可以改变轴关节速度、加速度和范围限制等 2）笛卡儿参数：可以改变笛卡儿空间参数，如速度、加速度和范围限制等 3）CP参数：可以改变 CP 参数，如速度、加速度和范围限制等 4）DH 参数：可以改变 DH 模型参数，如改变机器人模型 5）控制参数设置：可以改变机器人控制轴参数 6）其他参数：可以改变机器人应用参数，如通信 IP、端口和设备名等

③ 显示：可显示示教程序运行时的关节角速度、末端点速度信息。

④ 工具：可快速进入工具管理界面。

4）状态显示区（图 6-20）：包括坐标系显示、插补方式、工作模式、机器人/变位机、当前工具号和速度显示。

图 6-19　标题栏

图 6-20　状态显示区

① 坐标系显示：通过按示教器上的坐标系键选择坐标系，有关节坐标系、直角坐标系、工具坐标系、世界坐标系、工件坐标系 1 和工件坐标系 2。

② 插补方式：通过按示教器上的插补键选择插补方式，有 MOVJ 指令（关节运动）、MOVP 指令（直线运动）和 MOVC 指令（圆弧运动）。

③ 工作模式：通过示教器上的模式旋钮切换来选择机器人的工作模式。示教，即机器人处于示教工作模式下；回放，即机器人处于回放工作模式下；远程，即机器人处于远程工作模式下。

④ 机器人/变位机：在机器人和变位机之间进行切换，从而使轴操作键对机器人或变位机进行操作。

⑤ 当前工具号：方便用户确定当前使用的工具序号。程序内部使用一个具有 11 个元素的工具坐标系数据队列，默认 0 号为不使用工具，1~10 号坐标系队列元素为可编辑的队列元素。

⑥ 速度显示：显示被选择的速度，通过按示教器上的高速键或低速键选择，有微速-最高速的 1%、微速-最高速的 2%、低速-最高速的 5%、低速-最高速的 10%、中速-最高速的 25%、高速-最高速的 50%、高速-最高速的 75% 以及高速-最高速的 100%。

5）机器人运行状态。显示机器人的运行状态。运行，机器人处于运动中；待机，机器人处于运动停止；暂停，机器人处于运动暂停状态。

6）通用显示区。显示界面内容，可对程序、参数等进行查看和编辑操作。

7）人机接口显示区。有错误信息时，人机接口显示区变为红色，按下示教器上的清除键，可清除错误。进入报警历史界面可查看出现过的所有报警信息记录。机器人正常运动过程中，人机接口显示区显示机器人运行速度，如图 6-21 所示。

1.000　10.000　10.000　10.000　10.000　50.000
1600.000

图 6-21　人机接口显示区

图 6-21 中，前六项显示的是机器人六个关节的关节速度，单位为°/s；最后一项显示的是机器人的法兰盘末端线速度，单位为 mm/s。

四、问题探究

OtoStudio 编程软件是基于 IEC61131-3 工业控制语言的组态软件。OtoStudio 编程软件提供六种编程语言：结构文本（ST）、指令表（IL）、顺序功能图（SFC）、功能框图（FBD）、梯形图（LD）和连续功能编辑器（CFC），可满足不同语言需求。OtoStudio 支持文本化和图形化混合编程，可以用结构文本做复杂的数学运算和运动控制，同时用梯形图实现逻辑控制和过程控制。OtoStudio 编程控制如图 6-22 所示。

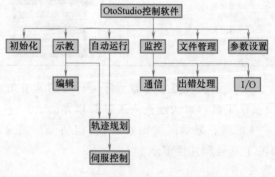

图 6-22　OtoStudio 编程控制

FBD 语言（Function Block Diagram，功能框图）如图 6-23 所示，它是一种图形化语言，广泛应用在过程工业中。

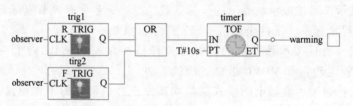

图 6-23　FBD 语言

ST 语言（Structured Text，结构文本）如图 6-24 所示，它是一种高级文本语言。

SFC 语言（Sequential Function Charts，顺序功能图）如图 6-25 所示，它是一种图形化语言，可对复杂的过程或操作由顶到底地进行辅助开发。

```
PROGRAM file_read_1
VAR
    rtn: DWORD;
    rtn1: BOOL;
    i: INT;
END_VAR
```

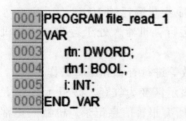

图 6-24　ST 语言

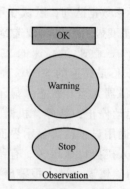

图 6-25　SFC 语言

五、知识拓展

KEBA 示教器是由位于奥地利的 KEBA 工业自动化公司开发研制的，如图 6-26 所示。图中左侧的灯与按键分别为状态与配置管理部分，而右侧按键为机器人动作操作部分，底部的按键则是调节部分。除了上述三部分，还有急停按键、USB 接口和手动/自动开关。左侧 4 个灯表示系统的运行状态：系统正常启动时，RUN 灯亮显示绿色；发生错误时，Error 灯亮显示红色；机器人上电时，Motion 灯亮显示绿色。左侧有 7 个图标，分别为自定义界面、配置管理、变量管理、项目管理、程序管理、坐标显示和信息报告管理。右侧机器人动作操作部分，通过按"+"与"−"键可以在编程或点动时调节机器人的坐标位置，按 2nd 键可以翻到下一页。Start 键和 Stop 键与程序运行和停止有关。底部的 F1、F2、Rob、F/B 为闲置未定义按键，Mot 键用于机器人上电或断电，Jog 键用于切换机器人坐标系（包括轴坐标系、世界坐标系和工具坐标系），Step 键用于切换程序进入单步模式或连续模式。V+键和 V−键用于调节机器人的运动速度。

示教器状态栏如图 6-27 所示。

图 6-26　KEBA 示教器

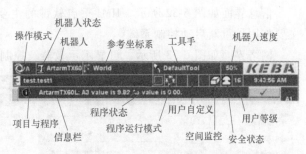

图 6-27　示教器状态栏

设置界面如图 6-28 所示，该界面主要完成用户的登录、退出和系统设置。登录界面可以选择要登录的用户，以及是否具有写权限和控制权。系统设置包括界面语言选择以及日期、时间的设置。显示设置的作用是锁屏，系统默认锁屏时间为 10s。在锁屏期间所有软键失效，主要作用是在锁屏期间进行触摸屏清洁工作，防止误操作。

用户界面如图 6-29 所示。用户为当前连接的使用者，包括其 IP 地址、级别以及是否有写入权限。

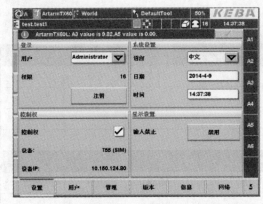

图 6-28　设置界面

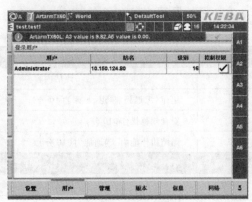

图 6-29　用户界面

　　管理界面如图 6-30 所示。只有以管理员身份登录的用户才可以打开管理界面，可以管理用户组，进行创建、编辑及删除等操作。

　　版本界面如图 6-31 所示，可显示控制器、手持设备和工具使用的版本信息。

图 6-30　管理界面

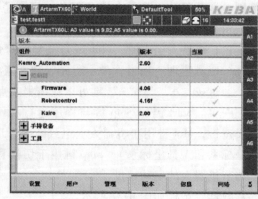

图 6-31　版本界面

　　信息界面如图 6-32 所示。HMI 重启软键的主要作用是重新启动手持设备，重启软键的主要作用是重新启动控制系统。

　　网络界面如图 6-33 所示，可显示示教器及控制器的 IP 信息。

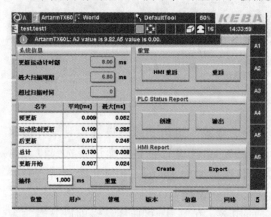

图 6-32　信息界面

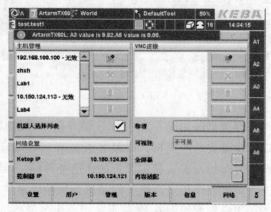

图 6-33　网络界面

六、评价反馈（表 6-12）

表 6-12　评价表

基本素养（30 分）				
序号	评估内容	自评	互评	师评
1	纪律（无迟到、早退、旷课）（10 分）			
2	安全规范操作（10 分）			
3	团结协作能力、沟通能力（10 分）			
理论知识（40 分）				
序号	评估内容	自评	互评	师评
1	掌握工业机器人示教器的概念（10 分）			

（续）

理论知识（40分）				
序号	评估内容	自评	互评	师评
2	掌握工业机器人示教器的工作流程（10分）			
3	学习工业机器人示教器操作面板上的各功能键（20分）			
技能操作（30分）				
序号	评估内容	自评	互评	师评
1	认识示教器的操作面板（15分）			
2	认识示教器的操作软件（15分）			
综合评价				

七、练习题

1. 填空题

（1）ROBOX 机器人设置界面包括系统（语言、IP 设置和重启）、＿＿＿＿、＿＿＿＿、＿＿＿＿、＿＿＿＿、总线设置和屏幕设置。

（2）ROBOX 控制系统机器人示教器界面布局分为＿＿＿＿、＿＿＿＿和＿＿＿＿三部分。

（3）固高机器人示教器软件界面主要由主菜单区、＿＿＿＿、＿＿＿＿、＿＿＿＿和＿＿＿＿组成。

（4）机器人示教器中程序管理的主要功能是＿＿＿＿、＿＿＿＿、＿＿＿＿和程序文件。

（5）机器人的运动插补方式有＿＿＿＿、＿＿＿＿和＿＿＿＿。

（6）机器人的工作模式有＿＿＿＿、＿＿＿＿、＿＿＿＿。

2. 简答题

（1）示教器的作用是什么？

（2）机器人示教再现的共同特点有哪些？

（3）机器人主要有哪几种运行状态？

任务二　工业机器人坐标系的建立

一、学习目标

1. 了解机器人运动学基础。

2. 掌握工业机器人坐标系的建立方法。

二、工作任务

1. 了解机器人关节坐标系、笛卡儿坐标系运动计算。

2. 掌握采用四点法建立大地坐标系的方法。

3. 掌握采用三点法建立工件坐标系的方法。

三、实践操作

1. 知识储备

工业机器人常用的坐标系包括大地坐标系、基坐标系、工具坐标系和工件坐标系，如图6-34 所示。

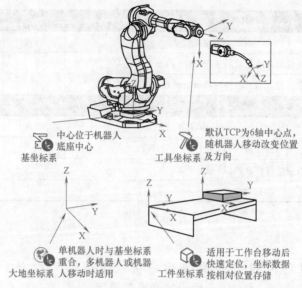

图 6-34　工业机器人的常用坐标系

（1）大地坐标系　大地坐标系可定义机器人单元，还被称为世界坐标系，所有其他的坐标系均与大地坐标系直接或间接相关，如图 6-35 所示。

（2）基坐标系　基坐标系是机器人示教与编程时经常使用的坐标系之一，其原点定义在机器人安装面与第一转动轴的交点处，X 轴向前，Z 轴向上，Y 轴按右手法则确定，如图 6-36 所示。在默认情况下，大地坐标系与基坐标系是一致的。

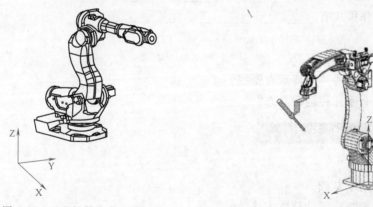

图 6-35　工业机器人大地坐标系　　　　图 6-36　工业机器人基坐标系

（3）工具坐标系　工具坐标系的原点定义在 TCP 点，并且假定工具的有效方向为 X 轴（有些机器人厂商将工具的有效方向定义为 Z 轴），而 Y 轴、Z 轴由右手法则确定。在进行相对于工件不改变工具姿态的平移操作时，选用该坐标系最为适宜，如图 6-37 所示。

（4）工件坐标系　工件坐标系即用户自定义坐标系，如图 6-38 所示。工件坐标系是在工具活动区域内相对于基坐标系设定的坐标系，可通过坐标系标定或者参数设置来确定工件坐标系的位置和方向。每一个工件坐标系与标定工件坐标系时使用的工具相对应。对机器人编程时，就是在工件坐标系中创建目标和路径。如果工具在工件坐标系 A 中和在工件坐标系 B 中的轨迹相同，则可将 A 中的轨迹复制一份给 B，无须对相同的重复轨迹编程。所以，巧妙地建立和应用工件坐标系可以减少示教点数，简化示教编程过程。

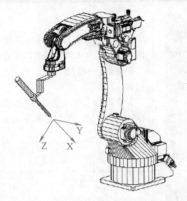

图 6-37　工业机器人工具坐标系

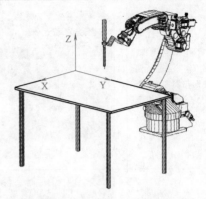

图 6-38　工业机器人工件坐标系

2. ROBOX 控制系统坐标系的建立

（1）工具坐标系的标定　工具坐标系的标定方法见表 6-13。

表 6-13　工具坐标系的标定方法

工具坐标系的标定	方法说明
标定方法	①TCP（默认方向）：方向与法兰末端一致 ②TCP（Z 方向）：工具的 Z 方向需要标定确定 ③TCP（Z,X 方向）：工具的 Z、X 方向需要标定确定 以上均由四点法标定出 TCP 到法兰中心的位置

1）四点工具标定。以 TCP（默认方向）标定方法为例，四点工具标定见表 6-14。

表 6-14　四点工具标定

步骤	图示	描述
1）单击"工具坐标系"图标，进入工具标定设置界面		①所有已定义的工具坐标系名称列表 ②手动标定的方法，包括 TCP（默认）、TCP（Z 方向）和 TCP（Z,X 方向）三种方法
2）在工具标定设置界面，单击"标定"按钮，进入标定界面，显示需要标定的第一点		①移动机器人，将工具末端对准参考尖点 ②单击"示教"按钮，记录当前机器人位置 ③示教完当前位置，单击右箭头图标，标定下一个点 ④若未标定完成，需要结束标定过程，则单击"返回"按钮，返回设置界面

（续）

步骤	图示	描述
3）标定第二点界面。后续标定 TCP 位置所需要点的过程与其一致，但是每一个记录点的机器人姿态变化尽量大一些	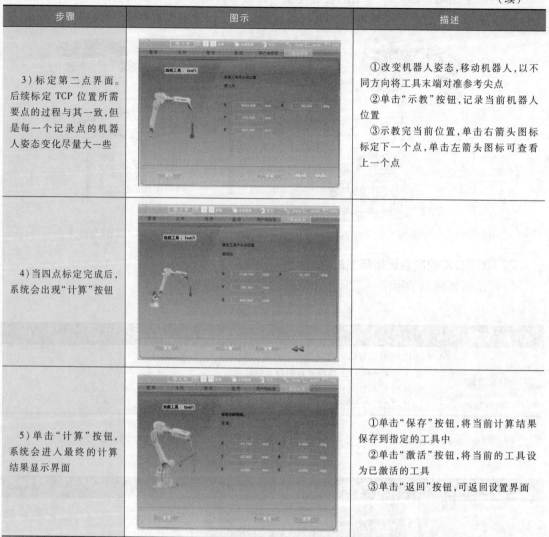	①改变机器人姿态，移动机器人，以不同方向将工具末端对准参考尖点 ②单击"示教"按钮，记录当前机器人位置 ③示教完当前位置，单击右箭头图标标定下一个点，单击左箭头图标可查看上一个点
4）当四点标定完成后，系统会出现"计算"按钮		
5）单击"计算"按钮，系统会进入最终的计算结果显示界面		①单击"保存"按钮，将当前计算结果保存到指定的工具中 ②单击"激活"按钮，将当前的工具设为已激活的工具 ③单击"返回"按钮，可返回设置界面

2）六点工具标定。以 TCP（Z，X 方向）标定方法为例，六点工具标定见表 6-15。

表 6-15 六点工具标定

步骤	图示	描述
1）前四点的标定过程与 TCP（默认方向）标定方法一样	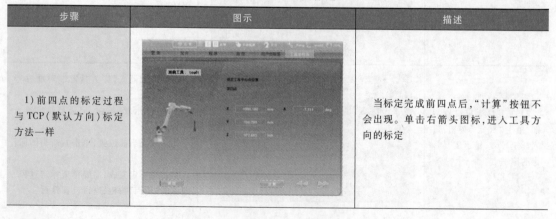	当标定完成前四点后，"计算"按钮不会出现。单击右箭头图标，进入工具方向的标定

（续）

步骤	图示	描述
2）标定工具坐标系的Z方向	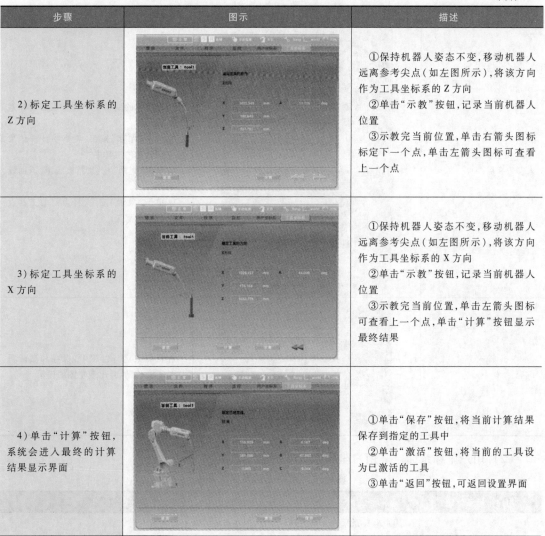	①保持机器人姿态不变，移动机器人远离参考尖点（如左图所示），将该方向作为工具坐标系的Z方向 ②单击"示教"按钮，记录当前机器人位置 ③示教完当前位置，单击右箭头图标标定下一个点，单击左箭头图标可查看上一个点
3）标定工具坐标系的X方向		①保持机器人姿态不变，移动机器人远离参考尖点（如左图所示），将该方向作为工具坐标系的X方向 ②单击"示教"按钮，记录当前机器人位置 ③示教完当前位置，单击左箭头图标可查看上一个点，单击"计算"按钮显示最终结果
4）单击"计算"按钮，系统会进入最终的计算结果显示界面		①单击"保存"按钮，将当前计算结果保存到指定的工具中 ②单击"激活"按钮，将当前的工具设为已激活的工具 ③单击"返回"按钮，可返回设置界面

3）工具标定修改见表6-16。

表6-16　工具标定修改

步骤	图示	描述
1）在工具标定设置界面单击"修改"按钮，进入工具的编辑界面		①选择所需要修改的工具坐标 ②手动标定的方法，选择TCP（Z，X方向）等方法

（续）

步骤	图示	描述
2）在工具编辑界面输入参数并保存	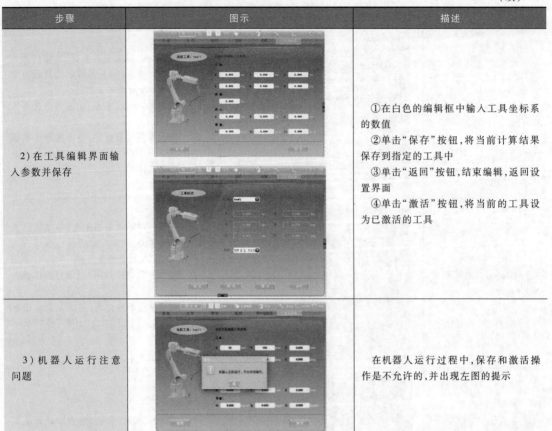	①在白色的编辑框中输入工具坐标系的数值 ②单击"保存"按钮，将当前计算结果保存到指定的工具中 ③单击"返回"按钮，结束编辑，返回设置界面 ④单击"激活"按钮，将当前的工具设为已激活的工具
3）机器人运行注意问题		在机器人运行过程中，保存和激活操作是不允许的，并出现左图的提示

（2）用户坐标系标定　用户坐标系标定方法见表6-17。

表6-17　用户坐标系标定方法

用户坐标系标定	方法说明
标定方法	用户坐标系采用三点法进行标定，但在点的选取上有略微不同 ①有原点：标定原点已知 ②无原点：标定原点未知，通过标定计算可以得到

1）"有原点"用户坐标系的标定见表6-18。

表6-18　"有原点"用户坐标系的标定

步骤	图示	描述
1）单击"用户坐标系"图标，进入用户坐标系标定设置界面	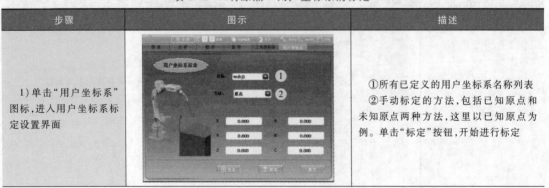	①所有已定义的用户坐标系名称列表 ②手动标定的方法，包括已知原点和未知原点两种方法，这里以已知原点为例。单击"标定"按钮，开始进行标定

（续）

步骤	图示	描述
2）单击"标定"按钮后，进入标定界面，显示需要标定的第一点	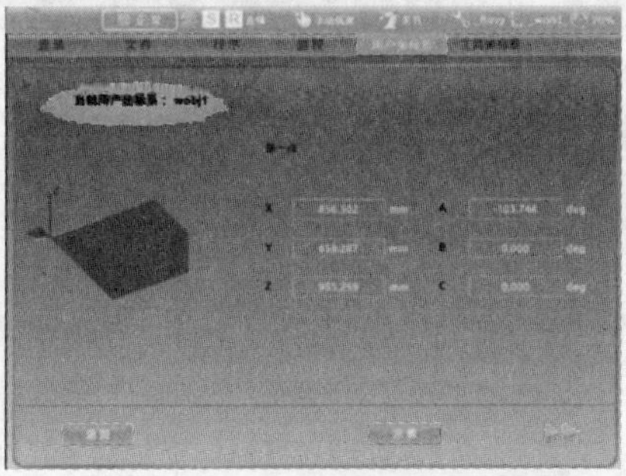	①移动机器人至所需用户坐标系的原点位置 ②单击"示教"按钮，记录当前机器人位置 ③示教完当前位置，单击右箭头图标标定下一个点 ④若未标定完成，需要结束标定过程，则单击"返回"按钮
3）标定第二点以及第三点时，其操作过程与标定第一点相同。注意：标定的三点不能在一条直线上，且两点间距离至少大于10mm	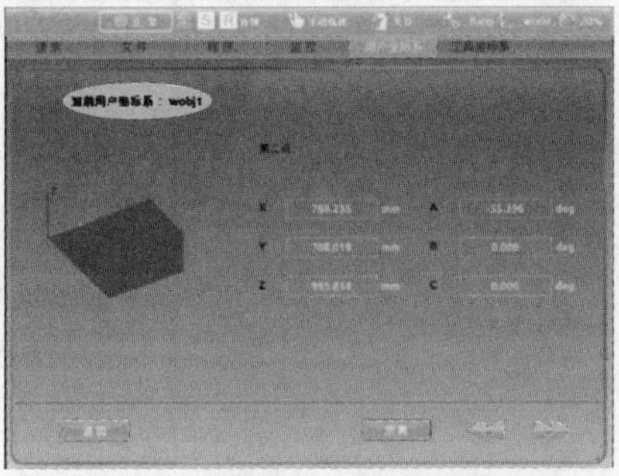	示教完当前位置，单击右箭头图标标定下一个点，单击左箭头图标可查看上一个点
4）标定完第三点后，"计算"按钮会出现	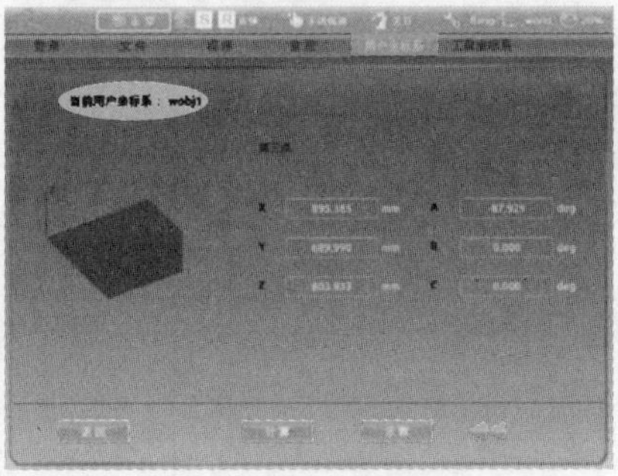	单击"计算"按钮后，界面会跳转至标定结果界面
5）标定结果界面	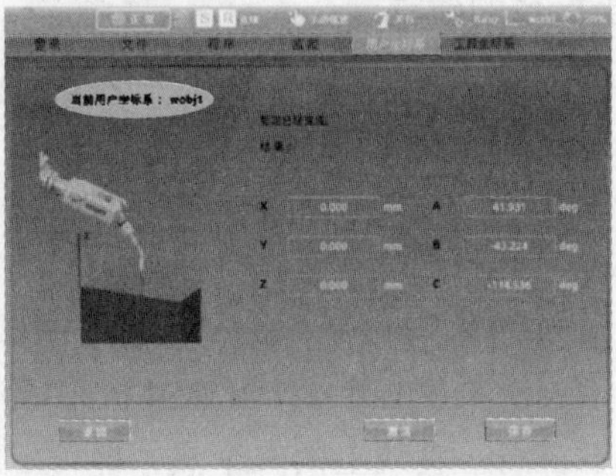	①单击"保存"按钮，将当前计算结果保存到指定的用户坐标系中 ②单击"激活"按钮，将当前的用户坐标系设为已激活的用户坐标系 ③单击"返回"按钮，可返回设置界面

2）修改用户坐标系，见表 6-19。

表 6-19　修改用户坐标系

步骤	图示	描述
1）单击"用户坐标系"图标，进入用户坐标系标定设置界面	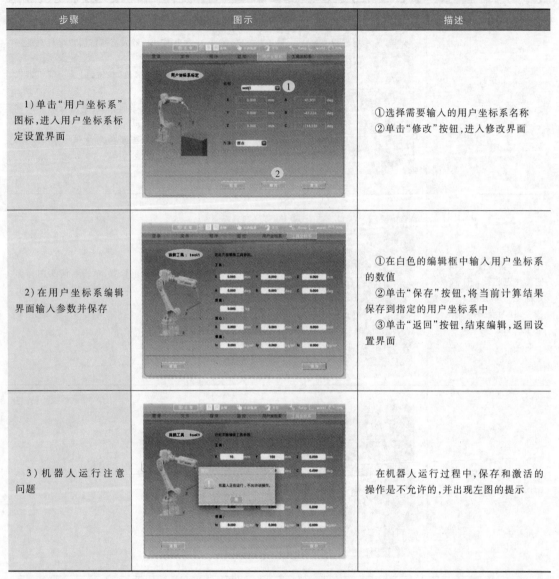	①选择需要输入的用户坐标系名称 ②单击"修改"按钮，进入修改界面
2）在用户坐标系编辑界面输入参数并保存		①在白色的编辑框中输入用户坐标系的数值 ②单击"保存"按钮，将当前计算结果保存到指定的用户坐标系中 ③单击"返回"按钮，结束编辑，返回设置界面
3）机器人运行注意问题		在机器人运行过程中，保存和激活的操作是不允许的，并出现左图的提示

3. 固高 GRP2000 控制系统坐标系的建立

固高 GRP2000 示教器坐标系包括关节坐标系、运动学坐标系、工具坐标系、世界坐标系和工件坐标系。程序中常用两个工件坐标系：PCS1 和 PCS2，其中 PCS1 是固定的工件坐标系，PCS2 的功能主要在系统高级应用中使用。在没有使用这些高级功能时，PCS2 坐标系可以和 PCS1 坐标系同样使用。

在机器人示教模式下，按示教器上的"坐标系"键，每按一次此键，坐标系按以下顺序变化：关节→直角→工具→世界→工件 1→工件 2，可通过状态区的显示来确认。坐标系主要采用三点法来标定，通过标定不在同一直线上的三个点，即可示教出工件坐标系和世界坐标系。此外，还可以附加设置一个可选的偏置点 O_0，将所示教的工件坐标系或世界坐标系的原点偏置到该指定点的位置。为了保证示教的精度，在示教工件坐标系或世界坐标系的过程中，最好保持工具末端的姿态一致（用户也可以手动直接输入坐标系数据）。

工具坐标系可以使用三点法、四点法和六点法三种不同的方法来示教，也可以手动输入工具坐标系的值。用户最多可以示教并保存 10 个不同的工具坐标系数据（第 0 号坐标系数据是不可以修改的，使用第 0 号坐标系数据相当于程序不使用工具坐标系）。

（1）关节坐标系 关节坐标系（Joint Coordinate System，JCS）是以各轴机械零点为原点建立的纯旋转的坐标系，如图 6-39 所示。机器人的各个关节可以独立旋转，也可以一起联动。

在示教模式下，将坐标系设定为关节坐标系（JCS）时，机器人的 J1~J6 轴可分别运动，按轴操作键时各轴的动作情况见表 6-20。

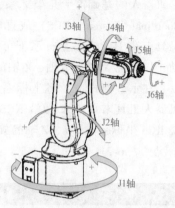

图 6-39　关节坐标系（JCS）

表 6-20　关节坐标系（JCS）的轴动作

轴名称		轴操作键		动作
基本轴	J1 轴	X− (J1−)	X+ (J1+)	本体左右回旋
	J2 轴	Y− (J2−)	Y+ (J2+)	下臂前后运动
	J3 轴	Z− (J3−)	Z+ (J3+)	上臂上下运动
腕部轴	J4 轴	A− (J4−)	A+ (J4+)	上臂带手腕回旋
	J5 轴	B− (J5−)	B+ (J5+)	手腕上下运动
	J6 轴	C− (J6−)	C+ (J6+)	手腕回旋

同时按下两个以上轴操作键时，机器人按合成动作运动。但若按下“J1−”＋“J1+”这样的组合键（同轴反方向的两个键），轴不动作。

（2）运动学坐标系 运动学坐标系（Kinematic Coordinate System，KCS）是用来对机器人进行正逆向运动学建模的坐标系，是机器人的基础笛卡儿坐标系，也称为机器人基础坐标系（Base Coordinate System，BCS）或直角坐标系，如图 6-40 所示。机器人工具末端 TCP 在该坐标系下可以做沿 X 轴、Y 轴、Z 轴的平移运动，以及绕 X 轴、Y 轴、Z 轴的旋转运动。

在示教模式下，将坐标系设定为运动学坐标系（KCS）时，机器人工具末端 TCP 做沿 KCS 坐标系 X、Y、Z 轴的平移运动和绕 KCS 坐标系 X、Y、Z 轴的旋转运动。按轴操作键时各轴的动作情况见表 6-21。

图 6-40 运动学坐标系（KCS）

表 6-21 运动学坐标系（KCS）的轴动作

轴名称		轴操作键		动作
移动轴	X 轴	X− J1−	X+ J1+	沿 KCS 坐标系 X 轴平移运动
	Y 轴	Y− J2−	Y+ J2+	沿 KCS 坐标系 Y 轴平移运动
	Z 轴	Z− J3−	Z+ J3+	沿 KCS 坐标系 Z 轴平移运动
旋转轴	绕 X 轴	A− J4−	A+ J4+	绕 KCS 坐标系 X 轴旋转运动
	绕 Y 轴	B− J5−	B+ J5+	绕 KCS 坐标系 Y 轴旋转运动
	绕 Z 轴	C− J6−	C+ J6+	绕 KCS 坐标系 Z 轴旋转运动

同时按下两个以上轴操作键时，机器人按合成动作运动。但若按下 "X−" + "X+" 这样的组合键（同轴反方向的两个键），轴不动作。

（3）工具坐标系 工具坐标系（Tool Coordinate System，TCS）把机器人腕部法兰盘所持工具的有效方向作为 Z 轴，并把工具坐标系的原点定义在工具的尖端点（或中心点）（Tool Center Point，TCP），如图 6-41 所示。当机器人没有安装工具的时候，工具坐标系建立在机器人法兰盘端面中心点上，Z 轴方向垂直于法兰盘端面指向法兰面的前方。当机器人运动时，随着工具尖端点（TCP）的运动，工具坐标系也随之运动。用户可以选择在工具坐标系（TCS）下进行示教运动。工具坐标系下的示教运动包括沿 TCS 坐标系 X 轴、Y 轴、Z 轴的平移运动，以及绕 TCS 坐标系 X 轴、Y 轴、Z 轴的旋转运动。本机器人系统支持用户保存 10 个自定义的工具坐标系。

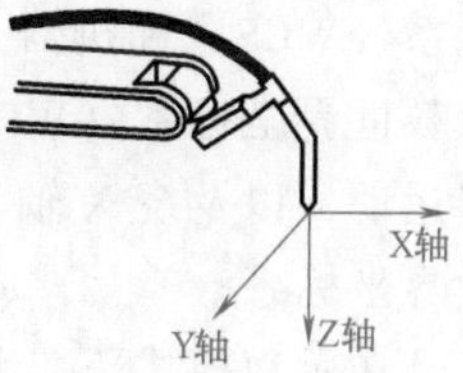

图 6-41　工具坐标系（TCS）

在示教模式下，将坐标系设定为工具坐标系（TCS）时，机器人工具末端 TCP 做沿 TCS 坐标系 X、Y、Z 轴的平移运动和绕 TCS 坐标系 X、Y、Z 轴的旋转运动，按轴操作键时各轴的动作情况见表 6-22。

表 6-22　工具坐标系（TCS）的轴动作

轴名称		轴操作键		动作
移动轴	X 轴	X － J1－	X ＋ J1＋	沿 TCS 坐标系 X 轴平移运动
	Y 轴	Y － J2－	Y ＋ J2＋	沿 TCS 坐标系 Y 轴平移运动
	Z 轴	Z － J3－	Z ＋ J3＋	沿 TCS 坐标系 Z 轴平移运动
旋转轴	绕 X 轴	A － J4－	A ＋ J4＋	绕 TCS 坐标系 X 轴旋转运动
	绕 Y 轴	B － J5－	B ＋ J5＋	绕 TCS 坐标系 Y 轴旋转运动
	绕 Z 轴	C － J6－	C ＋ J6＋	绕 TCS 坐标系 Z 轴旋转运动

同时按下两个以上轴操作键时，机器人按合成动作运动。但若按下"X －"＋"X ＋"这样的组合键（同轴反方向的两个键），轴不动作。

（4）世界坐标系　世界坐标系（Word Coordinate System，WCS）也是空间笛卡儿坐标系统，如图 6-42 所示。世界坐标系是其他笛卡儿坐标系（机器人运动学坐标系和工件坐标系）的参考坐标系统，运动学坐标系（KCS）和工件坐标系（PCS）都是参照世界坐标系（WCS）来建立的。在默认没有示教配置世界坐标系的情况下，世界坐标系到机器人运动学坐标系之间没有位置的偏置和姿态的变换，所以世界坐

图 6-42　世界坐标系（WCS）

标系（WCS）和机器人运动学坐标系（KCS）重合。用户可以通过"坐标系管理"界面来示教世界坐标系（WCS）。机器人工具末端在世界坐标系下可以做沿 X 轴、Y 轴、Z 轴的平移运动，以及绕 X 轴、Y 轴、Z 轴的旋转运动。本机器人系统支持用户保存 10 个自定义的世界坐标系。

在示教模式下，将坐标系设定为世界坐标系（WCS）时，机器人工具末端 TCP 做沿 WCS 坐标系 X、Y、Z 轴的平移运动和绕 WCS 坐标系 X、Y、Z 轴的旋转运动，按轴操作键时各轴的动作情况见表 6-23。

表 6-23　世界坐标系（WCS）的轴动作

轴名称		轴操作键	动作
移动轴	X 轴	X- (J1-)　X+ (J1+)	沿 WCS 坐标系 X 轴平移运动
	Y 轴	Y- (J2-)　Y+ (J2+)	沿 WCS 坐标系 Y 轴平移运动
	Z 轴	Z- (J3-)　Z+ (J3+)	沿 WCS 坐标系 Z 轴平移运动
旋转轴	绕 X 轴	A- (J4-)　A+ (J4+)	绕 WCS 坐标系 X 轴旋转运动
	绕 Y 轴	B- (J5-)　B+ (J5+)	绕 WCS 坐标系 Y 轴旋转运动
	绕 Z 轴	C- (J6-)　C+ (J6+)	绕 WCS 坐标系 Z 轴旋转运动

同时按下两个以上轴操作键时，机器人按合成动作运动。但若按下"X-"+"X+"这样的组合键（同轴反方向的两个键），轴不动作。

（5）工件坐标系 1　工件坐标系（Piece Coordinate System, PCS）是建立在世界坐标系（WCS）下的一个笛卡儿坐标系，如图 6-43 所示。工件坐标系主要是方便用户在一个应用中切换世界坐标系（WCS）下的多个相同的工件。另外，示教工件坐标系后，机器人工具末端 TCP 在工件坐标系下的平移运动和旋转运动能够减轻示

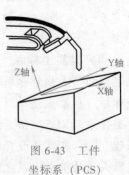

图 6-43　工件坐标系（PCS）

教工作的难度。本机器人系统共设计有两套独立的工件坐标系统，工件坐标系 1（PCS1）是第一套工件坐标系统。第一套工件坐标系支持用户保存 10 个自定义的工件坐标系。第一套工件坐标系统主要用于常规的机器人应用，这些坐标系都是由示教生成的固定不变的工件坐标系。

在示教模式下，将坐标系设定为工件坐标系 1（PCS1）时，机器人工具末端 TCP 做沿 PCS1 坐标系 X、Y、Z 轴的平移运动和绕 PCS1 坐标系 X、Y、Z 轴的旋转运动，按轴操作键时各轴的动作情况见表 6-24。

表 6-24　工件坐标系 1（PCS1）的轴动作

轴名称		轴操作键	动作
移动轴	X 轴	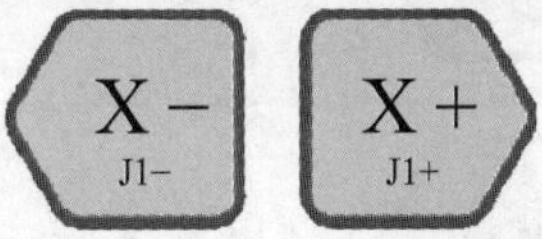 X−(J1−) X+(J1+)	沿 PCS1 坐标系 X 轴平移运动
	Y 轴	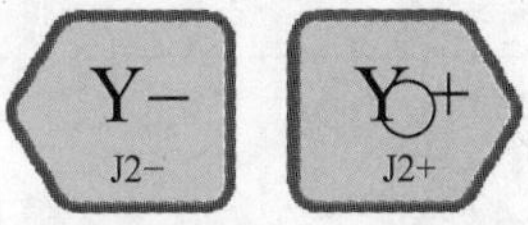 Y−(J2−) Y+(J2+)	沿 PCS1 坐标系 Y 轴平移运动
	Z 轴	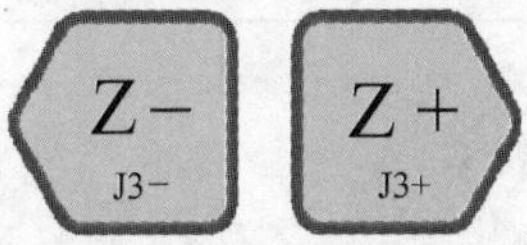 Z−(J3−) Z+(J3+)	沿 PCS1 坐标系 Z 轴平移运动
旋转轴	绕 X 轴	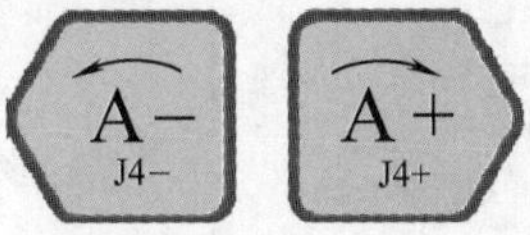 A−(J4−) A+(J4+)	绕 PCS1 坐标系 X 轴旋转运动
	绕 Y 轴	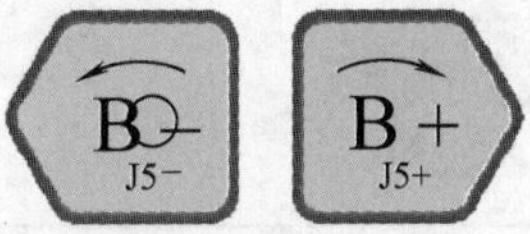 B−(J5−) B+(J5+)	绕 PCS1 坐标系 Y 轴旋转运动
	绕 Z 轴	 C−(J6−) C+(J6+)	绕 PCS1 坐标系 Z 轴旋转运动

同时按下两个以上轴操作键时，机器人按合成动作运动。但若按下"X−"+"X+"这样的组合键（同轴反方向的两个键），轴不动作。

（6）工件坐标系 2　本机器人系统共设计有两套独立的工件坐标系统，工件坐标系 2（PCS2）是第二套工件坐标系统。在普通应用中，第二套工件坐标系统和第一套工件坐标系的功能完全一致；在高级应用中，如同步带跟踪抓取、两轴定位转台等应用，系统会使用第二套工件坐标系下某些序号的坐标系作为内部同步跟踪用途。在普通应用中，第二套工件坐标系也可以支持用户保存 10 个自定义的工件坐标系。

在示教模式下，将坐标系设定为工件坐标系（PCS2）时，机器人工具末端 TCP 做沿 PCS2 坐标系 X、Y、Z 轴的平移运动和绕 PCS2 坐标系 X、Y、Z 轴的旋转运动，按轴操作键时各轴的动作情况见表 6-25。

表 6-25　工件坐标系（PCS2）的轴动作

轴名称		轴操作键	动作
移动轴	X 轴	X−（J1−）　X+（J1+）	沿 PCS2 坐标系 X 轴平移运动
	Y 轴	Y−（J2−）　Y+（J2+）	沿 PCS2 坐标系 Y 轴平移运动
	Z 轴	Z−（J3−）　Z+（J3+）	沿 PCS2 坐标系 Z 轴平移运动
旋转轴	绕 X 轴	A−（J4−）　A+（J4+）	绕 PCS2 坐标系 X 轴旋转运动
	绕 Y 轴	B−（J5−）　B+（J5+）	绕 PCS2 坐标系 Y 轴旋转运动
	绕 Z 轴	C−（J6−）　C+（J6+）	绕 PCS2 坐标系 Z 轴旋转运动

同时按下两个以上轴操作键时，机器人按合成动作运动。但若按下 "X−" + "X+" 这样的组合键（同轴反方向的两个键），轴不动作。

（7）坐标系管理　世界坐标系（WCS）标定管理界面如图 6-44 所示，用户可通过菜单"机器人"下的子菜单"坐标系管理"进入该标定界面。

坐标系管理界面的右上部是坐标系选项卡，用户可以通过该选项卡来选择需要

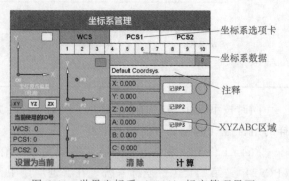

图 6-44　世界坐标系（WCS）标定管理界面

处理的 WCS、PCS1 和 PCS2 坐标系。每种坐标系（如 WCS）都有一个包含 11 个坐标系数据的队列，坐标系选项卡下面的 0~10 索引表可以方便用户选择坐标系队列里的元素。坐标系索引号为 0 的坐标系数据是默认不使用该坐标系的情况下的数据（索引号为 0 的坐标系数据用户不可更改，当用户选择索引号 0 时，界面上的"标定"按钮是不可以操作的），索引号为 1~10 的坐标系数据是允许用户更改的，如图 6-45 所示。

坐标系数据的修改主要通过两种示教方法来实现，如图 6-46 所示，这两种方法都是三点法。

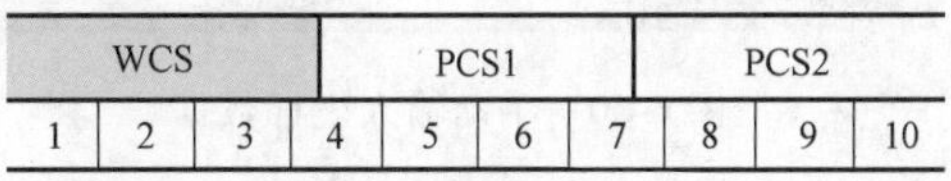

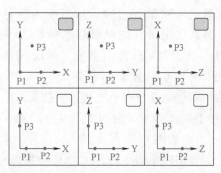

WCS			PCS1				PCS2		
1	2	3	4	5	6	7	8	9	10

图 6-45　坐标系类型及坐标系索引号选择

图 6-46　三点法模式选择（XY/YZ/ZX 平面）

第一种方法示教三个点为原点 P1，X 轴（Y 轴或 Z 轴）正方向上的一点 P2，XY 平面（YZ 平面或 ZX 平面）上的一点 P3。用这种方法示教的坐标系的原点位于 P1 点，X 轴（Y 轴或 Z 轴）的正方向从 P1 点指向 P2 点，P3 点位于 Y 轴（Z 轴或 X 轴）正方向一侧。

第二种方法示教三个点为 X 轴（Y 轴或 Z 轴）上的一点 P1 和另一点 P2，在 Y 轴（Z 轴或 X 轴）上示教第三个点 P3。过 P3 点作 P1P2 连线的垂线，垂足即为坐标系的原点。用这种方法示教的坐标系的 X 轴（Y 轴或 Z 轴）正方向从 P1 点指向 P2 点，P3 点位于 Y 轴（Z 轴或 X 轴）的正半轴上。

上述两种方法示教的坐标系效果基本一致。

用户通过单击坐标系管理界面上的"XY""YZ""ZX"软键可选择示教坐标系平面，如图 6-47 所示。原点偏置功能的关闭与开启如图 6-48 所示。

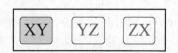

图 6-47　坐标平面选择

此外，用户还可以再增加记录一个坐标原点偏置位置点 O0。这个位置点是可选项，当用户使用该功能时，可以将用户采用上述两种方法示教的坐标系偏移到示教记录的 O0 位置点处，如图 6-49 所示。

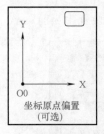

a) 原点偏置功能关闭　　b) 原点偏置功能开启

图 6-48　原点偏置功能的关闭与开启

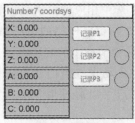
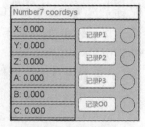

a) 不带原点偏置功能　　b) 带原点偏置功能

图 6-49　设置原点偏置功能

坐标系管理界面的右下部区域如图 6-49 所示，该区域最上面的可编辑框为注释区。当用户选择相应编号的坐标系时，可以在该编辑框中输入一些坐标系相关说明的注释信息，如输入"Number7 coordsys"。

XYZABC 区域显示选中坐标系的实际位置信息数据；"记录 P1""记录 P2""记录 P3"和"记录 O0"软键是位置点记录软键，供用户记录 P1、P2、P3 和 O0 位置点数据。用户在记录位置点数据时，需保证处于伺服电源接通的状态，并按下相应记录软键持续 3s 以上，直到该记录软键旁边的指示灯变为绿色。如果 P 位置点已记录，在伺服断电的状态下按下相应的"记录 P"软键，当按下的时间达到 3s 后，则 P 点记录的数据会被清除，该记录软键旁边的指示灯也变成灰色，P 点的数据需要重新记录（注意：此处 P 表示 P1、P2、P3 或 O0 的任意一点），如图 6-50 所示。

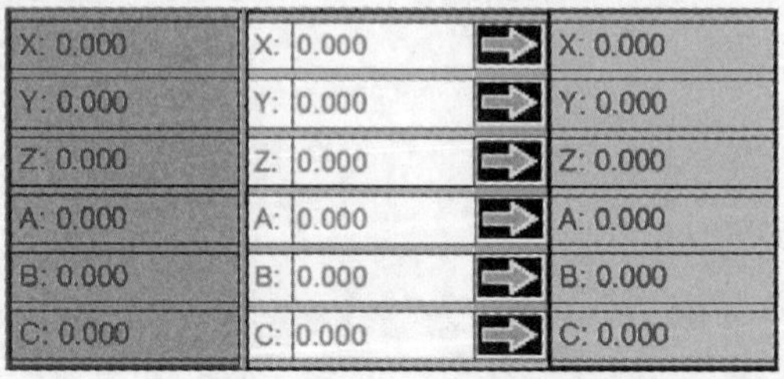

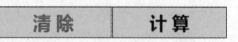

图 6-50　手动输入坐标数据

当用户单击 XYZABC 坐标数据界面区域并保持约 3s 后（坐标数据界面区域在单击后会由浅灰色变成深灰色），可以打开手动坐标数据编辑区。在手动坐标数据编辑区，用户可以手动输入坐标系的 X、Y、Z、A、B、C 值，并按下软键，使得手动输入的数值立刻生效。用户再次按下 XYZABC 坐标数据界面区域并保持约 3s，将关闭手动坐标数据编辑区。

"清除"软键可以将选中的坐标系数据清零，该操作是不可恢复的。为了避免误操作，该软键为延迟触发型，用户需按下该软键并保持约 3s 的时间，清除操作才会生效。

"计算"软键用来根据记录的位置点数据生成坐标系数据。为了避免误操作，该软键为延迟触发型，用户需按下该软键并保持约 2s 的时间，计算数据才会生效。"清除"和"计算"软键如图 6-51 所示。

图 6-51　"清除"和"计算"软键

如果采用三点法来生成新的坐标系数据，则 P1、P2、P3 三个位置点都要求记录成功；如果用户同时选择了"坐标原点偏置"可选项，则 O0 点也需要记录。在这种情况下按下"计算"软键，当前索引号的坐标系数据将会更新（包括更新坐标系位置数据和姿态数据）。

如果用户只想修改当前选中坐标系的原点，即用户选中了可选项"坐标原点偏置"，并且只记录了 O0 点（不需要记录 P1、P2、P3 点，否则计算时程序会报错），在这种情况下按下"计算"软键，只修改当前索引号坐标系的原点，而不会改变坐标系的姿态数据。

"设置为当前"区域显示当前正在使用的世界坐标系、工件坐标系的索引号。用户选择坐标系选项卡（例如 PCS1），选中相应的索引号（例如 7 号），然后单击"设置为当前"软键，保持约 3s 的时间不变，直到当前使用的 ID 号刷新为选中的索引号（PCS1：7），即可在当前选中的坐标系下进行各种运动。"设置为当前"软键用于手动设置当前使用的坐标系索引号，程序中在自动运行时，用户可以通过指令来指定当前使用第几号坐标系，如图 6-52 所示。

例如，用户选择三点法模式来示教世界坐标系（WCS）的 7 号坐标系，其步骤见表 6-26。

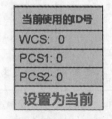

图 6-52　"设置为当前"区域

表 6-26　建立世界坐标系

序号	操作说明	图示
1	从坐标系选项卡选择 WCS 坐标系,并选中 7 号坐标系	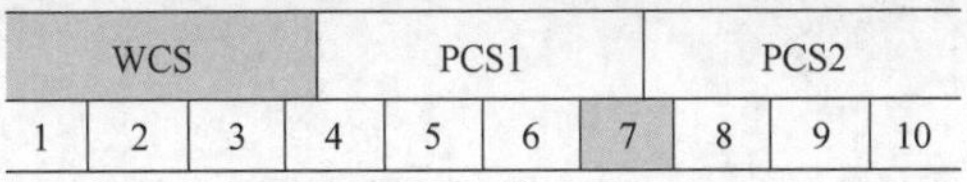
2	确保"三点法模式"处于被选中的状态,而且原点偏置功能未使用;选择 XY 平面法	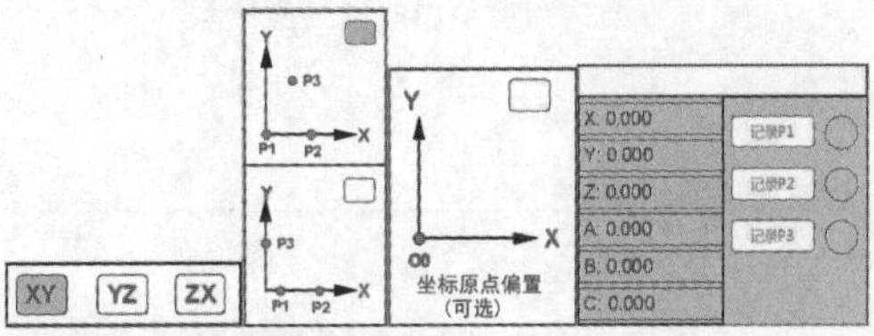
3	将工具尖端移动到要设定的坐标系原点,并保持伺服电源接通状态,单击"记录 P1"软键并保持不变,直到 P1 点旁边的记录完成指示灯变为绿色,记录该点为 P1 位置点	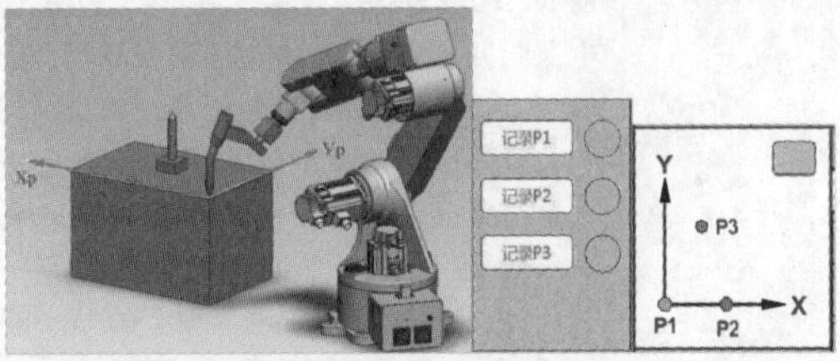
4	将工具尖端移动到要设定的坐标系上的 X 轴正方向上,并保持伺服电源接通状态,单击"记录 P2"软键并保持不变,直到 P2 点旁边的记录完成指示灯变为绿色,记录该点为 P2 位置点	
5	将工具尖端移动到要设定的坐标系上的 XY 平面上 Y 轴正方向侧的一点,并保持伺服电源接通状态,单击"记录 P3"软键并保持不变,直到 P3 点旁边的记录完成指示灯变为绿色,记录该点为 P3 位置点	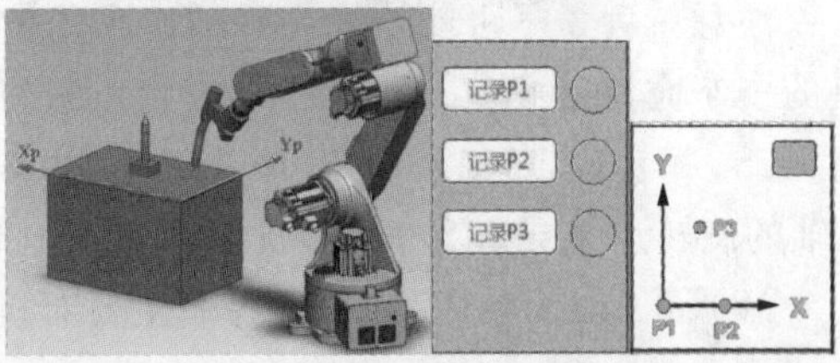
6	单击"计算"软键,完成坐标系数据计算,并自动刷新 7 号索引坐标系的数据。在注释区域输入适当的注释,如"Number7 Coordsys of WCS"	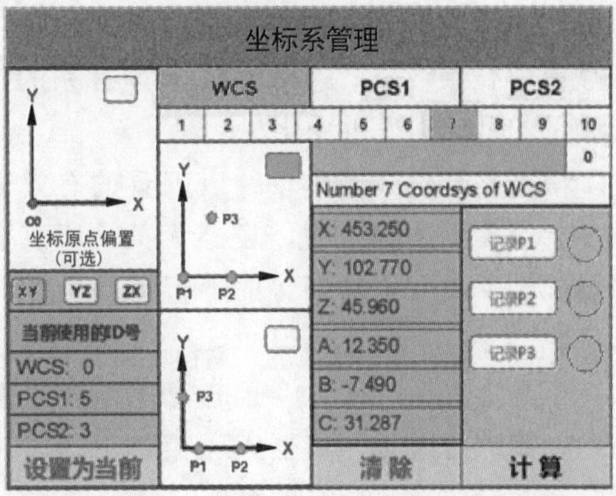

（续）

序号	操作说明	图示
7	单击"设置为当前"软键，将 7 号坐标系设置为当前使用的世界坐标系	 当前使用的ID号 ／ 当前使用的ID号 WCS: 0 ／ WCS: 7 PCS1: 5 ／ PCS1: 5 PCS2: 3 ／ PCS2: 3 设置为当前 ／ 设置为当前
8	P1、P2、P3 点不再需要使用，清除已记录的 P1、P2、P3 点。清除方法：在驱动器伺服电源断开的情况下，单击"记录 P1""记录 P2""记录 P3"软键，直到记录完成指示灯变灰。清除这些记录点的作用在于防止用户用这些点记录的数据意外刷新其余的坐标系数据，造成用户不期望的更新效果。注意：当用户从坐标系管理界面上的"WCS"坐标系选项卡切换到"PCS1"选项卡或"PCS2"选项卡时，所记录的位置点数据也会自动清除	坐标系管理 （WCS／PCS1／PCS2 选项卡；Number 7 Coordsys of WCS；X: 453.250、Y: 102.770、Z: 45.960、A: 12.350、B: -7.490、C: 31.287；记录P1 记录P2 记录P3；设置为当前 清除 计算）
9	完成世界坐标系（WCS）的 7 号坐标系的全部设置工作后，即可在手动示教模式下在新计算出来的世界坐标系下运动	

注意：为了尽可能地提高示教出来的世界坐标系（WCS）的精度，示教的 P1、P2、P3 点的姿态应保持不变，即这三个位置点最好只用笛卡儿空间下的平移运动来示教（即只按沿 KCS、WCS、PCS1、PCS2 或 TCS 下的 X、Y、Z 轴的平移运动来示教，而不按绕 X、Y、Z 轴的旋转运动或 JCS 下的单个关节旋转运动来示教）。

（8）工具管理　工具管理界面主要对机器人末端法兰盘安装的工具进行管理。

工具坐标系把机器人腕部法兰盘所握工具的有效方向定为 Z 轴，把坐标系原点定义在工具尖端点或中心点（TCP），所以工具坐标系的位姿会随腕部的运动而发生变化。

沿工具坐标系的移动，以工具的有效方向为基准，与机器人的位置、姿态无关，所以进行相对于工件不改变工具姿势的平行移动操作时最为适宜。

工具坐标系（TCS）标定管理界面如图 6-53 所示，用户可通过"机器人"菜单下的"工具管理"子菜单进入该标定界面。

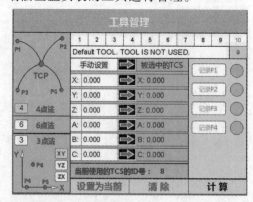

图 6-53　工具坐标系（TCS）采用四点法
标定管理界面

工具管理界面最上端区域的 0~10 索引号可方便用户选择需要进行操作的工具序号。程序内部使用一个包含 11 个元素的工具坐标系数据队列。1~10 号坐标系队列元素为可编辑的队列元素。序号为 0 的坐标系队列元素不可编辑，为默认不使用工具的情况下使用，如图 6-54 所示。

1	2	3	4	5	6	7	8	9	10
Default TOOL.TOOL IS NOT USED.									0

图 6-54 工具序号

序号 0 旁边的编辑框为注释区域，用户可以对相应序号的坐标系添加注释信息。注意：0 号坐标系的所有信息均不可以修改，包括注释信息。

工具坐标系序号及注释输入框下部的区域为坐标系数据显示区域及坐标系数据手动设置区域。显示区域显示当前选中索引号的工具坐标系的实际数据，手动设置区域可以手动改变选中索引号的坐标系的数据，如图 6-55 所示。

坐标系数据区域的下方显示当前正在使用的工具坐标系的索引号，用户选中相应序号的工具坐标系，单击"设置为当前"软键，并保持按下的状态约 3s 的时间，当前使用的工具坐标系的序号变为当前选中的工具序号。"清除"软键可以清除选中的工具序号里保存的工具坐标系数据。为了避免误操作，"设置为当前"软键和"清除"软键都是延时触发型，用户需按下软键约 3s 的时间，相应的操作才会生效。

工具管理界面的最左侧为工具示教方法选择。目前机器人上常用的示教工具坐标系的两种方法是四点法和六点法。四点法只能用于确定工具尖端点或工具中心点（TCP），如图 6-56 所示。六点法不但可以确定工具尖端点或 TCP，还能确定工具末端相对于机器人安装法兰面的姿态。

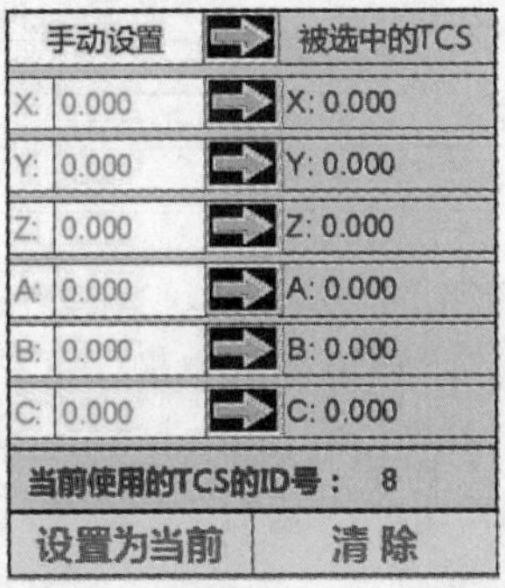

图 6-55 手动设置坐标系数据及显示坐标系的实际数据

图 6-56 四点法标定界面

针对用户对安装工具的姿态进行校准的需求，系统提供了一种三点法模式来方便用户对工具姿态进行校准。三点法相当于六点法中的最后三个点（第四点、第五点、第六点），这种方法只修正工具的姿态，不改变工具的 TCP 位置点。

机器人末端法兰盘坐标系及其上面安装的工具如图 6-57 所示。

1）四点法标定。使用四点法时，用待测工具的尖端点（TCP）从四个任意不同的方向靠近同一个参照点，参照点可以任意选择，但必须为同一个固定不变的参照点。机器人控制器从四个不同的法兰位置计算出 TCP。机器人 TCP 运动到参考点的四个法兰位置必须分散开足够的距离，才能使计算出来的 TCP 尽可能精确。

四点法示意图如图 6-58 所示。

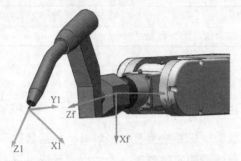

图 6-57　机器人末端法兰盘坐标系及其上面安装的工具

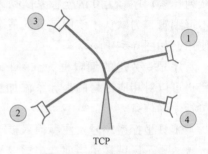

图 6-58　四点法示意图

四点法示教并计算 TCP 的位置的步骤见表 6-27。

表 6-27　建立工具坐标系（四点法）

序号	操作步骤	图示
1	选择要刷新的工具坐标系索引号，本例中为第 7 号工具坐标系，选择四点法示教模式	
2	将待测工具的尖端点（TCP）从第一个方向靠近一个固定参照点。在伺服电源接通的情况下，单击"记录 P1"软键，记录第一个位置点。记录软键为延时触发型，需要保持按下状态约 2s 的时间，记录才会生效。P1 点记录完成后，"记录 P1"软键旁边的指示灯会由灰色变为绿色。如果是重新记录 P1 点，则该指示灯由绿色变为灰色，再变为绿色	
3	将待测工具的尖端点（TCP）从第二个方向靠近同一个固定参照点。在伺服电源接通的情况下，单击"记录 P2"软键，记录第二个位置点。记录软键为延时触发型，需要保持按下状态约 2s 的时间，记录才会生效。P2 点记录完成后，"记录 P2"软键旁边的指示灯会由灰色变为绿色。如果是重新记录 P2 点，则该指示灯由绿色变为灰色，再变为绿色	

（续）

序号	操作步骤	图示
4	将待测工具的尖端点（TCP）从第三个方向靠近同一个固定参照点。在伺服电源接通的情况下，单击"记录P3"软键，记录第三个位置点。记录软键为延时触发型，需要保持按下状态约2s的时间，记录才会生效。P3点记录完成后，"记录P3"软键旁边的指示灯会由灰色变为绿色。如果是重新记录P3点，则该指示灯由绿色变为灰色，再变为绿色	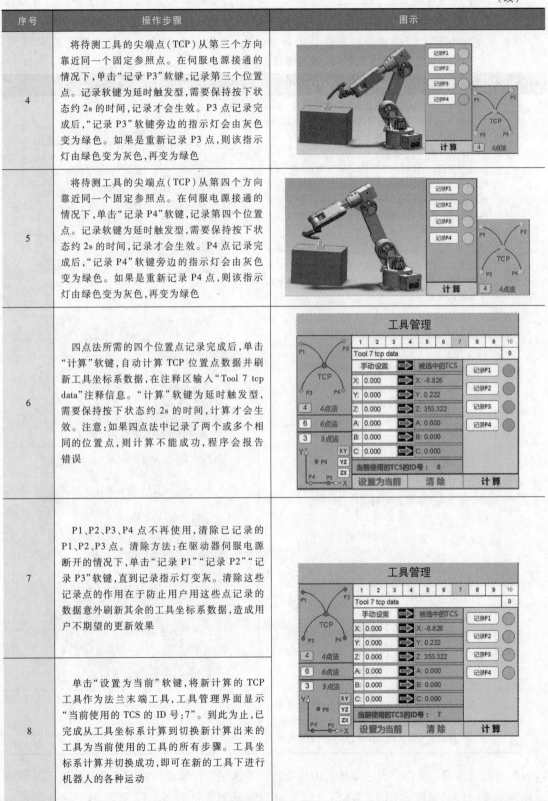
5	将待测工具的尖端点（TCP）从第四个方向靠近同一个固定参照点。在伺服电源接通的情况下，单击"记录P4"软键，记录第四个位置点。记录软键为延时触发型，需要保持按下状态约2s的时间，记录才会生效。P4点记录完成后，"记录P4"软键旁边的指示灯会由灰色变为绿色。如果是重新记录P4点，则该指示灯由绿色变为灰色，再变为绿色	
6	四点法所需的四个位置点记录完成后，单击"计算"软键，自动计算TCP位置点数据并刷新工具坐标系数据，在注释区输入"Tool 7 tcp data"注释信息。"计算"软键为延时触发型，需要保持按下状态约2s的时间，计算才会生效。注意：如果四点法中记录了两个或多个相同的位置点，则计算不能成功，程序会报告错误	
7	P1、P2、P3、P4点不再使用，清除已记录的P1、P2、P3点。清除方法：在驱动器伺服电源断开的情况下，单击"记录P1""记录P2""记录P3"软键，直到记录指示灯变灰。清除这些记录点的作用在于防止用户用这些点记录的数据意外刷新其余的工具坐标系数据，造成用户不期望的更新效果	
8	单击"设置为当前"软键，将新计算的TCP工具作为法兰末端工具，工具管理界面显示"当前使用的TCS的ID号：7"。到此为止，已完成从工具坐标系计算到切换新计算出来的工具为当前使用的工具的所有步骤。工具坐标系计算并切换成功，即可在新的工具下进行机器人的各种运动	

注意：使用四点法只能确定工具尖端（TCP）相对于机器人末端法兰安装面的位置偏移值，当用户需要示教确定工具姿态分量时，应额外再使用三点法，或者直接使用六点法。

2）三点法标定。三点法示教并计算工具坐标系（TCS）的姿态分量的步骤见表6-28。

表 6-28　建立工具坐标系（三点法）

序号	操作步骤	图示
1	选择需要修改或刷新的工具坐标系的序号,本例中为第7号工具坐标系,并选择三点法工作模式。在三点法工作模式下,需要记录三个位置点:P4点、P5点和P6点。此外,用户还需要选择示教点所在的平面,如选择XY平面。即示教的P4点和P5点用来确定工具坐标系X轴的方向,P6点在工具坐标系XY平面的Y轴正方向一侧。由于三点法只是确定工具坐标系的姿态分量,所以要求示教的XY平面只平行于实际工具坐标系(TCS)的XY平面即可,并不要求一定是TCS的XY平面,P4点是选定的XY示教平面X轴上的一点,并不要求必须是工具尖端(工具坐标系的原点),P5点和P6点也是如此要求	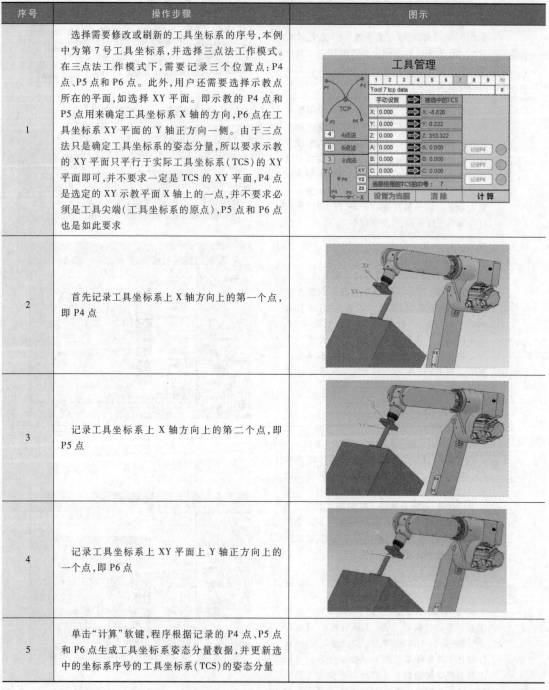
2	首先记录工具坐标系上X轴方向上的第一个点,即P4点	
3	记录工具坐标系上X轴方向上的第二个点,即P5点	
4	记录工具坐标系上XY平面上Y轴正方向上的一个点,即P6点	
5	单击"计算"软键,程序根据记录的P4点、P5点和P6点生成工具坐标系姿态分量数据,并更新选中的坐标系序号的工具坐标系(TCS)的姿态分量	

需要注意的是，采用三点法来确定工具姿态时，这三个位置点只能用笛卡儿空间下的平移运动来示教（即只能按沿 KCS、WCS、PCS1、PCS2 或 TCS 下的 X、Y、Z 轴的平移运动来示

教，而不能按绕 X、Y、Z 轴的旋转运动或 JCS 下的单个关节旋转运动来示教），不能用有任何姿态的旋转运动来示教；否则，不能计算出工具坐标系的姿态分量，并给出错误警告。

3）六点法标定。六点法是四点法和三点法两种示教方法的综合。四点法需要示教 P1、P2、P3、P4 共四个点，三点法需要示教 P4、P5、P6 共三个点。四点法+三点法组合总共需要示教 7 个数据点，才能最终确定工具的位置分量和姿态分量。将四点法中的 P4 点和三点法中的 P4 点重合示教为同一个 P4 点，就形成了六点法。采用六点法时，由于 P4 点是实际工具坐标系（TCS）的工具尖端（中心）点，如果采用 XY（YZ 或 ZX）平面示教，则 XY（YZ 或 ZX）平面必须是实际工具坐标系（TCS）的 XY（YZ 或 ZX）平面，而不能是与 XY（YZ 或 ZX）平面平行的平面，所以 P5 点必须是实际工具坐标系（TCS）的 X（Y 或 Z）轴正方向上的一个位置点，P6 点必须是实际工具坐标系（TCS）的 XY（YZ 或 ZX）平面上 Y（Z 或 X）轴正方向上的一点。

同时需要注意的是，采用六点法示教工具坐标系（TCS）时，P4、P5、P6 这三个位置点的姿态必须在 KCS 下保持一致，位置点 P5 和 P6 只能用笛卡儿空间下的平移运动来示教（即只能按沿 KCS、WCS、PCS1、PCS2、TCS 下的 X、Y、Z 轴的平移运动来示教，而不能按绕 X、Y、Z 轴的旋转运动或 JCS 下的单个关节旋转运动来示教），不能用有任何姿态的旋转运动来示教；否则，不能计算出工具坐标系的姿态分量，并给出错误警告。

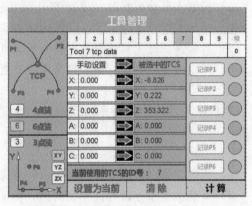

图 6-59　工具坐标系（TCS）采用六点法标定管理界面

六点法示教界面如图 6-59 所示，总共需要示教 P1~P6 共六个点，P1~P4 四个点的示教方法可参照四点法，P5、P6 点的示教方法可参照三点法，在此不再赘述。

四、问题探究

1. TCP

TCP 是工具中心点英文名称"Tool Central Point"的缩写。初始状态的 TCP 是工具坐标系的原点，如图 6-60 所示。当以手动或编程的方式让机器人去接近空间的某一点时，其本质是让工具中心点去接近该点。因此可以说，机器人的轨迹运动就是 TCP 的运动。

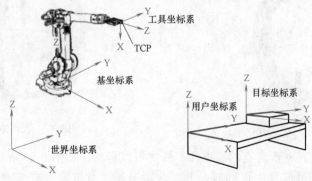

图 6-60　TCP

同一个机器人可以因为挂载不同的工具而有不同的工具中心点；但是同一时刻，机器人只能处理一个工具中心点。例如，使用不同尺寸的焊枪，其喷嘴的位置肯定是不同的，但一次只能用一把焊枪，不能同时用两个。

工具中心点有两种基本类型：移动式工具中心点（Moving TCP）和静态工具中心点（Stationary TCP）。移动式工具中心点比较常见，其特点是会随着机器人手臂的运动而运动，如焊接机器人的焊枪、搬运机器人的夹具等。静态工具中心点是以机器人本体以外的某个点作为中心点，机器人携带工件围绕该点做轨迹运动。例如在某些涂胶工艺中，胶枪喷嘴是固定的，机器人抓取玻璃围绕胶枪喷嘴做轨迹运动，该胶枪喷嘴就是静态工具中心点。

建立 TCP 的意义如下：

1）机器人的工具坐标系由 TCP 和坐标方位组成。

2）对于运动指令来说，建立 TCP 是必须的。

3）机器人联动运行时，建立 TCP 是必须的。

4）机器人程序支持多个 TCP，可以根据当前工作状态或工具进行变换。

5）机器人所持工具被更换，重新定义 TCP 后，理论上可以不更改程序，直接运行。

6）可以通过工具坐标系转换来定义机器人工作位置。

2. 奇异点

当机器人以笛卡儿坐标系运动时，经过奇异点，某些轴的速度会突然变得很快，TCP 的路径速度会显著减慢。因此，应避免机器人的轨迹经过奇异点附近。

（1）奇异点产生的结果

1）机械臂自由度减少，从而无法实现某些运动。

2）某些关节角速度趋向于无穷大，从而导致失控。

3）无法求逆运算。

奇异点的产生和万向死锁（Gimbal Lock）会紧紧地联系在一起，如图 6-61 所示。飞机内部的陀螺仪有 3 个转动自由度，假设 3 个圈会随着飞机的旋转而旋转，旋转的轴线如图 6-62 所示。当其中 pitch 角向上达到 90°时，其中一个圈与原本水平的圈在这一瞬间重合，从而减少了一个自由度。

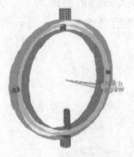

图 6-61　万向死锁

图 6-62　飞机水平旋转

但是，飞机的旋转并没有真的被锁住，依然可以运动，如图 6-63 所示。

相同的情况同样可以发生在机器人上，六轴串联关节机器人有三种奇异点：腕部奇异点、肩部奇异点和肘部奇异点，如图 6-64 所示。

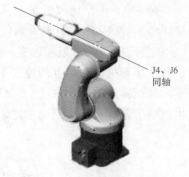

图 6-63　飞机垂直旋转

图 6-64　4、6 轴奇异点

（2）奇异点的发生位置

1）腕部奇异点发生在 J4 轴和 J6 轴重合（平行）时，如图 6-64 所示。机器人的 J5 轴与 J4 轴和 J6 轴的轴线相交，因此，机器人 J4，J5、J6 三轴便形成了上面提到的 Gimbal Lock。当 J5 轴旋转到某个角度时，如图 6-65 所示的角度（所有的关节角度都是 0°），J4 轴和 J6 轴共线，奇异在此发生。

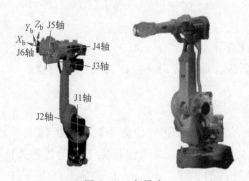

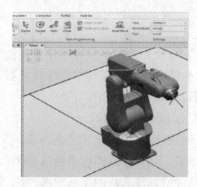

图 6-65　奇异点

图 6-66　ABB 机器人模型

因此，在某些机器人仿真软件里，如 ABB 的 robotstudio，当打开机器人模型时，机器人的 5 轴为倾斜姿态，以避开奇异点，如图 6-66 所示。

2）肩部奇异点发生在腕部中心位于 J1 轴旋转中心线时，如图 6-67 所示。

3）肘部奇异点发生在腕部中心和 J2、J3 轴共线时，如图 6-68 所示。

例如在当前的姿态下，机器人端点所产生的速度是由 v_1 和 v_2 两个速度合成的，v_1 是由第一个旋转关节产生的，v_2 是由第二个旋转关节产生的。

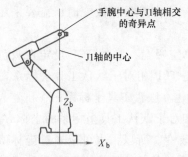

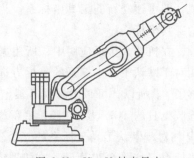

图 6-67　J1、J6 轴奇异点

图 6-68　J2、J3 轴奇异点

在图 6-69a 中，两个速度矢量 v_1 和 v_2 在平面上没有共线，是独立的、不共线的，因此可以通过调整 v_1 和 v_2 的大小来得到任意的合速度（大小和方向）。但是，当机器人处于图 6-69b 所示的姿态时，无论怎样改变 v_1 和 v_2 的大小，都只能合成出与 v_1（v_2）方向相同的速度。这就意味着机器人端点的速度不再是任意的，只能产生某个方向上的速度，则机器人就奇异了。从机器人控制上来说，一旦发生奇异，就不能随意控制机器人朝着想要的方向前进。这也就是所谓的自由度退化、逆运动学无解。

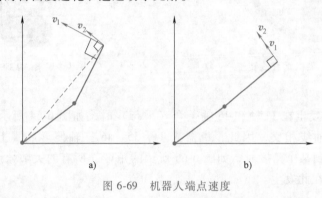

图 6-69　机器人端点速度

（3）解决办法

1）在规划路径中尽可能地避免机器人经过奇异点。

2）结合机器人运动学，优化机器人反解算法，确保在奇异点附近伪逆解的稳定性。

五、知识拓展

1. 工具坐标系应用

工具坐标系用于描述安装在机器人 J6 轴上的工具的 TCP、位姿等数据。机器人示教时，如果末端工具在小范围内要完成多个角度的位姿变换，则在工具坐标系下移动机器人比较方便。这时示教器显示的坐标轴 X、Y、Z，就是工具的 TCP，A、B、C 就是工具的姿态。

一般工业机器人默认的 TCP 位于机器人安装法兰的中心点。实际应用中，不同功能的机器人会配置不同的工具，如弧焊机器人使用弧焊枪作为工具，而用于搬运板材的机器人就会使用吸盘式的夹具作为工具。TCP 及方向也会随着末端安装的工具位置与角度不断变化。这就需要建立相应的工具坐标系，以描述所安装工具的 TCP 的位姿。

新建立的工具坐标系总是相对于默认的工具坐标系定义的，实际是将默认工具坐标系经过旋转及位移变换而来。当使用的工具相对于默认工具坐标系只是 TCP 位置改变，而坐标方向没变时，可通过三点标定法标定工具坐标系，或将工具 TCP 的位置偏移量输入相应轴的坐标值，即可建立新的工具坐标系。当 TCP 和坐标方向都发生改变时，需要采用六点法建立新的工具坐标系。

例如，在机器人搬运应用中，所用搬运工具为真空吸盘，它的 TCP 设定在吸盘的接触面上，相对于默认工具坐标系的坐标方向没变，只是 TCP 相对于默认工具坐标系在 Z 轴正方向偏移了 L。所以，可采用修改 Z 轴坐标值的方法建立吸盘工具坐标系；在机器人涂胶应用中，涂胶工具的 TCP 设定在胶枪底部端点位置，相对于默认工具坐标系的坐标方向没变，只是 TCP 相对于默认工具坐标系的三个坐标值发生改变。所以，也可以通过坐标值设置建立胶枪坐标系，如图 6-70 所示；在机器人喷漆或弧焊应用中，工具的 TCP 设定在喷枪或焊枪底部端点位置，相对于默认工具坐标系的坐标方向和 TCP 都发生改变。所以，需采用六点法标定工具坐标系。

六点法是通过标定机器人工具末端六个不同位置来计算工具坐标系。工具坐标系六点法标定操作步骤如下：

1）在机器人工作范围内找到一个非常精确的固定点作为参考点。

2）在工具上确定一个参考点（最好是工具的中心点）。

3）用手动操纵机器人的方法去移动工具上的参考点，以六种不同的机器人姿态尽可能与固定点刚好碰上。其中，第四点是让工具的参

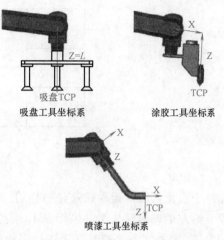

图 6-70　工具坐标系变换示意图

考点垂直于固定点，第五点是工具参考点从固定点向将要设定为 TCP 的 X 方向移动，第六点是工具参考点从固定点向将要设定为 TCP 的 Z 方向移动。

4）通过六个位置点数据计算求得 TCP 的数据，并保存。

2. 工件坐标系应用

工件坐标系是在工具活动区域内相对于基坐标系设定的坐标系。对机器人编程时，可以在工件坐标系中创建目标和路径。工件坐标系下的坐标值即为工具在工件坐标系中的位姿，其中 X、Y、Z 描述工具坐标原点在工件坐标系中的位置，A、B、C 描述工具坐标系 X、Y、Z 三个坐标方向相对于工件坐标系坐标轴方向的角度偏移。

在工件坐标系下示教编程具有以下两个优点：

1）当机器人移动位置之间有确定的关系时，可建立工件坐标系，通过计算建立各点之间的数学关系，然后示教少数几个点就可获得全部点的位置数据。这样可减少示教点数，简化示教编程过程。

2）当机器人在不同工作区域内的运动轨迹相同时，如在区域 A 中机器人的运动轨迹与在区域 B 中机器人的运动轨迹相同，并没有因为整体偏移而发生变化，那么只需编制一个运动轨迹程序，然后建立两个工件坐标系 A 和 B，把工件坐标系 A 和 B 的坐标值赋给当前坐标系即可，不需要重复编程。

例如，使用机器人在传送带上抓取产品，将其搬运至左、右两条传送带上的码盘中，摆放整齐，然后周转至下一工位进行处理。

产品的摆放位置如图 6-71 所示。位置 2 相对于位置 1 只是在 X 正方向偏移了一个产品长度，只需将目标点 X 轴数据加上一个产品长度即可。位置 4 相对于位置 3 只是在 X 正方向偏移了一个产品宽度，只需将目标点 X 轴数据加上一个产品宽度即可。依次类推，可计算出剩余的全部摆放位置。示教编程时，只需要示教位置 1 和位置 3 两个位置。

在码垛应用过程中，通常是奇数层垛型一致，偶数层垛型一致，这样只要计算出第一层和第二层之后，执行第三层和第四层码垛时，将工件坐标系在 Z 轴正方向上面叠加相应的产品高度即可。

当机器人在左右两侧码垛时，机器人相对于左侧码盘的运动轨迹与机器人执行右侧码垛

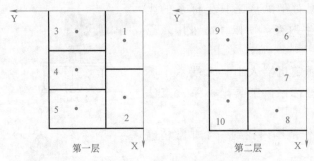

图 6-71 产品的摆放位置

时相对于右侧码盘的运动轨迹是一样的，并没有因为整体偏移而发生变化。所以，为了方便编程，给左侧码盘建立工件坐标系 1，右侧码盘建立工件坐标系 2。当前坐标系设置为工件坐标系 3，并在工件坐标系 3 中进行码垛轨迹编程。执行左侧码垛时，将左侧码盘工件坐标系 1 的各项位置数据赋值给当前工件坐标系 3，机器人的运动轨迹就自动更新到工件坐标系 1 中。执行右侧码垛时，将右侧码盘工件坐标系 2 的各项位置数据赋值给当前坐标系 3，机器人的运动轨迹就自动更新到工件坐标系 2 中，这样对于相同的轨迹就不需要重复编程了。

六、评价反馈（见表 6-29）

表 6-29　评价表

基本素养（30 分）				
序号	评估内容	自评	互评	师评
1	纪律（无迟到、早退、旷课）（10 分）			
2	安全规范操作（10 分）			
3	团结协作能力、沟通能力（10 分）			
理论知识（40 分）				
序号	评估内容	自评	互评	师评
1	了解工业机器人的坐标系（10 分）			
2	了解 ROBOX 控制系统坐标系的建立（15 分）			
3	了解固高 GRP2000 控制系统坐标系的建立（15 分）			
技能操作（30 分）				
序号	评估内容	自评	互评	师评
1	通过三点法建立工件坐标系（15 分）			
2	通过六点法建立工具坐标系（15 分）			
综合评价				

七、练习题

1. 填空题

（1）工业机器人常用的坐标系包括大地坐标系、_____、_____和_____。

（2）工具坐标系可以使用_____、_____和_____三种不同的方法来示教。

（3）工具中心点包括两种基本类型：_____和_____。

（4）六轴串联关节机器人有三种奇异点：_____、_____和_____。

2. 简答题

（1）什么是关节坐标系？

（2）建立 TCP 的意义是什么？

任务三　工业机器人示教编程

一、学习目标

1. 了解工业机器人编程语言的实现。

2. 掌握工业机器人编程的基本操作。

3. 掌握工业机器人编程语言。

二、工作任务

1. 操作机器人，上电并接通伺服电源。

2. 操作机器人进行关节运动。

3. 进行建立、复制、重命名和删除程序操作。

4. 建立程序进行绘制图形与字母。

三、实践操作

1. 知识储备

（1）工业机器人语言系统　机器人语言其实是一个语言系统，除了包含语言的定义外，机器人语言系统还应包含对语言的处理系统。机器人语言系统如图 6-72 所示。

由图 6-72 可知，机器人语言系统不仅要能够支持机器人编程、控制，还要支持机器人与外围设备、传感器的接口以及与计算机的通信等。

机器人语言系统应提供操作者编辑和运行机器人程序的方式。机器人程序编辑

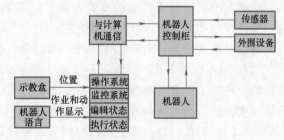

图 6-72　机器人语言系统

状态和执行状态是互斥的，即程序在编辑时不可运行，在运行时不可编辑。在编辑状态下，操作者可以进行程序文本的编辑操作，如机器人指令的添加、修改、删除和机器人位姿点的修改，也可以进行程序文件的新建、复制和粘贴等操作。在程序执行状态，机器人顺序执行每一条指令，操作者应该还能调试、发现并修改程序中的错误。例如在程序执行过程中，某一个机器人位置的关节角超过限制，因此机器人不能执行此条指令，这时应该立即停止程序的执行并在人机界面上显示错误信息，操作者可切换至编辑界面修改程序中的错误。

与计算机语言类似，机器人语言可以编译，即把机器人源程序转换成机器码或可供机器人控制器执行的目标代码，以便机器人控制柜能直接读取和执行。

机器人一般只用其专用的语言进行编程，而不使用计算机程序设计语言和代码，这是由机器人控制的复杂性决定的。因为在机器人控制中用到各种运动学、动力学算法等，这些算法只是开发人员所需要的，而用户不需关心，可以用机器人语言将其封装起来。而且，机器人在三维空间中工作，需要有对空间物体的描述方法。

（2）工业机器人语言系统需求分析　工业机器人语言系统应具备以下功能：

1）外部世界的建模。机器人在三维空间中工作，因此必须建立机器人语言描述空间物体的方法。

2）能够描述机器人的运动。描述机器人的运动是机器人语言的一个最基本的功能。通过使用语言中的运动语句，操作者可以把轨迹规划程序和轨迹生成程序建立联系，运动语句允许通过规定点和目标点，可以在关节空间或笛卡儿空间中说明定位目标，可以采用关节插补运动或笛卡儿直线运动。

3）允许用户规定执行流程。机器人编程系统应该允许用户规定执行流程，如程序的跳转、循环及调用子程序等。

一个机器人系统常需要控制一些外围设备，如焊接电源、变位机等，有时还要控制两台或多台机器人同时工作，以完成特定的工作任务，因此在机器人编程语言中还应包括信号和等待等基本语句或指令。

4）需要人机接口和传感器信号。在机器人作业时，常需要与操作者和传感器等进行信息交换，如在运动出现异常时能及时停止，确保安全。而且，随着作业环境和作业内容复杂程度的增加，需要有功能强大的人机接口。

5）编程支撑软件。与计算机语言编程一样，机器人语言要有一个良好的编程环境，以提高编程效率。因此编程支撑软件（如编辑器、文件管理系统等）也是需要的。没有编程支撑软件的机器人语言对于用户来说是无用的。

机器人编程语言的指令从功能方面可以概括为运动控制功能、环境定义功能、运算功能、程序控制功能和输入/输出功能等。

运动控制功能是其中非常重要的一项功能，机器人运动轨迹的控制方式有两种：CP 控制方式和 PTP 控制方式。目前工业机器人语言大多数以动作顺序为中心，通过使用示教这一功能，省略了作业环境内容的位置姿态的计算。具体而言，机器人运动控制的功能可分为运动速度设定、轨迹插补方式（包括关节插补、直线插补和圆弧插补）、动作定时、定位精度的设定以及手爪、焊枪等工具的控制等。除此之外还包括工具变换、基本坐标设置、初始值的设置和作业条件的设置等功能，这些功能的实现往往在具体的程序编制中体现。

2. ROBOX-C30 控制系统机器人的操作

手动慢速和手动全速模式下，按下轴操作键，机器人各轴可移动至所希望的位置，各轴的运动因所选坐标系的不同而不同。各轴只在按住轴操作键时运动。

操作机器人前，应先确认急停按钮可以正常工作：按下电控柜上的急停按钮，示教器状态栏中的急停信号状态"■"显示红色，说明急停按钮正常。

如果机器人不能在紧急情况下停止，则可能会引起机械的损坏。

当在机器人动作范围内进行示教操作时，应遵守下列警示：

1）始终从机器人的前方进行观察。

2）始终按预先制订好的操作程序进行操作。

3）始终有一个当机器人万一发生未预料的动作应进行躲避的想法。

4）确保自己在紧急的情况下有安全退路。

不适当地和不认真地操作机器人会造成伤害。在执行下列操作前，应确认在机器人动作范围内无任何人，并确保自己处在一个安全的位置区域内。

1）接通电控柜的电源时。

2）用示教器操作机器人时。

3）机器人自动运行时。

如果机器人与进入动作范围内的任何人员发生碰撞，将会造成人身伤害。

示教机器人前，应先执行下列检查步骤，若发现问题则应立即更正，并确认其他所有必须做的工作均已完成。

1）检查机器人的运动有无异常。

2）检查外部电缆的绝缘及遮盖物是否损坏。

伺服电源接通后，状态栏中的伺服状态指示灯" S "变绿。

通过按示教器上的每个轴操作键，使机器人的每个轴产生所需的动作。图 6-73 给出了每个轴在关节坐标系下的动作示意。

操作机器人前，应注意关节运动速度状态，通过速度按键调节至适当速度。开动机器人前，务必清除作业区内的所有杂物。

3. ROBOX 控制系统机器人的示教编程

（1）机器人点动操作 以管理员身份登录后，单击菜单栏"监控"→"位置"，在弹出的界面（图 6-74）中控制机器人运动，可查看机器人各关节和空间下的位置变化。

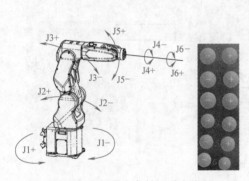

图 6-73 机器人各轴运动方向

图 6-74 位置监控

按示教器面板上的" ⦝ "键（图 6-75）可切换坐标系类型。切换顺序依次为关节坐标系、机器人坐标系、工具坐标系和用户坐标系，切换结果显示于示教器状态栏位置，如图 6-75 所示。

（2）机器人快速运动操作 将速度控制旋钮转动至中间位置 ，此时状态栏中的图标变更为 手动全速 ；将速度控制旋钮转动至右上位置 ，此时状态栏中的图标变更为 手动低速 。

手动全速模式下，通过调速键" V- V+ "调整全局速度，其速度范围可设置为 1% ~ 100%，如图 6-76 所示；相应地，手动低速模式下，其速度范围可设置为 1% ~ 20%。

现选择手动全速模式且将全局速度调节为 100%，取消勾选"慢速"复选框，如图 6-77 所示，在这种设置下执行点动操作，数值会大幅度增加。

（3）机器人慢速运动操作 选择手动全速模式且将全局速度调节为 100%，勾选"慢速"复选框，如图 6-78 所示，在这种设置下执行点动操作，数值会小幅度增加。

图 6-75　坐标系

图 6-76　速度调节

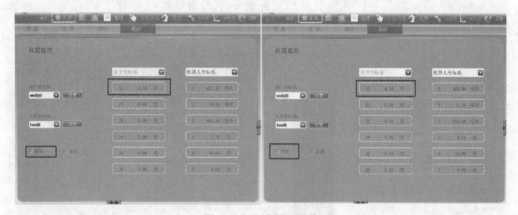

图 6-77　取消慢速调节

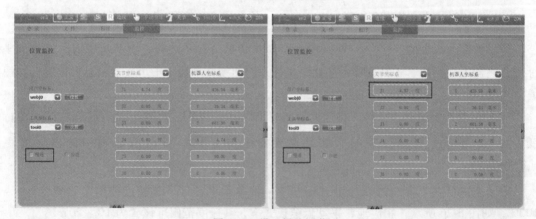

图 6-78　设置慢速调节

（4）机器人步进运动操作　单击"步进长度"设置步间距，如图 6-79 所示，设置步长为 15 且坐标系为关节坐标系，每次按相应关节的"－""＋"键，机器人相应关节即以 15°为单位运动。

（5）机器人零点标定　零点恢复功能是指当机器人由于编码器电池停止供电或拆卸电动机等非正常操作引起机器人零点丢失后，快速找回正常零点值的功能。

机器人在出厂前，已用工装标定好机械零点。当机器人因故障丢失零点位置时，需要对机器人重新进行机械零点的标定。校对零点时，通过转动各轴，当运动到出厂前刻线处，即为机器人的零点位置，具体位置示意如图 6-80 所示。

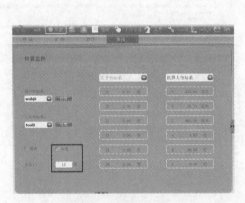

图 6-79　设置步进长度

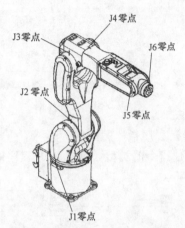

图 6-80　机器人机械零点位置

（6）文件管理　文件管理器是为方便用户管理项目文件而设计的，主体部分展示目录结构，底部为文件操作的功能软键，支持新建、删除、重命名、复制、粘贴和剪切等功能，如图 6-81 所示。

由于程序文件都存储在控制器上，因此更换示教器不会造成程序文件丢失。

如果需要在不同机器人间拷贝程序，应使用 U 盘，示教器上提供了标准 USB 接口。

1）新建。新建包括新建文件和新建文件夹。单击"新建"按钮，在菜单中选择文件或文件夹，然后用弹出的软键盘输入文件或文件夹的名称。注意：新建文件时，需要选中一个已存在的文件夹。

2）加载。加载是将当前选中的文件从 CF 卡中加载到控制器内存中。然后，通过"start""stop"可操作机器人执行加载的程序动作。

3）复制/粘贴。复制/粘贴包括复制和粘贴两个操作。首先复制选中的文件或文件夹，然后粘贴该文件或文件夹，粘贴后的文件或文件夹将自动重命名。

4）重命名。重命名不可使用已有的名称。在对文件进行重命名时，可不输入文件后缀。

5）删除。删除操作不可逆，使用时应谨慎。

6）U 盘操作。U 盘操作包括导入和导出。导入时，在示教器接口插入 U 盘，单击"导入"，弹出文件选择窗口，选择需要导入的文件即可。导出时，在示教器接口插入 U 盘，选择一个文件或文件夹，然后单击"导出"即可。

（7）编辑程序　在文件管理器界面，新建或加载一个程序，示教器界面会自动跳转到程序编辑器界面。程序编辑器显示的程序即当前控制器内存中加载的程序，如图 6-82 所示。

编辑一个程序包括两个方面：程序指令的操作和程序变量的操作。

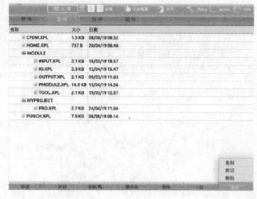

图 6-81　文件界面

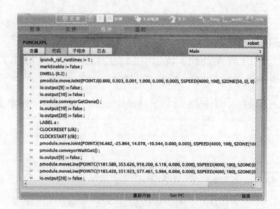

图 6-82　程序界面

1）程序指令的操作。

① 指令的类型。目前 RPL 程序语言包括 Common、Movement 和 Other 三种指令集，如图 6-83 所示。

图 6-83　程序指令

a. （＊＊）注释指令。用于程序的注释。

b. ：＝赋值指令。

变量：＝表达式；

例如：

i：＝123；

temp：＝SIN（0.392）；

在这个例子中，变量 i 被设置为 123，temp 的值为 sin（0.392）。

注意：此指令不能用于将一个数组直接赋值给另外一个数组。如果想要把一个数组的赋值给另外一个数组，必须针对数组中的每个元素使用此指令。

c. _IF 条件语句。如果_IF 条件为真，Then 后面的指令可以执行。

_IF(condition) THEN…；

例如：

_IF(i <＝5) THEN

y：＝3；

此例中，如果 i 小于或等于 5，则 y 的值将被设置为 3。

d. CALL 调用指令。用于执行用户定义的子程序。

CALL [指定的变量列表]：=子程序名称（输入参数）；

例如：

CALLExecuteSquare(A,B,C,D)；

调用 ExecuteSquare 子程序，并赋值给四个输入变量。将程序中常出现的一些指令集中到一起并以子程序的形式实现，让主程序调用，可以简化主程序。

e. DWELL 时间等待指令。在执行后续的指令前等待指定的参数时间（单位为 s）。

DWELL（单位为 s 的时间参数）；

例如：

MJOINT(POINTC(500,500,0,0,0,0),v500,fine,tool1)；

DWELL(1.5)；

MJOINT(POINTC(800,800,200,0,0,0),v500,fine,tool1)；

执行第一条运动指令后，机器人将会在执行第二条指令前等待 1.5s。

f. FOR 循环体。循环执行某个代码块几次。首先需要设置使用初始值表达式来初始化变量 variable，在代码块每次执行后，变量 variable 将会以增量表达式的值更新；如果更新后的变量 variable 值在初始值和终止值之间指定范围内，代码块将会再次执行，否则执行 FOR 循环体外的后续指令。若增量表达式不进行任何指定，则默认变量 variable 的增量为 1。

FOR 循环体中可以使用 EXIT 和 CONTINUE 指令。

FORvariable：=初始值表达式 TO 终止值表达式 BY [增量表达式] DO

…

END_FOR；

例如：

FORi：=1TO4BY1DO

MLIN(POINTC(200,-500,200,0,180,0),v500,fine,tool1)；

MLIN(POINTC(200,-900,200,0,180,0),v500,fine,tool1)；

END_FOR；

使用变量 i 执行四次循环，第一次变量 i 的值为 1，每执行一次循环，i 的值加 1。最后一次执行循环时，i 值为 4，执行此次循环后，i 值为 5。当在程序中键入 FOR 指令时，END_FOR 将会自动添加。

g. GOTO 跳转指令。跳到某一个特定的标签，并执行标签后的程序。

GOTO（标签名称）；

例如：

LABEL(Start)

MJOINT(POINTC(500,500,0,0,180,0),v500,fine,tool1)；

MJOINT(POINTC(800,800,200,0,180,0),v500,fine,tool1)；

GOTO(Start)；

此例中，在 GOTO（Start）后，程序跳到指令 LABEL（Start）处继续执行。

h. LABEL 标签指令。在程序代码中输入一个标签名称，用于 GOTO 指令跳转到代码的特殊部分。

LABEL（标签名称）

i. IFTHENELSEIF 条件语句。若 IF 条件为真，则执行 IF 后的指令语句，否则执行 ELSE 后的指令语句。

当键入一个 IF 指令时，同时将会自动添加 ENDIF。如果想要插入 ELSE 语句，则必须选择 ENDIF 语句，然后在示教器显示的编辑栏进行添加。

IFconditionTHEN

…

ELSE

…

END_IF；

例如：

IFj：= 1THEN

sum：= sum+1；

ELSE

sum：= sum+2；

END_IF；

此例中，如果变量 j 等于 1，则变量 sum 加 1，否则 sum 加 2。

j. MCIRC 圆弧运动指令。从上次运动的最后一个位置点通过圆弧运动指令将 TCP 移动至目标位置，过程中会通过一个中间点。

第一条 MCIRC 指令设置的是中间点，第二条 MCIRC 指令设置的是圆弧运动的终点。如果不在圆弧运动指令间插入 MBREAK 或其他运动指令，所有连续的 MCIRC 指令将会使用当前点前面两个点和当前点定义一个圆弧。

注意：如果圆弧运动的起始点和终点是同一个点，则圆弧运动将是不可知的。

如果在运动过程中要求改变姿态，姿态轴 A、B、C 将会被插补，并且与位置点保持同时插补。如果参考坐标系被忽略，则世界坐标系将会被用于运动指令。

MCIRC（intermediatepoint，targetpoint，speed，zone，tool，[refsys]）

例如：

MLIN（a，v500，fine，tool1）；

MCIRC（b，c，v500，fine，tool1）；

此例中，圆弧运动开始于点 a，中间经过点 b，最后到达点 c。

k. MJOINT 关节运动指令。开始关节运动，从上个点到达此目标点。目标点的位置可以是 POINTC 或 POINTJ。

所有轴开始运动并同时到达目标点。TCP 运动是机器人运动各轴的组合。如果参考坐标系被忽略，则世界坐标系将会被用于运动指令。

MJOINT（target，speed，zone，tool，[refsys]）；

例如：

MJOINT（HomePos，v500，fine，tool1）；

速度参数是用笛卡儿单位表示的，但是在此运动中，该参数用于计算关节速度的百分比。

百分比的计算公式：关节速度的百分比=设定切向速度/最大切向速度。

l. MLIN 直线运动指令。从上一个位姿点直线运动到目标位姿点。如果在运动过程中要求改变姿态，姿态轴 A、B、C 将会被插补，并且与位置点保持同时插补。如果参考坐标系被忽略，则世界坐标系将会被用于运动指令。

MLIN(target, speed, zone, tool, [rcfsys]) ;

例如：

MLIN(target1 , v500 , fine , tool1) ;

m. WAIT 事件等待指令。等待一个条件的执行，如果超时，则可以选择中断等待指令。如果 WAIT 正确结束，则可选参数 result 为 0；否则，在超时发生时，result 将不等于 0。超时 timeout 和结果 result 参数是可选的。

WAIT(condition , [timeout] , [result]) ;

例如：

WAIT(boxtokeep) ;

MLIN(pick) ;

此例中，在 boxtokeep 为真时，直线运动将会被执行。

n. WHILE 循环指令。如果 WHILE 条件为真，则执行一个代码块。

WHILEconditionDO

…

END_WHILE ;

例如：

WHILEi < = 10DO

i : = i+1 ;

MLIN(POINTC(200 , -500 , 200 , 0 , 180 , 0) , v500 , fine , tool1) ;

MLIN(POINTC(200 , -900 , 200 , 0 , 180 , 0) , v500 , fine , tool1) ;

END_WHILE ;

此例中，当变量 i 的值大于 10 时，WHILE 循环将停止。当键入 WHILE 指令时，END_WHILE 会自动添加。

o. POINTC(x , y , z , a , b , c) 笛卡儿位姿点。返回一个由 6 个实数组成的笛卡儿空间点。a 是关于 z 轴的旋转，b 是关于 y 轴的旋转，c 是关于 x 轴的旋转。

Point : = POINTC(400 , 300 , 100 , 0 , 180 , 0) ;

p. POINTJ(j1 , j2 , j3 , j4 , j5 , j6) 关节坐标点。返回一个由 6 个实数组成的关节数组，其中 j1、j2、j3、j4、j5、j6 是关节位置值。

Point : = POINTJ(0 , 90 , 0 , 0 , 0 , 0) ;

q. OFFSET（笛卡儿空间的点，x，y，z）。XYZ 偏置函数表示笛卡儿空间的点分别沿 X/Y/Z 方向偏置。

point_low : = POINTC(100 , 200 , 0 , 0 , 0 , 0) ;

point_high : = OFFSET(point_low , 10 , 20 , 30)

以上 point_high 的值为（110 , 220 , 30 , 0 , 0 , 0）。

② 添加指令。在程序编辑界面，单击"添加"按钮（图 6-84 中标记①），将会在当前

选中行的上一行插入"…"。选中"…"，然后单击"编辑"按钮（图 6-84 中标记②），进入指令编辑界面，如图 6-85 所示。

图 6-85 中，右侧是 RPL 语言的指令集，选中需要插入的指令，然后双击。不同的指令需要不同的参数，设置完参数后，单击"确认"按钮，即可插入指令。单击"退出"可取消指令插入。

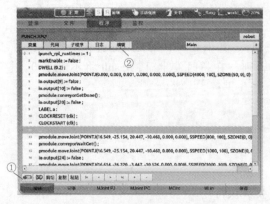

图 6-84 添加指令

图 6-85 指令编辑界面

③ 修改指令。在程序编辑界面，选中需要修改的指令，单击"编辑"按钮，进入指令编辑界面，如图 6-86 所示。

选中标记①，然后在右侧双击指令，即可更改当前指令类型。

选中标记②，然后单击"记录"按钮，即可示教当前位置点。

选中标记③，然后单击"删除"按钮（标记④），即可清除当前设置的参数。

设置完参数后，单击"确认"按钮，即可完成指令修改。单击"退出"按钮可取消指令修改。

④ 删除指令。在程序编辑界面，选中需要删除的程序行，然后单击"删除"按钮，即可删除当前选中行，如图 6-87 所示。

图 6-86 指令编辑界面

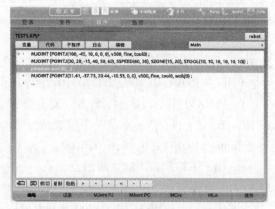

图 6-87 删除指令

2）程序变量的操作。在进行程序变量操作之前，需要了解一些相关信息，如变量的数据类型、变量的存储类型和变量的作用域等。

① 变量的数据类型。变量的数据类型包括 TOOL、SPEED、POINTC、ZONE、VECT3、POINTJ、BOOL、DINT、UDINT、TRIGGER、LREAL、STRING、REFSYS 和 ROBOT。

TOOL：工具，运动指令中使用的工具参数。

SPEED：速度，运动指令中使用的速度参数。

POINTC：笛卡儿空间位姿，包含三个位置和三个旋转姿态的笛卡儿空间点。

ZONE：圆弧过渡，两个连续动作指令重叠的参数。

VECT3：三维实向量，由三个实数组成的三维向量。

POINTJ：关节位置，轴组中各个关节的数值。

BOOL：布尔，布尔类型数值（真或假）。

DINT：双精度整数，32 位整数，可以取负数，如-1234。

UDINT：无符号双精度整数，32 位整数，只能取正数，如 25。

TRIGGER：触发，在运动指令中用于触发事件的数据类型。

LREAL：长实数，双精度浮点数，如 3.67。

STRING：字符串。

REFSYS：参考坐标系，笛卡儿空间运动参考坐标系。

ROBOT：机器人轴组名，用于程序中运动指令指定轴组。

② 变量的存储类型。变量的存储类型包括 VAR、CONST 和 RETAIN 三种。

VAR：可变量，该变量可以在 RPL 程序中赋值，当 RPL 程序重新启动时，该变量值就会丢失。

CONST：常量变量，该变量不能在 RPL 程序中赋值，必须使用初始值来赋值。

RETAIN：持续性变量，当 RPL 程序从内存中卸载时，变量的值将被保留。

③ 变量的作用域。变量的作用域包括 Routine's Local、Routine's Input、Routine's Output、Module's Local、Module's public、Module's Task 和 Module's Global。

Routine's Local：该作用域下的变量只能在定义它的程序或子程序中看到和使用。外部的程序或子程序无法看到和使用。

Routine's Input：这种类型的变量专用于定义子程序的输入参数。它被用作一个局部变量，但是它的初始值来自于调用程序。输入变量的定义顺序与调用指令传递的参数相同。

Routine's Output：这种类型的变量专用于定义子程序的输出参数。它被用作局部变量，但它的最终值将在调用程序的变量中设置。输出变量的定义顺序与调用指令设置的变量相同。

Module's Local：该作用域下的变量可以在所有程序或子程序中看到和使用。使用 Module's Local 变量，可以在子程序中设置一个值，稍后可以从另一个子程序中读取该变量。但不能用相同的名称定义多个模块的局部变量。这些变量不能从其他模块中看到。

Module's public：它就像 Module's Local，但是这个变量可以从其他模块中看到。在其他模块中，可以通过模块名来使用这种类型的变量（如 moduleName. variableName）。

Module's Task：这就像 Module's public。在其他模块中，这种变量可以在不使用模块名之前使用（如 variableName）。

Module's Global：这种类型的变量对于系统的所有任务来说都是通用的。在不同的任务之间共享数据是很有用的。如果对相同的全局有不同的定义，则会报告错误。一个全局变量在前面没有模块名。

④ 建立变量。如图 6-88 所示，在变量管理界面，单击"添加"按钮，弹出添加变量窗口。根据需要选择变量的作用域、数据类型和存储类型。

⑤ 修改变量。在变量管理界面，选择需要修改的变量，然后双击，弹出变量窗口，根据需要修改变量。

⑥ 删除变量。在变量管理界面，选择需要删除的变量，然后单击"删除"按钮，即可删除变量，如图 6-89 所示。

图 6-88　建立变量

图 6-89　删除变量

（8）调试程序　程序指针用于显示当前程序运行位置及状态，见表 6-30，程序运行模式见表 6-31。

表 6-30　指针状态

状态	说明
⇨	当前没有任何操作，只指示当前行号
⇨	表示当前行处于预备状态，可以执行
⇨	表示当前行处于激活状态，在运行中
⚠	当前程序行有错误
⚡	当前程序行有运动
⚡	表示当前行处于激活状态，且有运动在执行
⚠	当前行运动有错误

表 6-31　程序运行模式

模式	说明
单步进入	程序每执行一行结束都将停下。当执行子程序时会进入子程序的界面
单步跳过	程序每执行一行结束都将停下。当执行子程序时不会进入子程序的界面
连续	程序开始执行后，一直运行到程序末尾结束执行

1）单步运行。在运行程序前，需要将机器人伺服使能（将钥匙开关切换到手动模式，并按下手压开关）。单击"F3"切换至"单步进入"状态，这里以"单步进入"状态为例。

① 选择第 11 行，单击 "Set PC"，将程序指针定位到该行，如图 6-90 所示。

② 单击 "Start" 按钮，程序从当前行开始运行。当前一行运行完成后，指针将跳转至下一行，程序指针状态由 变成 ，如图 6-91 所示。

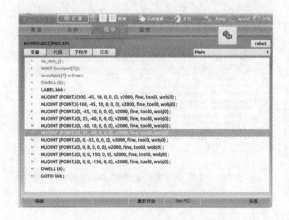

图 6-90　单步运行 1

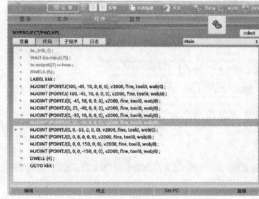

图 6-91　单步运行 2

若选择其他行，再单击 "Set PC"，则指针可以切换到该行。

若单击 "终止" 按钮，则程序指针由 变成 ，当前程序被终止，如图 6-92 所示。

若单击 "重新开始" 按钮，则程序指针会返回至第一行，如图 6-93 所示。

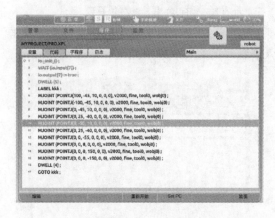

图 6-92　终止运行程序

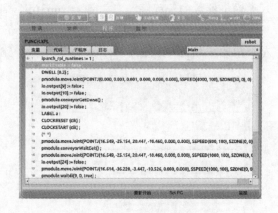

图 6-93　重新开始

单击 "监视" 按钮，可以查看当前机器人的位置。

注意：程序运行过程中，在程序区域下方的操作按钮中，除了 "监视" 按钮，其他均会被隐藏。当程序执行到末尾结束后，程序指针会消失，需要重新设置程序的执行位置。

2）连续运行。在运行程序前，需要将机器人伺服使能（将钥匙开关切换到手动模式，并按下手压开关；或将钥匙开关切换到自动模式，并按下示教器上的 "PWR" 功能键），该过程与单步运行相似。连续运行如图 6-94 所示。

与单步运行不同之处在于，当程序从某一行开始执行后，直到程序末尾结束。在运行过程中，单击 "Stop" 按钮，程序暂停运行；再单击 "Start" 按钮，程序能够继续执行。

3）运行错误。当编辑的程序文件存在问题，或语句存在问题，以及运动的错误都会产生报警，如图 6-95 所示。

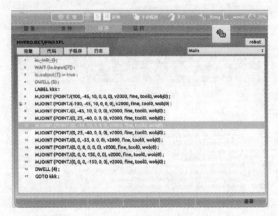

图 6-94　连续运行

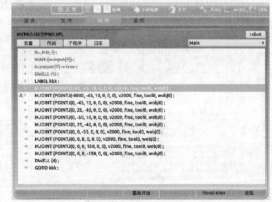

图 6-95　运行报错

单击"日志"（英文"Log"）按钮来查看运行日志，可以获取具体的报警信息。单击"清除错误"按钮，可以清除当前的报警。

（9）子程序　子程序大致可分为三类：无输入无输出参数的子程序、有输入无输出参数的子程序和有输入有输出参数的子程序。

在图 6-96 中，"sub1（）;"为无输入无输出参数的子程序，"sub2（ap1, ap2）;"为有输入无输出参数的子程序，"ii, test：= sub3（ii, test）;"为有输入有输出参数的子程序。

1）新建子程序。如图 6-97 所示，在"子程序"（英文"Subroutines"）标签页面，单击左下角的"新建"按钮，在弹出的软键盘中输入子程序的名称，即可新建一个子程序。

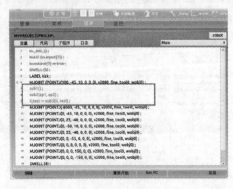

图 6-96　子程序

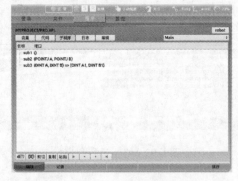

图 6-97　新建子程序

2）修改子程序。若右上角的下拉框显示的是 Main，"变量"（英文"Vars"）和"代码"（英文"Code"）即是主程序的变量管理和程序管理。若右上角的下拉框显示的是子程序名，"变量"和"代码"即是子程序的变量管理和程序管理。

单击右上角的下拉框，选择需要修改的子程序，此时，"变量"和"代码"即是子程序的变量管理和程序管理。子程序的修改请参考主程序的修改。

3）删除子程序。单击"子程序"标签，选中需要删除的子程序，然后单击左下角的"删除"按钮，即可删除当前选中子程序。

4）子程序的调用。

［变量列表］:=子程序名(输入参数)；

例如：

ExecuteSquare(A,B,C,D)；

调用子程序 ExecuteSquare，该子程序有 4 个参数。

"子程序"标签：

ExecuteSquare(POINTCA,POINTCB,POINTCC,POINTCD)；

"变量"标签：

+Input

POINTCA

POINTCB

POINTCC

POINTCD

"代码"标签：

MJOINT(A)

MLIN(B)

MLIN(C)

MLIN(D)

MLIN(A)

例如：

A,B,C,D:=RotoTranslation(A,B,C,D,RT)；

调用子程序 RotoTranslation，该子程序有 5 个输入参数。在执行完子程序后，输出 4 个变量。输出的 4 个变量给调用程序中的变量赋值。在该例中，将 4 个点（A、B、C、D）转换成 RT 坐标系下的值。

"子程序"标签：

RotoTranslation(POINTCA,POINTCB,POINTCC,POINTCD,POINTCRT)=>(POINTCA1,POINTCB1,POINTCC1,POINTCD1)

"变量"标签：

+Input

POINTCA

POINTCB

POINTCC

POINTCD

POINTCRT

+Output

POINTCA1

POINTCB1

POINTCC1

POINTCD1

"代码"标签：

A1:=FROMLOCAL(A,RT);

B1:=FROMLOCAL(B,RT);

C1:=FROMLOCAL(C,RT);

D1:=FROMLOCAL(D,RT);

4. 固高 GTC-RC800 控制系统机器人的操作

在示教模式下，按下轴操作键，机器人各轴可移动至所希望的位置，各轴的运动因所选坐标系的不同而不同。各轴只在按住轴操作键时运动。

操作机器人前，应先确认急停按钮可以正常工作：按下电控柜上的急停按钮，若伺服准备指示灯熄灭，则说明急停按钮正常。

如果机器人不能在紧急情况下停止，则可能会引起机械的损坏。

当在机器人动作范围内进行示教工作时，应遵守下列警示：

1）始终从机器人的前方进行观察。

2）始终按预先制订好的操作程序进行操作。

3）始终有一个当机器人万一发生未预料的动作应进行躲避的想法。

4）确保自己在紧急情况下有安全退路。

不适当地和不认真地操作机器人会造成伤害。在执行下列操作前，应确认在机器人动作范围内无任何人，并确保自己处在一个安全的位置区内。

1）接通电控柜的电源时。

2）用示教器操作机器人时。

3）回放时。

4）远程时。

如果机器人与进入动作范围内的任何人员发生碰撞，将会造成人身伤害。

示教机器人前，应先执行下列检查步骤，若发现问题则应立即更正，并确认其他所有必须做的工作均已完成。

1）检查机器人的运动有无异常。

2）检查外部电缆的绝缘及遮盖物是否损坏。

伺服电源接通（按下"伺服准备"键后，握住"三段开关"）后，伺服指示灯常亮。

通过按示教器上的每个轴操作键，使机器人的每个轴产生所需的动作。图 6-98 给出了每个轴在关节坐标系下的动作示意。

操作机器人前，应注意关节运动速度状态，通过高低速按键调节至适当速度。开动机器人前，务必清除作业区内的所有杂物。

机器人在示教模式下进行的程序编辑操作包括复制程序、删除程序和程序重命名，还可以进行其他与模式无关的操作。

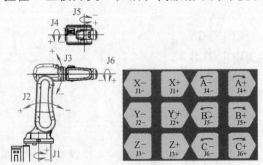

图 6-98　机器人各轴运动方向

5. 固高 GTC-RC800 控制系统机器人的示教编程

（1）进入界面　进入程序管理界面如图 6-99 所示，操作步骤如下：

步骤一，单击界面上的"主菜单"软键或按下示教器上的"主菜单"键，界面上主菜单中"程序"变为蓝色。

步骤二，打开"程序"子菜单，按下手持操作示教器上的"右移"键，选择所需的子菜单。

步骤三，选择"程序管理"，按下示教器上的"选择"键，进入程序管理界面。

a)   b)

图 6-99 进入程序管理界面

（2）程序管理界面 程序管理界面中各项功能见表 6-32。

表 6-32 程序管理界面中各项功能

序号	界面内容	功能
1	源程序	选择要删除、复制或重命名的程序,不允许手动输入,只能在已存在的程序中选择
2	目标程序	输入要新建、复制和重命名的程序名称
3	新建	新建需要的程序,新建程序的内容默认加入"NOP""END"两句
4	删除	删除已存在的程序
5	复制	复制已存在的程序
6	重命名	重命名已存在的程序

（3）新建程序（图 6-100） 新建一个新程序的操作步骤如下：

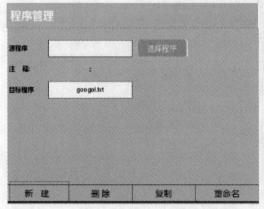

图 6-100 新建程序

步骤一，在"目标程序"中输入要新建程序的名称。目标程序名称不区分大小写，可以输入字符和数字的组合，最长允许 11 个字符。

步骤二，单击界面上的"新建"按钮，即操作成功。

步骤三，进入程序内容界面，新建一空程序，只有 NOP 和 END 两句。

（4）复制程序　复制已存在的程序，生成一个新程序，其操作步骤见表 6-33。

表 6-33　复制程序操作步骤

步骤	图示
1）单击界面上的"选择程序"按钮，进入选择程序界面	
2）选择要复制的程序，按手持操作示教器上的"选择"键，返回程序管理界面	
3）在"目标程序"中输入要复制的名字，如 googol	
4）单击界面上的"复制"按钮，即操作成功	

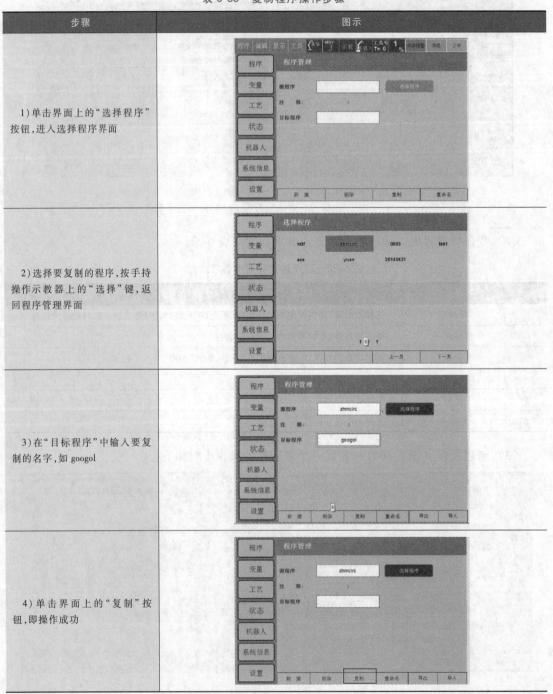

（5）删除程序 删除一个已经存在的程序的操作步骤见表6-34。

表 6-34 删除程序操作步骤

步 骤	图 示
1）单击界面上的"选择程序"按钮,进入选择程序界面	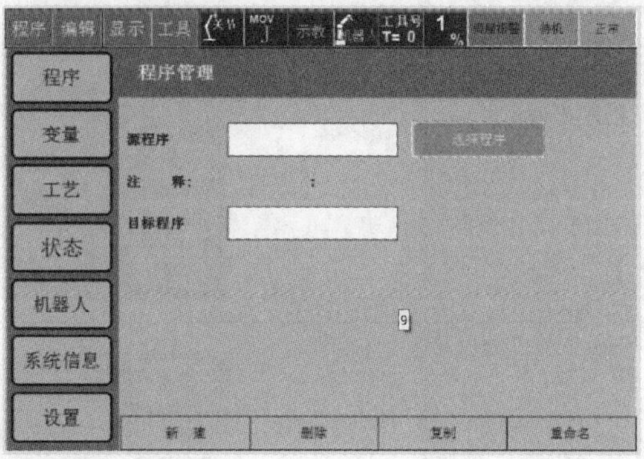
2）按示教器上的"移动"键,选择要删除的程序,按手持操作示教器上的"选择"键,返回程序管理界面	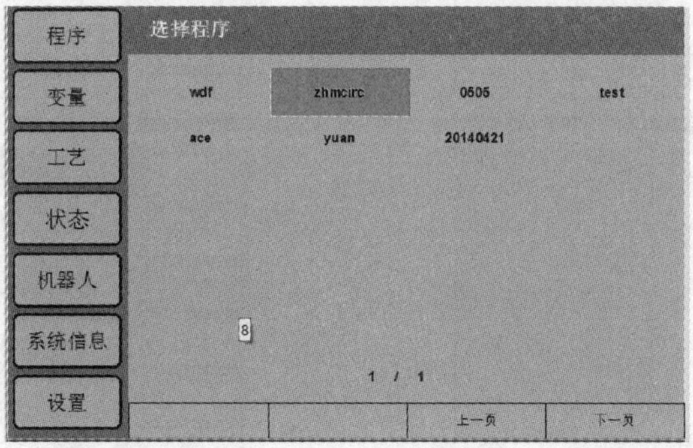
3）单击界面上的"删除"按钮,即操作成功	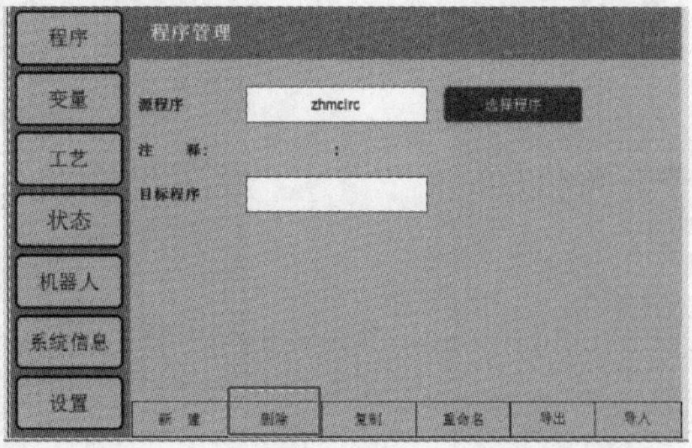

（6）重命名程序 重命名已存在的程序,从而改变程序的名称。其操作步骤见表6-35。

表 6-35　重命名程序操作步骤

步骤	图示
1）单击界面上的"选择程序"按钮，进入选择程序界面	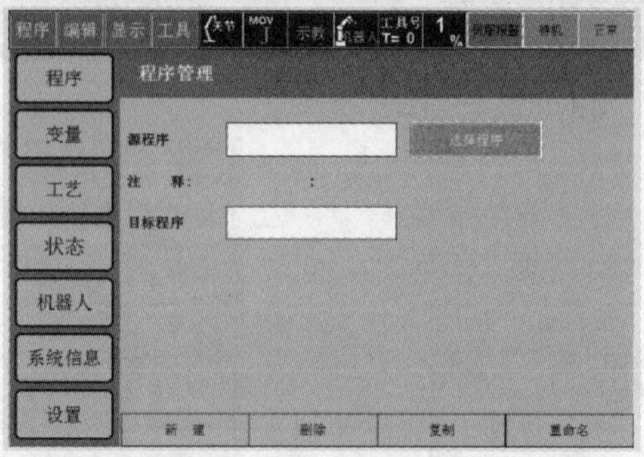
2）按示教器上的"移动"键，选择要重命名的程序，按示教器上的"选择"键，返回程序管理界面	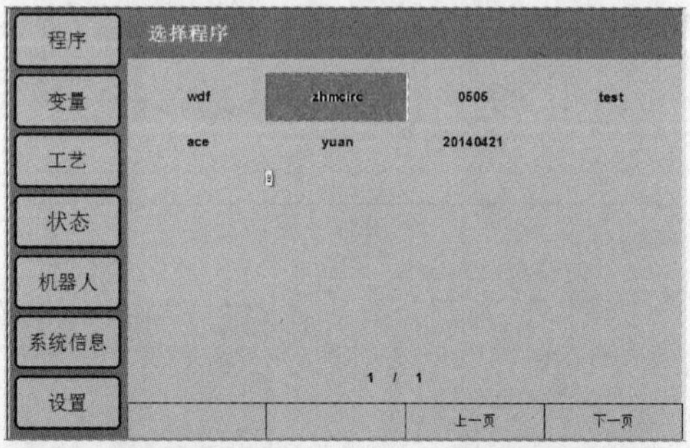 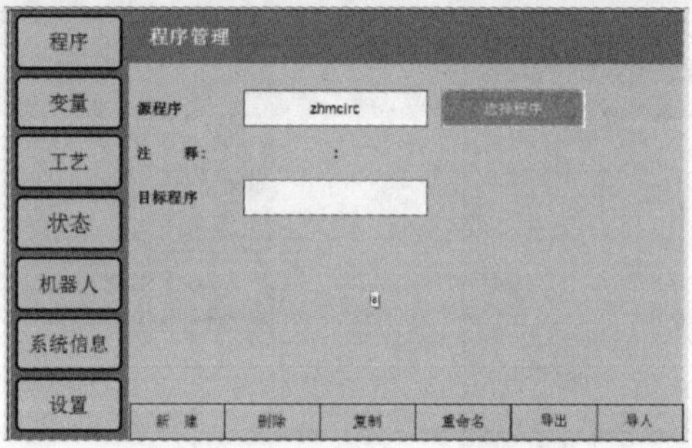
3）在"目标程序"中输入要重命名的新名字	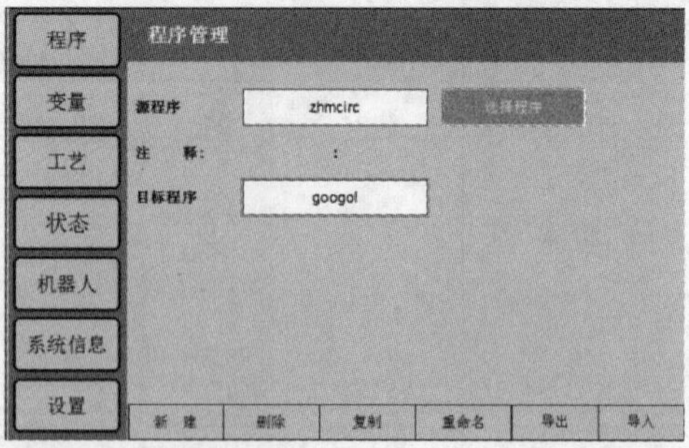
4）单击界面上的"重命名"按钮，即操作成功	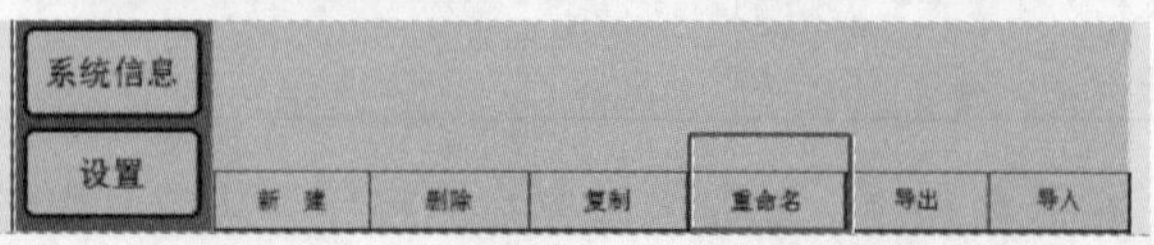

（7）程序内容

1）进入程序内容界面操作步骤见表 6-36。

表 6-36 进入程序内容界面操作步骤

步骤	图示
1）单击界面上的"主菜单"软键或按下手持操作示教器上的"主菜单"键，界面上主菜单中"程序"变为蓝色	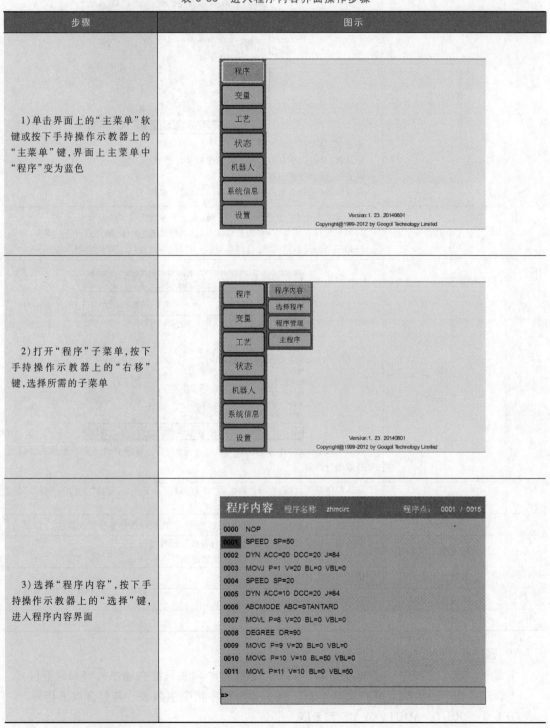
2）打开"程序"子菜单，按下手持操作示教器上的"右移"键，选择所需的子菜单	
3）选择"程序内容"，按下手持操作示教器上的"选择"键，进入程序内容界面	

2）程序内容界面介绍见表 6-37。

表 6-37 程序内容界面介绍

序号	功能	功能说明
1	程序内容	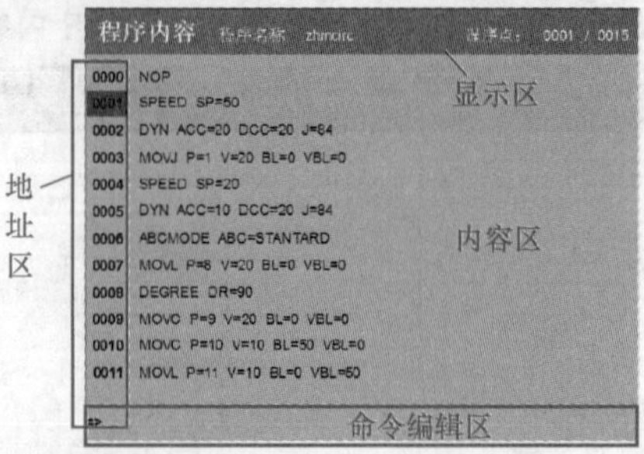 地址区:显示行号的区域 显示区:显示程序名称以及当前选中的文件行号 内容区:显示程序内容 命令编辑区:显示被选中的指令行,可以进行编辑
2	上下移动	1)按示教器上的"上移"或"下移"键,可上下移动程序文件行号 2)如果文件有多页,当移动至最后一行时,继续按"下移"键将打开下一页 3)如果当前显示第二页,当移动至第一行时,继续按"上移"键将打开上一页
3	选择	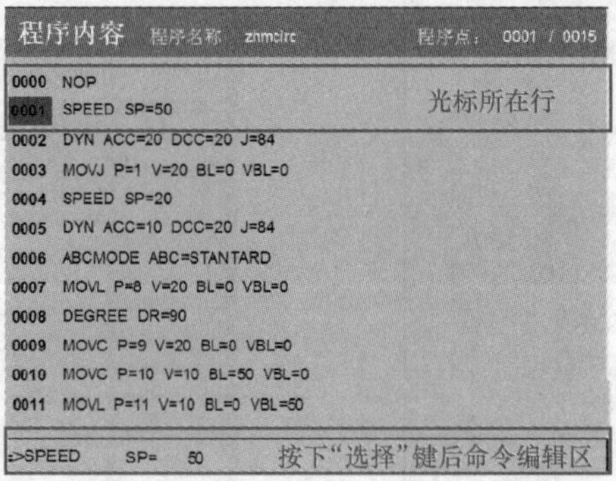 按下示教器上的"选择"键,在有效指令范围内,选择行会进入命令编辑区,可以对参数进行编辑
4	翻页	如果程序是多页的,按示教器上的"翻页"键进入下一页,或按"上档"+"翻页"键进入上一页
5	执行显示	显示程序执行情况,在程序执行的过程中,正在执行的行号会变成蓝色
6	插入程序点	1)直接添加运动指令或通过指令列表添加示教指令 2)直接添加运动指令必须先接通伺服电源
7	删除程序点	删除不再需要的程序点
8	修改程序点	修改程序点内容
9	示教检查	检查示教程序

3)程序指令操作步骤如下:

步骤一,进入"程序"→"程序内容"界面。程序指令列表只能在程序内容界面下打开。

步骤二,按下示教器上的"命令一览"键,弹出程序指令主列表。其包含以下指令:

① I/O:DOUT、AOUT、WAIT 和 DIN。

② 控制:JUMP、CALL、TIMER、IF..ELSE、WHILE 和 PAUSE。

③ 移动 1：MOVJ、MOVL、MOVC、MOVP 和 MOVS。

④ 移动 2：SPEED、COORNUM、ABCMODE、DEGREE、DYN、WAITMOV、MOFFSE-TON 和 MOFFSETOF。

⑤ 演算：ADD、SUB、MUL、DIV、INC、DEC、AND、OR、NOT 和 SET。

⑥ 码垛、跟踪、焊接和视觉等命令键为工艺预留。

步骤三，在"命令一览"子列表中，按下示教器上的"上移"键或"下移"键可切换指令，按下示教器上的"左移"键可打开子列表，按下示教器上的"右移"键可返回主列表。

"选择"键可选中指令并且输出到命令编辑区，可供修改或插入示教行，如图 6-101 所示。

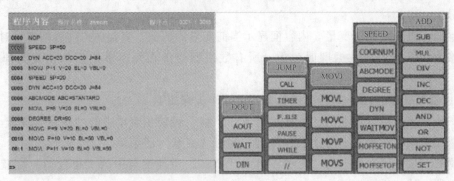

图 6-101　插入程序命令

4）变量操作。通过程序指令列表插入示教点时可插入变量参数，变量均为全局变量，可在不同的程序中使用。数值型变量可修改初值，使用位置型变量前需进行标定。

① 数值型变量。数值型变量分为三种类型，每种类型可保存 96 个变量，如图 6-102 所

图 6-102　数值型变量

示。整数型：取值范围为 -2147483648 ~ 2147483647 之间的整数；实数型：取值范围为 -1.7×10308 ~ 1.7×10308 之间的浮点数；布尔型：取值为 0 或 1。

数值型变量操作步骤如下：

步骤一，按下示教器上的"上移"键或"下移"键，使主菜单中的"变量"变蓝。

步骤二，按下示教器上的"右移"键，调出"变量"子菜单。

步骤三，按下示教器上的"上移"键或"下移"键，使变量中的"数值型"变蓝，然后按下手持示教器上的"选择"键，进入整数型数值变量界面，通过单击"整数型"左右两边的箭头可以切换不同的数值类型，通过单击界面上的"上一页"或"下一页"来切换数据序号。

步骤四，查看及修改变量。内容框显示当前变量的数据，直接单击内容框即可对变量数据进行修改，修改后的数据即时生效。所有数值型变量在掉电重启后均恢复为掉电前的数据。

② 位置型变量（图 6-103）　位置型变量操作步骤如下：

步骤一，按下示教器上的"上移"键或"下移"键使主菜单中的"变量"变蓝。

步骤二，按下示教器上的"右移"键，调出"变量"子菜单。

步骤三，按下示教器上的"上移"键或"下移"键使变量中的"位置型"变蓝，然后按下示教器上的"选择"键。

步骤四，单击软件界面"位置点（1~999）：P"右边的输入框，可以输入想要保存的位置型变量的序号，序号范围限制在 1~999 之间。"位置点（1~999）：P"的数字表示位置型变量的序号；"已标定"表示该位置型变量已经被标定；"未标定"表示该位置型变量未经标定；界面左边的"位置点坐标"显示已经保存的位置型变量的坐标信息；界面右边的"当前机器人坐标"显示机器人当前的位姿，单击"坐标系"右边的输入框可以切换想要显示的坐标系。

步骤五，将右边的坐标系切换为需要保存的坐标系，每个位置点具有坐标系的唯一性，

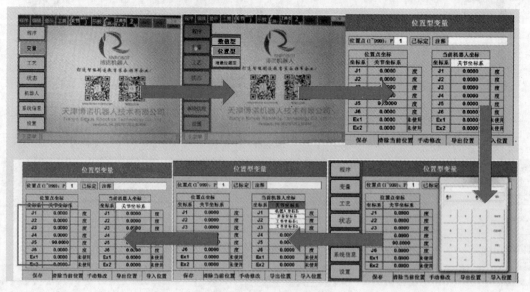

图 6-103　位置型变量标定

即每个位置点只能保存在一种坐标系下。

步骤六，按下示教器上的"伺服准备"键，示教器上的伺服准备指示灯闪烁。

步骤七，按下示教器上的"修改"键，"修改"键旁的绿色指示灯亮起。

步骤八，轻握示教器背面的"三段开关"，示教器中部的伺服准备指示灯亮起，此时按下示教器上的"确认"键，修改成功后，"修改"键旁的绿色指示灯熄灭，同时软件界面左边的坐标值变更为当前位置值，保存成功。

步骤九，保存位置点可以采用上述方法，或略去步骤七和步骤八，从步骤六直接进入步骤九：按下示教器背面的"三段开关"，示教器中部的伺服准备指示灯亮起，此时单击软件界面上的"保存"按钮，软件界面左边的坐标值变更为当前位置值，保存成功。

步骤十，手动修改当前位置型变量。持续按下"手动修改"3s 以上，弹出修改界面。修改时必须在确实了解该操作可能带来的影响后，才能进行该操作。通过触摸屏幕来修改内容，包括坐标系及 8 个轴的坐标信息，修改完成后，单击"确定"按钮 3s 以上生效，单击"取消"按钮即可返回。

步骤十一，清除当前位置型变量信息。单击"清除当前位置点"，并按提示操作。注意：清除当前位置点会将当前点的位置数据置为 0，并将该位置点置为"未标定"。

步骤十二，检查位置型变量。标定完成后，在位置型变量界面下，按下示教器背面的"三段开关"，示教器中部的伺服准备指示灯亮起，同时按下"前进"键，可由当前位置运行到标定好的位置。在 MOVJ 插补方式下，以 MOVJ 方式运动到位置点；在其他插补方式下，以 MOVP 方式运动到标定好的位置点。应确认当前位置到位置型变量中标定的位置间没有障碍物。

5）程序点编辑。

① 插入程序点。

a. 运动过程中插入。在运动过程中可以插入运动指令，这种方法插入的运动指令点为临时程序点（即将当前位置点信息编入示教程序，但与位置型变量的不同在于，其没有序号）。运动插入指令格式：MOVJ V = 25 BL = 0。其中：V = XX，XX 为速度百分比，可以修改；BL = XX，XX 为过渡段长度，可以修改。

插入程序点的操作步骤如下：

步骤一，把光标移到要插入的程序点。

步骤二，接通伺服电源。按下示教器上的"伺服准备"键，轻握"三段开关"后，机器人伺服电源接通。

步骤三，选定好速度（按下"高速"键或"低速"键）和插补方式（按下"插补"键）移动机器人，使机器人运动到预定的位置。

步骤四，按下示教器上的"插入"键，这时"插入"键旁的绿色指示灯亮起。

步骤五，按下示教器上的"确认"键，程序点插入成功。

b. 利用指令列表插入。可以插入指令列表中的指令，包括 I/O 指令、控制指令、运动指令和演算指令。如果插入指令中使用到变量，则需要在变量界面中对变量进行赋初值。

插入程序点的操作步骤如下：

步骤一，把光标移到要插入的程序点。

步骤二，按下示教器上的"命令一览"键，这时在右侧弹出指令列表菜单。

步骤三，按下示教器上的"上移"键或"下移"键，选择需要的指令，按"选择"键确定后，所选指令出现在命令编辑区。

步骤四，修改指令参数为需要的参数。选择命令编辑区中需要改动的参数，在弹出的界面中修改数值或指令。

步骤五，按下示教器上的"插入"键，这时"插入"键旁的绿色指示灯亮起。

步骤六，按下示教器上的"确认"键，程序点插入成功。

② 修改程序点。修改程序点的操作步骤如下：

步骤一，把光标移到要编辑的程序点。

步骤二，按下示教器上的"选择"键，选中行指令显示在命令编辑区。

步骤三，在命令编辑区中，修改需要的参数。选择命令编辑区中需要改动的参数，在弹出的界面中修改数值或指令。

步骤四，按下示教器上的"修改"键，这时"修改"键旁的绿色指示灯亮起。

步骤五，按下示教器上的"确认"键，程序点修改成功。

③ 删除程序点。删除程序点的操作步骤如下：

步骤一，把光标移到要删除的程序点。

步骤二，按下示教器上的"删除"键，这时"删除"键左上侧的绿色指示灯亮起。

步骤三，按下示教器上的"确认"键，程序点删除成功。

6）程序编辑。程序编辑功能可对程序内容进行选中多行复制、剪切、粘贴和批量修改等操作。

① 选择程序范围（图 6-104） 在剪切、复制操作前必须选择程序范围，其操作步骤如下：

步骤一，进入"程序"→"程序内容"界面。

步骤二，把光标移动至要选择的首行。

步骤三，单击菜单的"编辑"→"起始行"。

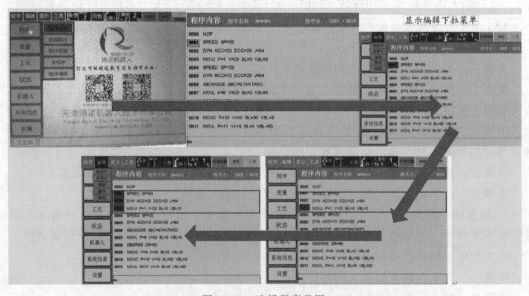

图 6-104 选择程序范围

步骤四，把光标移动至要选择的末行。

步骤五，单击菜单的"编辑"→"结束行"，可以看到被选择行 ID 变为蓝色，多行选择成功。

② 复制程序（图 6-105）。复制前先选定复制范围，复制操作步骤如下：

步骤一，单击菜单的"编辑"项。

步骤二，单击"编辑"菜单中的"复制"按钮，选择区内容被放入缓冲区。

③ 剪切程序。剪切前先选定剪切范围，剪切操作步骤如下：

步骤一，单击菜单的"编辑"项。

步骤二，单击"编辑"菜单中的"剪切"，选择区内容被删除并放入缓冲区。

④ 粘贴程序（图 6-105）。粘贴前选定已复制或剪切的范围，粘贴操作步骤如下：

步骤一，在程序内容界面中选择要插入的行，粘贴操作将会粘贴到选择行之前，原有指令自动下移。

步骤二，单击菜单的"编辑"项。

步骤三，单击"编辑"菜单中的"粘贴"，缓冲区内的数据被插入到选择行之前。

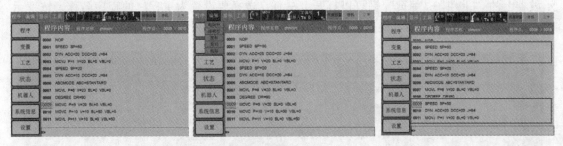

图 6-105　复制/粘贴程序

⑤ 检查程序。对已做好的程序进行单步检查，以保证机器人运动的安全性。检查操作步骤如下：

步骤一，选择要检查的示教程序。

步骤二，按下示教器上的"伺服准备"键，同时轻握"三段开关"，伺服电源接通。

步骤三，按下示教器上的"前进"键或"后退"键，可实现程序文件前进或后退检查。

步骤四，按下示教器上的"联锁"+"前进"键，可实现程序文件的连续前进检查。

⑥ 选择程序（图 6-106）。其操作步骤如下：

步骤一，选择主菜单"程序"，如果无法选择，按下示教器上的"主菜单"键或单击界面上的"主菜单"软键。

图 6-106　选择程序

步骤二，打开"程序"子菜单，按下示教器上的"右移"键，选择所需子菜单。

步骤三，选择"选择程序"，按下示教器上的"选择"键，进入选择程序界面。

步骤四，选择程序界面操作，可以使用示教器上的"上移""下移""左移""右移"键切换选中程序文件名称，程序文件名称显示为蓝色，表示此程序文件名称被选中。如果有多页的情况，按下示教器上的"翻页"键或单击界面上的"下一页"按钮可以打开下一页，按下示教器上的"上档"+"翻页"键或单击界面上的"上一页"按钮可以打开上一页。选中程序文件后，按下示教器上的"选择"键，即可打开选中程序文件，进入程序内容页面。

⑦ 设置主程序（图 6-107）。其操作步骤如下：

步骤一，选择主菜单"程序"，如果无法选择，按下示教器上的"主菜单"键或单击界面左下方的"主菜单"软键。

步骤二，按下示教器上的"右移"键，打开子菜单。

步骤三，选择"主程序"，按下示教器上的"选择"键，进入主程序界面。

步骤四，主程序界面操作，可以使用示教器上的"上移""下移""左移""右移"键对程序文件移动。如果有多页的情况，按下示教器上的"翻页"键可以打开下一页，按下示教器上的"上档"+"翻页"键可以打开上一页。选择要设置为主程序的程序名称，按下示教器上的"选择"键，即可把选中的程序设置为主程序。

图 6-107　设置主程序

7）状态查询。

① I/O 状态如图 6-108 所示，其操作步骤如下：

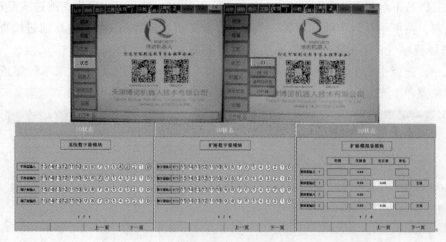

图 6-108　I/O 状态

步骤一，按下示教器上的"上移"键或"下移"键，使主菜单中的"状态"变蓝。

步骤二，按下示教器上的"右移"键，调出"状态"子菜单。

步骤三，按下示教器上的"上移"键或"下移"键，使状态中的"IO"变蓝，然后按下示教器上的"选择"键。

② 时间状态如图6-109所示，其操作步骤如下：

步骤一，按下示教器上的"上移"键或"下移"键，使主菜单中的"状态"变蓝。

步骤二，按下示教器上的"右移"键，调出"状态"子菜单。

步骤三，按下示教器上的"上移"键或"下移"键，使状态中的"时间"变蓝，然后按下示教器上的"选择"键。

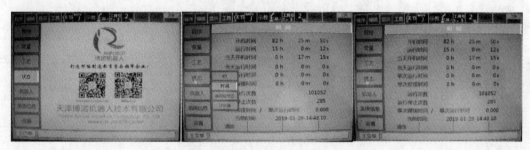

图 6-109　时间状态

8）工业机器人编程语言。

① I/O指令如图6-110所示，I/O指令介绍见表6-38。

图 6-110　I/O 指令

表 6-38　I/O 指令介绍

指令	功能说明	使用举例及释义	参数说明
DOUT	I/O 输出点复位或置位	DOUTDO = 1.1VALUE = 1 表示把一组远程 I/O 输出模块第二个输出点的位值设置为 1	DO = <IO 位> I/O 位赋值 A.B A = 0,表示端子板上的输出点 A = 1~16,表示第几组远程输出 I/O 模块 B 表示组模块上的第几个 I/O,取值范围为 0~15 VALUE = <位值> 位值赋值说明:为 0 或 1 EXPR 同时输出多组 I/O

（续）

指令	功能说明	使用举例及释义	参数说明

组合逻辑

选中 DOUT 指令,单击编辑区 DOUT 指令,弹出组合逻辑编辑对话框如下所示:

	EXPR				
DO=	-1	=	Value=	0	
DO=	-1	=	Value=	0	
DO=	-1	=	Value=	0	
DO=	-1	=	Value=	0	
保存				返回	

指令	功能说明	使用举例及释义	参数说明
AOUT	模拟量 I/O 输出	AOUTAO = 1VALUE = 15 表示把第二个模拟量 I/O 点输出最大模拟量的 15%	AO =<模拟量位> 模拟量位赋值为模拟量 I/O 对应 0~2048 位 VALUE =<模拟量输出百分比> 取值范围为 0~100
WAIT	等待 I/O 输入点信号	WAITDI = 1.1VALUE = 0T = 3sB = 1 表示等待第一组远程 I/O 输入模块的第二个输入点值为 0,如果等待 3s 没有等待到,则视为等待完成,布尔型变量 B1 为 TRUE;如果 3s 内等待到 I/O 信号,布尔型变量 B1 为 FALSE	DI =<IO 位> DO =<IO 位> I/O 位赋值 A. B A = 0,表示端子板上的输入点 A = 1~16,表示第几组远程输入 I/O 模块 B 表示组模块上的第几个 I/O,取值范围为 0~15 B =<布尔型变量> 布尔型变量取值范围为 1~96 EXPR<组合判断> VALUE =<位值> 位值赋值为 0 或 1 T =<延时时间> 时间单位为 ms 或 s 如果 T = 0,则表示一直等待下去;如果 T>0,则表示等待 I/O 时间 T 后若还未等待到信号视为等待完成 B =<布尔型变量号> 变量号赋值为 1~96。超时标识,如果时间参数大于 0,延时时间内未触发可以继续执行程序,同时布尔型变量置 true;延时时间内触发,布尔型变量置 false

组合判断

选中 WAIT 指令,单击编辑区 WAIT 指令,弹出组合逻辑编辑对话框如下图所示:

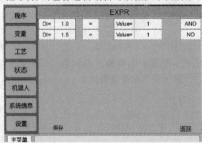

（续）

指令	功能说明	使用举例及释义	参数说明
DIN	把 I/O 输入信号读取到布尔型或整数型变量中	例 1：DINB = 1DI = 1.0 表示把第一组远程 I/O 输入模块的第一个 I/O 输入点的值读取到 B001 的布尔型变量中 例 2：DINI = 1EXPR = 8421 DINR = 1EXPR = 8421 表示把 8 位二进制的值读入到整数型或实数型变量中	B = <布尔型变量号> 变量号赋值为 1~96。B = 还可以取值为 I = 或 R = DI = <IO 位> I/O 位赋值 A.B A = 0，表示端子板上的输入点 A = 1~16，表示第几组远程输入 I/O 模块 B，表示组模块上的第几个 I/O，取值范围为 0~15 EXPR = 8421 把"IO 配置"→"通用配置"中"二进制位 1"到"二进制位 8"由低位到高位按 8421 码组成十进制数值写入到指定的变量中，00000011 组成三写入变量

② 控制指令如图 6-111 所示，控制指令介绍见表 6-39。

图 6-111　控制指令

表 6-39　控制指令介绍

指令	功能说明	使用举例及释义	参数说明
JUMP	跳转指令	JUMPL = 0001 表示跳转到第一行	L = <行号> L = 表示跳转到指定行号
		JUMP * 123 表示跳转到旗标 * 123	* 表示跳转到旗标位置
CALL	调用子程序指令	CALLPROG = 1 表示要调用程序文件名称为 1 的子程序	PROG = <程序名称> 程序名称是已经存在的程序文件的名称，不允许递归循环调用
TIMER	延时子程序	TIMERT = 1000 表示延时 1000ms	T = <时间> 时间单位可以是 s 或 ms 时间范围为 0~4294967295s R = <变量号> 变量号取值为 1~96。把实数型变量的值赋值给定时器

（续）

指令	功能说明	使用举例及释义	参数说明
IF..ELSE	判断语句	IFI=001EQI=002 THEN 程序 1 ELSE 程序 2 END_IF 表示如果判断要素 1（整数型变量 I001）与判断要素 2（整数型变量 I002）相等，则执行程序 1，否则执行程序 2	判断要素 1：I=<变量号> 变量号取值为 1~96 I=整数型变量 B=布尔型变量 R=实数型变量 DI=I/O 变量 DO=I/O 变量 STR=字符型变量 EXPR 组合逻辑 判断条件：<EQ> 可选择以下判断条件： EQ：等于 LT：小于 LE：小于或等于 GE：大于 GT：大于或等于 NE：不等于 判断要素 2：I=<变量号> 变量号取值为 1~96，判断要素 2 的变量类型必须与判断要素 1 相同 I=整数型变量 B=布尔型变量 R=实数型变量

组合逻辑

选中 IF 指令，单击编辑区 IF 指令，弹出组合逻辑编辑对话框如下图所示：

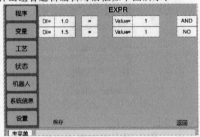

WHILE	条件满足的情况下，进入循环，条件不满足时退出循环	WHILEI=001EQI=002DO 程序 END_WHILE 当判断要素 1（整数型变量 I001）等于判断要素 2（整数型变量 I002）时，执行程序，否则退出循环 WHILEI=001EQVALUE=1DO 程序 END_WHILE 当判断整数型变量 I001 等于数值 1 时，执行程序，否则退出循环	判断要素 1：I=<变量号> 变量号取值为 1~96 I=整数型变量 B=布尔型变量 R=实数型变量 DI=I/O 变量 DO=I/O 变量 STR=字符型变量 EXPR 组合逻辑 判断条件：<EQ> 可选择以下判断条件： EQ：等于 LT：小于 LE：小于或等于 GE：大于 GT：大于或等于 NE：不等于 判断要素 2：I=<变量号> 变量号取值为 1~96，判断要素 2 的变量类型必须与判断要素 1 相同 I=整数型变量 B=布尔型变量 R=实数型变量

（续）

指令	功能说明	使用举例及释义	参数说明

组合逻辑

选中 WHILE 指令, 单击编辑区 WHILE 指令, 弹出组合逻辑编辑对话框如下图所示:

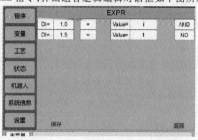

PAUSE	暂停	PAUSE	在单步示教模式下, 会跳过此句不执行; 在回放模式下, 可按下手持操作示教器上的"启动"键继续执行
//	注释行	//movetostationone	

③ 移动 1 指令如图 6-112 所示, 移动 1 指令介绍见表 6-40。

图 6-112　移动 1 指令

表 6-40　移动 1 指令介绍

指令	功能说明	使用举例及释义	参数说明
MOVJ	以关节插补方式移动至目标位置	例 1：MOVJV = 25BL = 0VBL = 0 以关节插补方式移动至目标位置, 保持伺服接通状态, 依次按下"插入""确定" 例 2：MOVJP = 1V = 25BL = 100VBL = 0 以关节插补方式移动至目标位置 P, P 点是在位置型变量中提前示教好的位置点, 1 代表该点的序号	V = <运行速度百分比> 　说明：运行速度百分比取值为 1 ~ 100, 默认值为 25。运动指令的实际速度 = 设置中 MOVJ 最大速度 V * 运动指令设置运行速度百分比 * SPEED 指令速度设置百分比 　P = <位置点> 　VP = <VISPICSNAP 读取过来的视觉位置点>（仅 MOVJ 下使用） 　IncP = <增量位置点>（仅 MOVJ 下使用） 　IncVP = <VISPICSNAP 读取过来的视觉增量位置点>（仅 MOVJ 下使用）
MOVL	以直线插补方式移动至目标位置。在速度要求不高而轨迹要求较高时使用, 如弧焊行业	例 1：MOVLV = 25BL = 0VBL = 0 以直线插补方式移动至目标位置, 保持伺服接通状态, 依次按下"插入""确定" 例 2：MOVLP = 1V = 25BL = 100VBL = 0 以直线插补方式移动至目标位置 P, P 点是在位置型变量中提前示教好的位置点, 1 代表该点的序号	

（续）

指令	功能说明	使用举例及释义	参数说明
MOVC	以圆弧插补方式移动至目标位置。采用三点圆弧法，圆弧前一点为第一点，两个 MOVC 为中间点和目标点	例 1：MOVCV = 25BL = 0VBL = 0 以圆弧插补方式移动至目标位置，保持伺服接通状态，依次按下"插入""确定" 例 2：MOVCP = 1V = 25BL = 0VBL = 0 以圆弧插补方式移动至目标位置 P，P 点是在位置型变量中提前示教好的位置点，1 代表该点的序号	说明：P 的取值范围为 1～1019，其中 1～999 用于标定位置点，1000～1019 用于码垛运动中，自动获取的码垛位置点。例 1 中没有此参数，表示目标位置使用的是在运动过程中标定的位置点，例 2 中有 P 点参数，表示位置点是在位置型变量中标定好的点 VP 需要和视觉接口中位置 ID 对应起来 BL = <过渡段长度> 说明：过渡段长度的单位为 mm，此长度不能超出运行总长度的一半，如果 BL = 0，则表示不使用过渡段 VBL = <过渡段速度> 设置 MOVL、MOVC、MOVS 指令中的过渡段速度。取值范围为 0～100，取值为 0 表示不设置过渡段速度
MOVP	以点到点直线插补方式移动至目标位置。在速度高而轨迹要求不严格时使用，如搬运	例 1：MOVPV = 25BL = 0VBL = 0 以点到点直线插补方式移动至目标位置，保持伺服接通状态，依次按下"插入""确定" 例 2：MOVPP = 1V = 25BL = 100VBL = 0 以点到点直线插补方式移动至目标位置 P，P 点是在位置型变量中提前示教好的位置点，1 代表该点的序号	
MOVS	门型（椭圆型）轨迹插补模式，适合快速的点到点的搬运	MOVSP1V = 25BL = 0VBL = 0Fa = 2H = 100H1 = 50H2 = 75Epose = 0 以 MOVS 插补方式按门型（半椭圆弧型）轨迹从当前位置 P1 点移动至目标位置 P2，P2 点是提前示教好的位置点	 相关参数说明见正文

表 6-40 中关于 MOVS 的参数说明如下：

a. Fa = <椭圆顶点系数>

Fa 系数确定左右两段椭圆弧在整个椭圆弧轨迹中所占的比例。如果 Fa 为 0，则表示左右两段椭圆弧轨迹的交点与左侧和右侧的距离一致，如果 Fa 小于 0，则椭圆弧轨迹最高点向右侧移动，直到 Fa = −1，左侧椭圆弧完全替代右侧椭圆弧；否则椭圆弧轨迹最高点向左侧移动，直到 Fa = 1，右侧椭圆弧完全替代左侧椭圆弧。如果 Fa 的绝对值大于 1，则系统自动根据左右两侧椭圆弧的长轴和短轴的长度计算一个恰当的顶点位置。所以一般建议将 Fa 设置为 2 或 0 两个值即可。

b. H1 = <起点位置处的垂直提升高度>

在 H1 的高度内，机器人轨迹尽可能按直线运动垂直提升（由于要考虑到轨迹平滑，实际垂直提升段的高度可能会稍微小于 H1 的值）。

c. H2 = <结束位置处的垂直下降高度>

在 H2 的高度内，机器人轨迹尽可能按直线运动垂直下降（由于要考虑到轨迹平滑，实际垂直下降段的高度可能会稍微小于 H2 的值）。

d. H = <左右两段椭圆弧轨迹的最小短轴高度>

H 为左右两段椭圆弧的最小的短轴高度。MOVS 指令根据目标位置点 P2 的坐标来计算椭圆弧的门型轨迹，如果 P2 点的坐标为 KCS、JCS、TCS，则生成的椭圆弧轨迹在 KCS 的 Z 轴正方向上进行垂直提升下降运动；否则在 P2 点的实际坐标系（WCS、PCS1、PCS2 坐标系）的 Z 轴方向上进行垂直提升下降运动。如果要求门型轨迹倒置（类 U 形轨迹），将 H 值设置为负值即可。

e. Epose = <垂直提升下降时姿态是否保持>

Epose 参数用于控制提升和下降段的姿态是否保持不变，如果 Epose = 0，则在门型轨迹的垂直提升和垂直下降段姿态保持不变（垂直提升段保持起点姿态，垂直下降段保持终点姿态），在椭圆弧轨迹段姿态进行连续插补；如果 Epose = 1，则在门型轨迹的整个运动过程中姿态从起点 P1 到终点 P2 进行连续插补。

④ 移动 2 指令如图 6-113 所示，移动 2 指令介绍见表 6-41。

图 6-113　移动 2 指令

表 6-41　移动 2 指令介绍

指令	功能说明	使用举例及释义	参数说明
SPEED	调整本条语句后面的运动指令的速度百分比	SPEEDSP = 70 表示整体速率调整至 70% SPEEDI = 1 表示整体速率调整至整数型变量 1 的值	SP = <加速度百分比> 说明：取值范围为 1~100，如果不调用 SPEED 指令，则程序默认值为 20% I = <变量 ID> 说明：I 表示整数型变量，变量 ID 表示变量号，整数型变量取值范围为 1~96
COORNUM	选择坐标系号。可以操作 WCS、TCS、PCS1、PCS2	COORD_NUMCOOR = TCSID = 2 表示选择 2 号工具坐标系 例如： COORD_NUMCOOR = TCSID = 1 MOVLP = 1V = 25BL = 0VBL = 0 MOVLP = 2V = 25BL = 0VBL = 0 COORD_NUMCOOR = TCSID = 2 MOVLP = 3V = 25BL = 0VBL = 0 P1、P2 点以 1 号工具坐标系运行，P3 点以 2 号工具坐标系运行	COORD = <坐标系> 说明：可选择世界坐标系（WCS）、工具坐标系（TCS）、工件坐标系 1（PCS1）、工件坐标系 2（PCS2） ID = <坐标系 ID> 说明：坐标系 ID 赋值范围为 0~32
ABCMODE	调整机器人姿态的工作模式。ABC 有三种工作模式可供选择。对当前指令后的运动指令有效，直到出现新的 ABCMODE 指令	ABCMODEABC = STAMTARD 表示 ABC 模式以标准模式运动 例如： ABCMODEABC = STANTARD MOVLP = 1V = 25BL = 0VBL = 0 MOVLP = 2V = 25BL = 0VBL = 0 ABCMODEABC = FOLLOW MOVLP = 3V = 25BL = 0VBL = 0 P1、P2 点以 STANTARD 模式运行，P3 点以 FOLLOW 模式运行	ABC = <ABC 工作模式> 说明：ABCMODE 指令是指在进行 MOVL、MOVC 指令运动时，姿态跟随轨迹进行插补运动的模式 姿态跟随主要有以下三种生成模式： 1）STANDARD：MOVL 和 MOVC 指令都采用标准的终点姿态作为目标姿态，即用户示教什么样的目标姿态，机器人在从当前位置朝目标位置运动的过程中，姿态也朝示教的目标姿态插补运动。当机器人运动到目标位置时，姿态也达到示教的目标姿态值 2）UNCHANGE：插补程序会忽略用户示教的目标姿态值。不管用户示教什么样的目标姿态，MOVL 和 MOVC 指令在运动过程中保持姿态不变 3）FOLLOW：MOVL 指令在运动过程中保持姿态不变（保持起点的姿态不变）。MOVC 指令在 FOLLOW 模式下的处理稍有不同。插补程序会根据当前起点姿态和圆弧的角度生成一个新的目标姿态，这个新的目标姿态是按当前起点姿态绕圆弧中心轴旋转圆弧角度所生成的姿态值

（续）

指令	功能说明	使用举例及释义	参数说明
DEGREE	设置圆的弧度数，一次有效，圆弧运动完成后即失效	DEGREEDR = 360 MOVLV = 25BL = 0VBL = 0 MOVCV = 25BL = 0VBL = 0 MOVCP = 1V = 25BL = 0VBL = 0 表示以最高速的 25%，走由以上三点组成的 360°圆弧轨迹	DR = <圆弧度数> 说明：圆弧度数取值范围为 1°以上的值
DYN	调整本条语句后面的运动指令的加速度、减速度、加加速时间	DYNACC = 60DCC = 60J = 50 表示本条语句后面的运动指令的加速度百分比设置为 60%，减速度百分比设置为 60%，加加速时间设置为 50ms	ACC = <加速度百分比> 说明：加速度百分比取值范围为 1~100，默认值为 10% DCC = <减速度百分比> 说明：减速度百分比取值范围为 1~100，默认值为 10% J = <加加速时间> 说明：加加速时间取值范围为 8~800ms，默认值为 128
WAITMOV	等待运动完成	WAITMOVDIS = 10 表示等待距离终点 10mm 时，视为运动完成 例如： MOVLP = 1V = 25BL = 50VBL = 0 DOUTDO = 1.2VALUE = 1 WAITMOVDIS = 10 MOVLP = 2V = 25BL = 0VBL = 0 P1 点运行至距离目标点 50mm 时开始输出 1.2 号输出点，距离目标点 10mm 时开始过渡至 P2 点	DIS = <与终点的距离>
MOFFSETON	偏置开始指令	MOFFSETONCOOR = KCSR = 1R = 2R = 3R = 4R = 5R = 6R = 7R = 8 表示开始位置偏置，在 COOR 指定坐标系下，X 偏置实数型变量 1 的值，Y 偏置实数型变量 2 的值，Z 偏置实数型变量 3 的值，C 偏置实数型变量 4 的值，B 偏置实数型变量 5 的值，A 偏置实数型变量 6 的值，辅助轴 1 偏置实数型变量 7 的值，辅助轴 2 偏置实数型变量 8 的值。MOFFSETON 一旦生效后对后面所有运动指令有效，直至遇到 MOFFSETOF 指令，偏置结束	COOR = <坐标系> 说明：可选择直角坐标系（KCS）、世界坐标系（WCS）、工具坐标系（TCS）、工件坐标系 1（PCS1）、工件坐标系 2（PCS2） R = <变量 ID1>X 方向的偏置值 R = <变量 ID2>Y 方向的偏置值 R = <变量 ID3>Z 方向的偏置值 R = <变量 ID4>C 方向的偏置值 R = <变量 ID5>B 方向的偏置值 R = <变量 ID6>A 方向的偏置值 R = <变量 ID7>辅助轴 1 方向的偏置值 R = <变量 ID8>辅助轴 2 方向的偏置值 变量 ID 表示变量号取值范围为 1~96 该指令用于编写多段空间轨迹相同，但相邻两段间存在一定偏置量的示教程序（偏置量需在"数值型变量"中录入，可以定义不同坐标系中 X、Y、Z、A、B、C、辅助轴方向上的偏置值），每次程序运行至该指令行时，此后的程序都将在该指令之前的程序基础上进行偏置，在运行至偏置结束指令 MOFFSETOF 之前，偏置量会在程序起始状态下进行累加

（续）

指令	功能说明	使用举例及释义	参数说明
MOFFSETOF	偏置结束指令	MOFFSETOF 表示偏置结束	结束偏置程序段。当运行至该指令时，之前累计的偏置量将清零，如果之后再次运行到偏置开始指令 MOFFSETON，将在程序起始状态下重新开始偏置

⑤ 演算指令如图 6-114 所示，演算指令介绍见表 6-42。

图 6-114　演算指令

表 6-42　演算指令介绍

指令	功能说明	使用举例及释义	参数说明
ADD	把数据 1 和数据 2 相加，取得的结果放入到数据 1 变量中	ADDI=001I=002I=003 把整数型变量 I002 和整数型变量 I003 相加，结果存放在 I001 中	I=<变量 ID> 说明：I=整数型变量，还可用 R=实数型变量，P=位置型变量；变量 ID 表示变量号，整数型和实数型变量取值范围为 1~96，位置型变量取值范围为 1~999
SUB	把数据 1 和数据 2 相减，取得的结果放入到数据 1 变量中	SUBI=001I=002I=003 把整数型变量 I002 和整数型变量 I003 相减，结果存放在 I001 中	I=<变量 ID>数据 说明：I=整数型变量，还可用 R=实数型变量，P=位置型变量； 变量 ID 表示变量号，整数型和实数型变量取值范围为 1~96，位置型变量取值范围为 1~999 VALUE=表示常数
MUL	把数据 1 和数据 2 相乘，取得的结果放入到数据 1 变量中	MULI=001I=002I=003 把整数型变量 I002 和整数型变量 I003 相乘，结果存放在 I001 中	I=<变量 ID>数据 说明：I=表示整数型变量，还可用 R=实数型变量；变量 ID 表示变量号，取值范围为 1~96 VALUE=表示常数
DIV	把数据 1 和数据 2 相除，取得的结果放入到数据 1 变量中	DIVI=001I=002I=003 把整数型变量 I002 和整数型变量 I003 相除，结果存放在 I001 中	I=<变量 ID>数据 说明：I=整数型变量，还可用 R=实数型变量；变量 ID 表示变量号，取值范围为 1~96 VALUE=表示常数

（续）

指令	功能说明	使用举例及释义	参数说明
INC	把指定变量值加 1	INCI = 001 把整数型变量 I001 加 1,结果存放在 I001 中	I = <变量 ID>数据 说明:I = 整数型变量,变量 ID 表示变量号,取值范围为 1~96
DEC	把指定变量值减 1	DECI = 001 把整数型变量 I001 减 1,结果存放在 I001 中	I = <变量 ID>数据 说明:I = 整数型变量,变量 ID 表示变量号,取值范围为 1~96
AND	取得数据 1 和数据 2 的逻辑与,结果存入数据 1 中	ANDB = 001B = 002B = 003 把布尔型变量 B002 和布尔型变量 B003 取逻辑与,结果存放在 B001 中	B = <变量 ID>数据 说明:B = 布尔型变量,变量 ID 表示变量号,取值范围为 1~96
OR	取得数据 1 和数据 2 的逻辑或,结果存入数据 1 中	ORB = 001B = 002B = 003 把布尔型变量 B002 和布尔型变量 B003 取逻辑或,结果存放在 B001 中	B = <变量 ID>数据 说明:B = 布尔型变量,变量 ID 表示变量号,取值范围为 1~96
NOT	取得数据 2 的逻辑非,结果存入数据 1 中	NOTB = 001B = 002 把布尔型变量 B002 取反,结果存放在 B001 中	B = <变量 ID>数据 2 说明:B = 布尔型变量,变量 ID 表示变量号,取值范围为 1~96
SET	把数据 2 赋值给数据 1	SETB = 001B = 002 把布尔型变量 B002 的值,存放在布尔型变量 B001 中 SETI = 001VALUE = 2 将数值 2 存放在整数型变量 I001 中	I = <变量 ID>数据 2 说明:I = 整数型变量,还可用 B = 布尔型变量,R = 实数型变量,P = 位置型变量,STR = 字符串,IncP = 增量位置点;变量 ID 表示变量号,整数型和实数型变量取值范围为 1~96,位置型变量取值范围为 1~999,IncP 的取值范围为 1~999

四、问题探究

1. 机器人编程语言的组成

机器人编程语言是一种程序描述语言,能十分简洁地描述工作环境和机器人的动作,能把复杂的操作内容通过尽可能简单的程序来实现。机器人编程语言和一般的程序语言一样,应当具有结构简明、概念统一以及容易扩展等特点。从实际应用的角度来看,很多情况下都是操作者实时地操纵机器人工作。

机器人编程语言用于描述可被机器人执行的作业操作,一个可用的机器人编程语言应由以下几部分组成:

1）指令集合。根据语言水平不同,指令个数可由数个到数十个,越简单越好。

2）程序的格式与结构。这是关键部分,应有通用性。

3）程序表达码和载体,用于传递源程序。

2. 机器人编程语言的级别

机器人编程语言是方法、算法和编程技巧的结合，由于机器人的类型、作业要求、控制装置和传感信息种类等多种多样，所以编程语言也是各种各样，功能、风格差别都很大。目前流行有多种机器人编程语言，按照编程功能，可将其分为以下几个不同的级别。

（1）面向点位控制的编程语言　这种语言要求用户采用示教器上的操作键或移动示教操作杆引导机器人做一系列的运动，然后将这些运动转变成机器人的控制指令。

（2）面向运动的编程语言　这种语言以描述机器人执行机构的动作为中心。编程人员使用编程语言来描述操作机所要完成的各种动作序列，数据是末端执行器在基坐标系（或绝对坐标系）中位置和姿态的坐标序列。语言的核心部分是描述手部的各种运动语句，语言的指令由系统软件解释执行，如 VAL、EMUY 和 RCL 语言等。

（3）结构化编程语言　这种语言是在 PASCAL 语言基础上发展起来的，具有较好的模块化结构。它由编译程序和运行时间系统组成。编译程序对原码进行扫描分析和校验，生成可执行的动作码，将动作码和有关控制数据送到运行时间系统进行轨迹插补及伺服控制，以实现对机器人的动作控制，如 AL、MCL 和 MAPL 语言等。

（4）面向任务的编程语言　这种语言以描述作业对象的状态变化为核心，编程人员通过工件（作业对象）的位置、姿态和运动来描述机器人的任务。编程时只需规定相应的任务（如用表达式来描述工件的位置和姿态，工件所承受的力、力矩等），由编辑系统根据有关机器人环境及任务的描述做出相应的动作规则，如根据工件几何形状确定抓取的位置和姿态、回避障碍等，然后控制机器人完成相应的动作。

3. 常用的机器人编程语言

常用的机器人编程语言有 AL 语言、AML 语言、MCL 语言、SERF 语言、SIGLA 语言和 AutoPASS 语言。

（1）AL 语言　AL 语言是由斯坦福大学于 1974 年开发的一种高级程序设计系统，描述诸如装配一类的任务。它有类似 ALGOL 的源语言，有将程序转换为机器码的编译程序和由控制操作机械手和其他设备的实时系统。编译程序采用高级语言编写，可在小型计算机上实时运行，近年来该程序已能够在微型计算机上运行。AL 语言对其他语言有很大的影响，在一般机器人语言中起主导作用。

（2）AML 语言　AML 语言是由 IBM 公司开发的一种交互式面向任务的编程语言，专门用于控制制造过程（包括机器人）。它支持位置和姿态示教、关节插补运动、直线运动、连续轨迹控制和力的传感，提供机器人运动和传感器指令、通信接口和很强的数据处理功能（能进行数据的成组操作）。这种语言已商品化，可应用于内存不小于 192KB 的小型计算机控制的装配机器人。小型 AML 可应用微型计算机控制经济型装配机器人。

（3）MCL 语言　MCL 语言是由美国麦道飞机公司为工作单元离线编程而开发的一种机器人编程语言。工作单元可以是各种形式的机器人及外围设备、数控机械、力和视觉传感器。它支持几何实体建模和运动描述，提供手爪命令，该软件是在 IBM360APT 的基础上用FORTRAN 和汇编语言写成的。

（4）SERF 语言　SERF 语言是由日本三协精机制作所开发的控制 SKILAM 机器人的语言。它包括工件的插入、装箱和手爪的开合等。与 BASIC 相似，这种语言简单，容易掌握，具有较强的功能，如三维数组、坐标变换、直线及圆弧插补、任意速度设定、子程序以及故障检测等，其动作命令和 I/O 命令可并行处理。

（5）SIGLA 语言　SIGLA 语言是由意大利 Olivetti 公司开发的一种面向装配的语言，其主要特点是为用户提供了定义机器人任务的能力。Sigma 型机器人的装配任务常由若干个子任务组成，如取螺钉旋具、从上料器上取螺钉、搬运螺钉、螺钉定位、螺钉装入和拧紧螺钉等。为了完成对子任务的描述及回避碰撞的命令，可在微型计算机上运行。

（6）AutoPASS 语言　AutoPASS 语言是一种对象级语言。对象级语言是靠对象物状态的变化给出大概的描述，把机器人的工作程序化的一种语言。AutoPASS、LUMA 和 RAFT 等都属于这一级语言。AutoPASS 是 IBM 公司属下的一个研究所提出来的机器人编程语言，它是针对机器人操作的一种语言，程序把工作的全部规划分解成放置部件、插入部件等宏功能状态变化指令来描述。AutoPASS 的编译是用称作环境模型的数据库，在模拟工作执行时环境变化的同时决定详细动作，编译出控制机器人的工作指令和数据。

五、知识拓展

机器人 PTP 控制方式是点位控制，点位控制能够确保机器人手的定位精度，但对相邻两个点的运动轨迹则不加控制。点位控制按其复杂程度可分为以下三种。

（1）固定位置的点位控制　例如在两点之间，搬运工件的机器人就可采用此方法。它无需伺服回路系统，只需确定各关节在运动空间两个固定点处的关节坐标，通过驱动源实现往复运动即可。这种系统不能实现人工示教，是一种最原始的点位控制，即所谓"固定位置的取放系统"。

（2）可编程点位控制　在这种系统中，每个关节均采用电动或液压伺服系统来实现机器人的运动，因而可以在运动空间随意设定许多个停留定位点，但它并不进行轨迹控制。它可以通过示教器或计算机终端显示器进行示教，常用在装配、点焊等方面。

（3）对轨迹进行粗略控制的点位控制　这是对可编程点位控制的改进。除了能进行点的精确定位以外，还能使机器人手在相邻两定位点之间按逼近直线的轨迹运动。它可以通过示教设定空间运动的若干定位点，同时还可设定各关节的运动速度及其他辅助参量。计算机对这些参数进行大量的在线或离线运算，既可保证机器人手既能实现精确的机械定位，又可获得良好的接近直线的运动轨迹。这些计算一般是在机器人关节坐标系下完成的。由于它比连续轨迹控制相对简单一些，因而在轨迹精度要求不高的场合最为适用，如去毛刺、装配和点焊等。

机器人 CP 控制方式是连续轨迹控制，连续轨迹控制不但要保证定位点的位置精度，而且要按相邻的两定位点间规定的轨迹运动。连续轨迹控制可分为实时控制和离线控制。

（1）实时连续轨迹控制　实时连续轨迹控制的原理是：计算机在机器人运动过程中每隔一段时间（5~100ms）采集一次机器人手当前的实际位置，根据规定的定位点位置和设定速度，按特定算法实时地计算出机器人手单步长后的前向位置，使机器人按规定轨迹运动。事实上，连续轨迹控制是通过若干插值点来实现的。这种控制方法由于需要大量实时计算，因而计算机必须有较强的运算能力和较快的运算速度。

（2）离线连续轨迹控制　与实时连续轨迹控制不同，它是将机器人若干定位点和轨迹事先精确计算好（如在示教中计算好）并存于存储器中。当机器人实际运动时，将这些事先计算好的轨迹调出来执行即可。显然离线计算比实时计算简单一些，但是它内存用量很大，并且要求机器人有很高的重复精度，否则再现时会影响轨迹精度。

六、评价反馈（表6-43）

表 6-43　评价表

基本素养（30分）					
序号	评估内容		自评	互评	师评
1	纪律（无迟到、早退、旷课）（10分）				
2	安全规范操作（10分）				
3	团结协作能力、沟通能力（10分）				
理论知识（30分）					
序号	评估内容		自评	互评	师评
1	了解工业机器人编程语言（10分）				
2	掌握工业机器人编程的基本操作（20分）				
技能操作（40分）					
序号	评估内容		自评	互评	师评
1	建立程序绘制图形轨迹（20分）				
2	建立程序绘制字母轨迹（20分）				
综合评价					

七、练习题

1. 填空题

（1）机器人编程语言指令按功能可以概括为运动控制功能、_____、_____、_____、输入/输出功能等。

（2）ROBOX 控制系统坐标系包括关节坐标系、_____、_____、_____。

（3）ROBOX 控制系统速度范围可设置为 1%～20%，为_____工作模式。

（4）目前 RPL 程序语言包括_____、_____和_____三种指令集。

（5）固高 GTC-RC800 控制系统的程序内容界面包含地址区、_____、_____和_____四个区域。

2. 简答题

（1）操作机器人时应遵守的规则有哪些？

（2）程序编辑的功能是什么？

（3）WAIADI＝0.1VALUE＝1T＝4SB＝1 表示什么意思？

（4）MOVJ 与 MOVP 之间的区别是什么？

（5）机器人编程语言按照编程功能分为哪几个不同级别？

3. 操作题

（1）建立程序名为 lianx123，标定 P1 点为机器人原点，P2 点为启动点，进行如图 6-115 所示的轨迹运动。

（2）建立程序名为 lianx124，标定 P1 点为机器人原点，P2 点为启动点，进行如图 6-116 所示的轨迹运动，全局速度为 60%，全局加速度为 20%。

图 6-115　轨迹图 1

BNRT

图 6-116　轨迹图 2

任务四　工业机器人示教编程典型应用

一、学习目标

1. 了解工业机器人路径的定义。

2. 了解工业机器人路径的规划方法。

3. 掌握工业机器人典型应用（搬运）的示教编程方法。

二、工作任务

1. 计算机器人运动轨迹。

2. 根据任务要求建立程序。

三、实践操作

1. 知识储备

机器人在动作前需要进行任务规划、动作规划和轨迹规划。轨迹规划是根据作用任务要求，计算出预期的运动轨迹，根据这个预期的轨迹，实时计算机器人运动的位移、速度和加速度，生成运动轨迹。路线是指机器人跟踪的空间曲线，与时间无关；轨迹是机器人在其路线上中间位姿的时间顺序，与时间有关。所以，机器人末端由初始点（位置和姿态）运动到终止点经过的空间曲线称为路径，如图 6-117 所示。

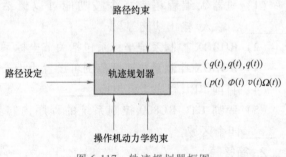

图 6-117　轨迹规划器框图

在规划运动轨迹之前，需要给定机器人在初始点和终止点的手臂形态。在规划机器人关节插值运动轨迹时，需要注意以下几点：

1）抓住一个物体时，机械手的运动方向应该指向离开支持表面的方向，否则机械手可能与支持面相碰。

2）若沿支持面的法线方向从初始点向外给定一个离开位置（提升点），并要求机械手（即手部坐标系的原点）经过此位置，这种离开运动是允许的。如果还给定由初始点运动到离开位置的时间，就可以控制提起物体运动的速度。

3）对于机械手臂运动提升点的要求同样也适用于终止位置运动的下放点（即必须先运动到支持表面外法线方向上的某点，再慢慢下移至终止点）。这样，可获得和控制正确的接近方向。

4）机器人手臂的每一次运动都包含四个点：初始点、提升点、下放点和终止点。

（1）位置约束

1）初始点：给定速度和加速度（一般为零）。

2）提升点：中间点运动的连续。

3）下放点：同提升点。

4）终止点：给定速度和加速度（一般为零）。

所有关节轨迹的极值必须不超出每个关节变量的物理和几何极限，关节轨迹的位置条件如图 6-118 所示。

（2）时间的考虑

1）轨迹的初始段和终止段：时间由机器人末端接近和离开支持表面的速率决定，是由关节电动机特性决定的某个常数。

2）轨迹的中间点或中间段：时间由各关节的最大速度和加速度决定，将使用这些时间中的一个最长时间（即用最低速关节确定的最长时间来归一化）。

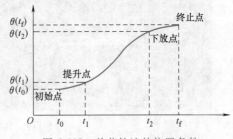

图 6-118　关节轨迹的位置条件

关节轨迹的典型约束条件见表 6-44。在这些约束之下，所要研究的是选择一种 n 次（或小于 n 次）的多项式函数，使得在各结点（初始点、提升点、下放点和终止点）上满足对位置、速度和加速度的要求，并使关节位置、速度和加速度在整个时间 $[t_0, t_f]$ 中保持连续。

分割轨迹的方法有 4-3-4 轨迹和 3-5-3 轨迹，这里只介绍 4-3-4 轨迹分割方法。在 4-3-4 轨迹中，每个关节有下面三段轨迹（表 6-44）：第一段由初始点到提升点的轨迹用四次多项式表示，第二段（或中间段）由提升点到下放点的轨迹用三次多项式表示，最后一段由下放点到终止点的轨迹用四次多项式表示。

表 6-44　关节轨迹的典型约束条件

初始位置		中间位置		终止位置	
	1. 位置（给定）		1. 提升点位置（给定）		1. 位置（给定）
	2. 速度（给定，通常为零）		2. 提升点位置（与前一段轨迹连续）		2. 速度（给定，通常为零）
			3. 速度（与前一段轨迹连续）		
			4. 加速度（与前一段轨迹连续）		
	3. 加速度（给定，通常为零）		5. 下放点位置（给定）		3. 加速度（给定，通常为零）
			6. 下放点位置（与前一段轨迹连续）		
			7. 速度（与前一段轨迹连续）		
			8. 加速度（与前一段轨迹连续）		

有限偏差关节路径法是在预规划阶段在关节变量空间求得足够多的中间插值点，以保证在关节变量空间驱动的机器人偏离预定直线路径的误差在预定极限之内。

2. ROBOX 控制系统机器人示教编程

（1）建立程序文件　登录到"管理员"模式下，选择"文件"菜单，在当前界面下，单击"新建"，然后在弹出的窗口输入程序文件名"banyun1"，如图 6-119 所示，确认后系统会自动跳转到程序编辑界面，示教搬运程序如图 6-120 所示。

图 6-119　建立"banyun1"程序文件

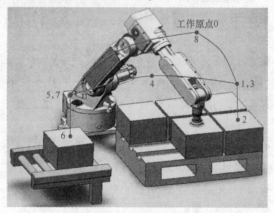

图 6-120　示教搬运程序

（2）示教程序

1）程序点 0——开始位置。把机器人移动到完全离开周边物体的位置，输入程序点 0，如图 6-121 所示。在示教器程序界面里单击"..."，再单击"MJointPJ"，此时示教器上显示的程序见表 6-45。

图 6-121　程序点 0

表 6-45　工作原点

程序	注释
MJOINT(∗ ,v500,fine,tool0)	工作原点

2）程序点 1——抓取位置附近（抓取前），决定抓取姿态。程序点 1 必须选取机器人接近工件时不与工件发生干涉的方向、位置，通常在抓取位置的正上方，如图 6-122 所示。在示教器程序界面里单击"..."，再单击"MJointPJ"，此时示教器上显示的程序见表 6-46。

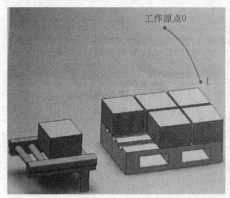

图 6-122　程序点 1

表 6-46　第一点

程序	注释
MJOINT(∗ ,v500,fine,tool0)	工作原点
MJOINT(∗ ,v500,fine,tool0)	第一点

3）程序点 2——抓取位置。

① 设置运行速度，接近抓取位置时可以选择较低速度。

② 接近夹取点 2 时，采用机器人坐标模式。用轴操作键在机器人坐标系下移动至机器人抓取位置 2，如图 6-123 所示。

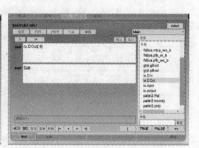

图 6-123　程序点 2

③ 在示教器程序界面里单击"..."，再单击"MJointPJ"。

④ 保持程序点 2 的姿态，单击程序界面"日志"旁的"编辑"软键，在右侧标题栏"通用"指令下选择"：="，单击下方的"<<"软键，单击"dest"，选择标题栏"变量"

中的"io. DOut",单击下方的"<<"软键,选择"dest"指令名称中的"???",单击"值"后输入"9",单击"√",选择"expr",单击"TRUE"后确认。此时示教器上显示的程序见表6-47。

表 6-47 第二点

程序	注释
MJOINT(∗ ,v500,fine,tool0)	工作原点
MJOINT(∗ ,v500,fine,tool0)	第一点
MJOINT(∗ ,v500,fine,tool0)	第二点
io. DOut[9] : = true	夹取指令具体 I/O 根据实际操作确定

4)程序点3——同程序点1(抓取后),决定抓取后的退让等待位置。程序点3通常在抓取位置的正上方,如图6-124所示。一般可与程序点1在同一位置。设置运行速度,接近抓取位置时可以选择较低速度。在示教器程序界面里单击"...",再单击"MJointPJ",此时示教器上显示的程序见表6-48。

图 6-124 程序点 3

表 6-48 第三点

程序	注释
MJOINT(∗ ,v500,fine,tool0)	工作原点
MJOINT(∗ ,v500,fine,tool0)	第一点
MJOINT(∗ ,v500,fine,tool0)	第二点
io. DOut[9] : = true	夹取指令具体 I/O 根据实际操作确定
MJOINT(∗ ,v500,fine,tool0)	第三点和第一点选择同样的点

5)程序点4——中间辅助位置。程序点4通常选择与周边设备和工具不发生干涉的方向、位置。一般可以选择取点和放点中间上方的安全位置。

① 设置运行速度,可以选择较高的速度。

② 用轴操作键把机器人移动至比较安全的位置4,如图6-125所示。

③ 在示教器程序界面里单击"...",再单击"MJointPJ",此时示教器上显示的程序见表6-49。

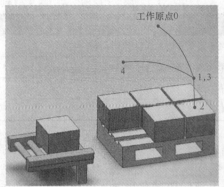
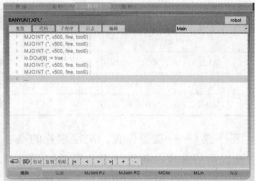

图 6-125　程序点 4

表 6-49　第四点

程序	注释
MJOINT（ ＊ ,v500,fine,tool0）	工作原点
MJOINT（ ＊ ,v500,fine,tool0）	第一点
MJOINT（ ＊ ,v500,fine,tool0）	第二点
io. DOut［9］: = true	夹取指令具体 I/O 根据实际操作确定
MJOINT（ ＊ ,v500,fine,tool0）	第三点和第一点选择同样的点
MJOINT（ ＊ ,v500,fine,tool0）	第四点

　　6）程序点 5——放置位置附近（放置前），决定放置姿态。在从程序点 4 到程序点 5 的过程中可以采用较高速度。程序点 5 通常选择与周边设备和工具不发生干涉的方向、位置，一般选择放置位置的正上方，如图 6-126 所示。在示教器程序界面里单击"..."，再单击"MJointPJ"，此时示教器上显示程序见表 6-50。

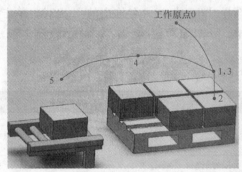

图 6-126　程序点 5

表 6-50　第五点

程序	注释
MJOINT（ ＊ ,v500,fine,tool0）	工作原点
MJOINT（ ＊ ,v500,fine,tool0）	第一点
MJOINT（ ＊ ,v500,fine,tool0）	第二点

（续）

程序	注释
io. DOut[9] : = true	夹取指令具体 I/O 根据实际操作确定
MJOINT(* , v500, fine, tool0)	第三点和第一点选择同样的点
MJOINT(* , v500, fine, tool0)	第四点
MJOINT(* , v500, fine, tool0)	第五点

7）程序点6——放置位置，决定放置的点。

① 设置运行速度，接近放置位置时可以选择较低速度。

② 接近放置点6时，采用机器人坐标模式。用轴操作键在机器人坐标系下移动至机器人放置位置6，如图6-127所示。

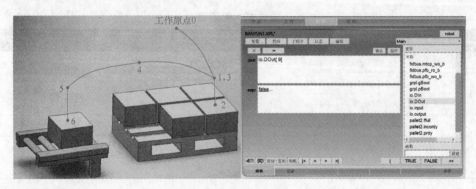

图 6-127　程序点 6

③ 在示教器程序界面里单击 "..."，再单击 "MJointPJ"。

④ 保持程序点 6 的姿态，单击程序界面 "日志" 旁的 "编辑" 软键，在右侧标题栏 "通用" 指令下选择 " : ="，单击下方的 "<<" 软键，单击 "dest"，选择标题栏 "变量" 中的 "io. DOut"，单击下方的 "<<" 软键，选择 "dest" 指令名称中的 "???"，单击 "值" 后输入 "9"，单击 "√"，选择 "expr"，单击 "FALSE" 后确认。此时示教器上显示的程序见表6-51。

表 6-51　第六点

程序	注释
MJOINT(* , v500, fine, tool0)	工作原点
MJOINT(* , v500, fine, tool0)	第一点
MJOINT(* , v500, fine, tool0)	第二点
io. DOut[9] : = true	夹取指令具体 I/O 根据实际操作确定
MJOINT(* , v500, fine, tool0)	第三点和第一点选择同样的点
MJOINT(* , v500, fine, tool0)	第四点
MJOINT(* , v500, fine, tool0)	第五点
MJOINT(* , v500, fine, tool0)	第六点
io. DOut[9] : = false	松开夹具指令具体 I/O 根据实际操作确定

8) 程序点 7——放置位置附近 (放置后)。程序点 7 通常在放置位置的正上方，如图 6-128 所示。一般可与程序点 5 在同一位置。设置运行速度，接近放置位置时可以选择较低速度。在示教器程序界面里单击"..."，再单击"MJointPJ"，此时示教器上显示的程序见表 6-52。

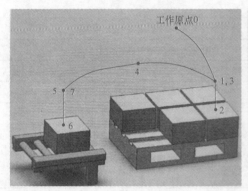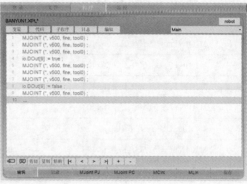

图 6-128 程序点 7

表 6-52 第七点

程序	注释
MJOINT(* ,v500,fine,tool0)	工作原点
MJOINT(* ,v500,fine,tool0)	第一点
MJOINT(* ,v500,fine,tool0)	第二点
io. DOut[9] := true	夹取指令具体 I/O 根据实际操作确定
MJOINT(* ,v500,fine,tool0)	第三点和第一点选择同样的点
MJOINT(* ,v500,fine,tool0)	第四点
MJOINT(* ,v500,fine,tool0)	第五点
MJOINT(* ,v500,fine,tool0)	第六点
io. DOut[9] := false	松开夹具指令具体 I/O 根据实际操作确定
MJOINT(* ,v500,fine,tool0)	第七点

9) 程序点 8——最初的程序点和最终的程序点重合。通常最终位置的程序点 8 与最初位置的程序点 0 设在同一个位置，如图 6-129 所示。选择程序中的第一行，将它点蓝，单击"复制"，单击最后一行，单击"粘贴"即可。此时示教器上显示的程序见表 6-53。

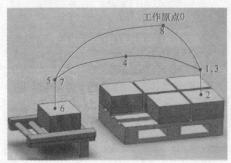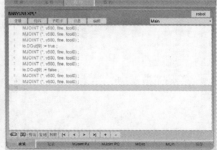

图 6-129 程序点 8

表 6-53　第八点

程序	注释
MJOINT(* , v500, fine, tool0)	工作原点
MJOINT(* , v500, fine, tool0)	第一点
MJOINT(* , v500, fine, tool0)	第二点
io. DOut[9] : = true	夹取指令具体 I/O 根据实际操作确定
MJOINT(* , v500, fine, tool0)	第三点和第一点选择同样的点
MJOINT(* , v500, fine, tool0)	第四点
MJOINT(* , v500, fine, tool0)	第五点
MJOINT(* , v500, fine, tool0)	第六点
io. DOut[9] : = false	松开夹具指令具体 I/O 根据实际操作确定
MJOINT(* , v500, fine, tool0)	第七点
MJOINT(* , v500, fine, tool0)	第八点

（3）轨迹确认

1）轨迹示教结束后，必须进行轨迹确认。在轨迹确认的过程中必须清除机器人周围的任何障碍物。

2）随时保持警觉状态，确保出现故障时，能够及时按下电控柜上的急停按钮。

在完成机器人动作程序输入后，运行程序，以便检查各程序点是否有不妥之处。程序运行见表 6-54。

表 6-54　程序运行

序号	图示	说明
1	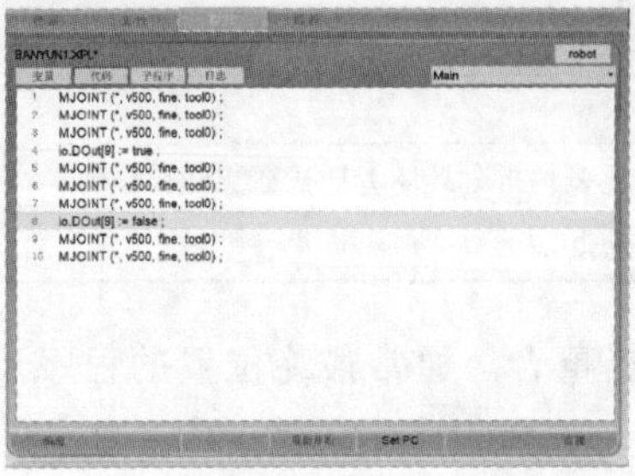	单击程序界面左下方的"编辑"，返回代码界面
2	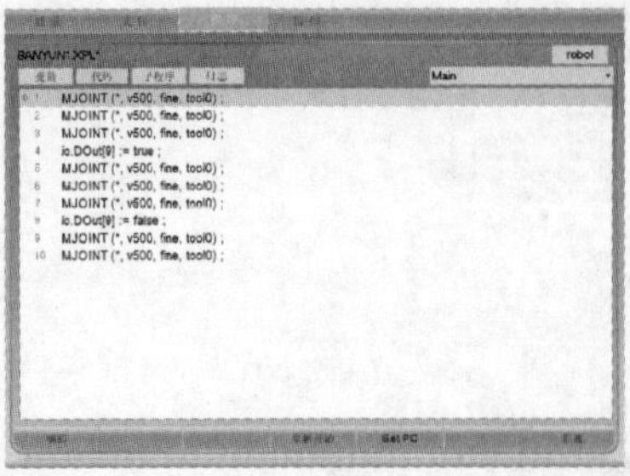	选择代码界面第一行程序语句，单击"Set PC"

（续）

序号	图示	说明
3	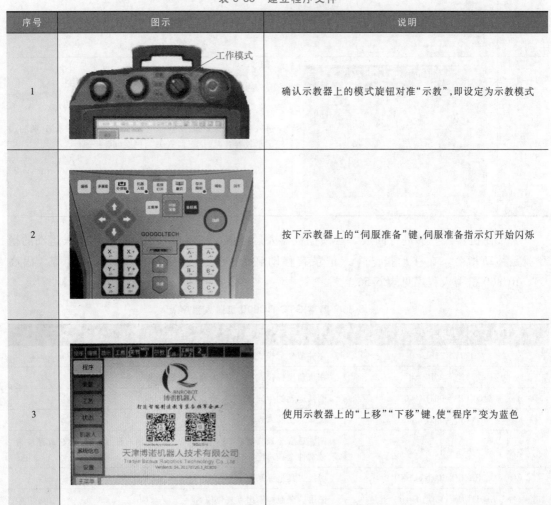	将示教器调至"单步进入"运行模式,使能打开,按住示教器上的"启动"键,机器人会执行选中行指令(本程序点未执行先前,松开则停止运动,按下继续运动),通过机器人的动作确认各程序点是否正确。执行完一行后松开,再次按下"启动"键,机器人开始执行下一个程序点
4		程序点确认完成后,可进行自动运行

3. 固高 GTC-RC800 控制系统机器人示教编程

（1）建立程序文件 建立程序文件见表 6-55。

表 6-55 建立程序文件

序号	图示	说明
1		确认示教器上的模式旋钮对准"示教",即设定为示教模式
2		按下示教器上的"伺服准备"键,伺服准备指示灯开始闪烁
3		使用示教器上的"上移""下移"键,使"程序"变为蓝色

（续）

序号	图示	说明
4	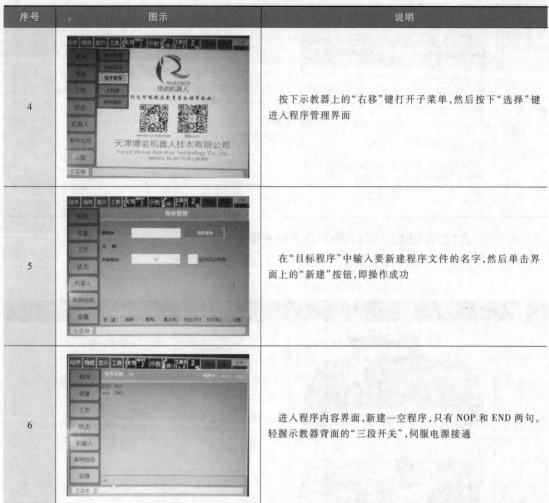	按下示教器上的"右移"键打开子菜单，然后按下"选择"键进入程序管理界面
5		在"目标程序"中输入要新建程序文件的名字，然后单击界面上的"新建"按钮，即操作成功
6		进入程序内容界面，新建一空程序，只有 NOP 和 END 两句。轻握示教器背面的"三段开关"，伺服电源接通

　　为了使机器人能够进行回放，必须把机器人运动指令编制成程序。控制机器人运动的指令就是移动指令。在移动指令中，记录有移动到的位置、插补方式和回放速度等。固高 GTC-RC800 机器人程序见表 6-56。

表 6-56　固高 GTC-RC800 机器人程序

程序	注释
MOVJV = 25BL = 0	在关节坐标模式下，以最大速度的 25% 运动
MOVLV = 25BL = 0	在直角坐标模式下，以最大速度的 25% 运动
MOVCP1 = 001BL = 0	圆弧运动的中间点（第一个点默认为上一点）
MOVCP2 = 002BL = 0	圆弧运动的末点
SPEEDSP = 60	调整速度至最高速的 60%（默认 50%），对所有运动指令有效（此速度为示教文件全局速度）
COORD_NUMCOORD = TCSNUM = 1	切换工具坐标系至 1
DOUTDO = 1VALUE = 0	把第一个通用输出点复位掉

（续）

程序	注释
TIMER　T = 1000	延时 1s
WAIT DI = 2 VALUE = 1	等待第二个通用输入点，为 1（触发时），继续执行
IF DI = 1 VALUE = 0 THEN	判断：当第一个输入点为 0 时，执行下面动作
CALL PROG = 1	调用名字为 1 的子程序
END_IF	结束上面的 IF 判断
JUMP L = 0001	程序跳转至第一行

（2）示教程序　在示教从上一个程序点转至下一个程序点的过程中，不能切换不同的坐标系，否则记录会造成机器人运动异常。

程序是把机器人的作业内容用机器人语言加以描述的指令集合。

现在示教机器人将工件从点 A 搬运到点 B 的程序，该程序由 0~8 共 9 个程序点组成，程序内容见表 6-57。

表 6-57　机器人搬运程序

运动方式	参数	释义
MOVJ	P = 1 V = 25 BL = 0	工作原点
MOVJ	P = 2 V = 25 BL = 0	第一点
MOVL	V = 5 BL = 0	第二点
DOUT	DO = 1 VALUE = 1	夹取指令具体 I/O 根据实际情况操作确定
MOVL	P = 2 V = 10 BL = 0	第三点和第一点选择同样的点
MOVJ	V = 50 BL = 0	第四点
MOVJ	P = 3 V = 50 BL = 0	第五点
MOVJ	V = 10 BL = 0	第六点
DOUT	DO = 1 VALUE = 0	松开夹具指令具体 I/O 根据实际情况操作确定
MOVJ	P = 3 V = 20 BL = 0	第七点
MOVJ	P = 1 V = 100 BL = 0	第八点

文件中用到的重复位置点可以提前标定好，如 0 和 8 点重复记为 P1，1 和 3 点重复记为 P2，5 和 7 点重复记为 P3。

1）程序点 0——开始位置。把机器人移动到完全远离周边物体的位置，输入程序点 0。

① 按下示教器上的"命令一览"键，在右侧弹出指令列表菜单。

② 按下示教器上的"下移"键，使"移动 1"变蓝后，按下"右移"键，打开"移动 1"子列表，"MOVJ"变蓝后，按下"选择"键，指令出现在命令编辑区。

③ 修改指令参数为需要的参数，设置速度，使用默认位置点 ID 为 1（P1 必须提前示教好）。

④ 按下示教器上的"插入"键，"插入"键旁的绿色指示灯亮起。然后按下"确认"键，指令被插入程序文件记录列表中。

此时列表内容显示如下：

MOVJP = 1V = 25BL = 0（工作原点）

2）程序点 1——抓取位置附近（抓取前），决定抓取姿态。程序点 1 必须选取机器人接近工件时不与工件发生干涉的方向、位置，通常在抓取位置的正上方，如图 6-130 所示。

① 按下示教器上的"命令一览"键，在右侧弹出指令列表菜单。

② 按下示教器上的"下移"键，使"移动 1"变蓝后，按下"右移"键，打开"移动 1"子列表，"MOVJ"变蓝后，按下"选择"键，指令出现在命令编辑区。

③ 修改指令参数为需要的参数，设置速度，把位置点 ID 修改为 2（P2 必须提前示教好）。

④ 按下示教器上的"插入"键，"插入"键旁的绿色指示灯亮起。然后按下"确认"键，指令被插入程序文件记录列表中。

此时列表内容显示如下：

MOVJP = 1V = 25BL = 0（工作原点）

MOVJP = 2V = 25BL = 0（第一点）

3）程序点 2——抓取位置。

① 设置运行速度，接近抓取位置时可以选择较低速度。

② 接近夹取点 2 时，建议采用直角坐标模式。按下示教器上的"坐标系"键，把坐标系切换至直角坐标系模式。用轴操作键在直角坐标系下移动至机器人抓取位置 2，如图 6-131 所示。

图 6-130　程序点 1

图 6-131　程序点 2

③ 记录程序点 2 时，采用直线插补模式。按下示教器上的"插补"键，切换插补方式至直线插补。

④ 按下示教器上的"插入"键，"插入"键旁的绿色指示灯亮起。然后按下"确认"键，指令被插入程序文件记录列表中。

⑤ 保持程序点 2 的姿态，按下示教器上的"命令一览"键，在右侧弹出指令列表菜单。选择"I/O"里的 DOUT 指令，进行相应的 I/O 参数设置。

⑥ 先后按下示教器上的"插入"键和"确认"键，即可插入手爪工作指令。这步需要根据实际情况操作具体 IO。

此时列表内容显示如下：

MOVJP = 1V = 25BL = 0（工作原点）

MOVJ P = 2 V = 25 BL = 0（第一点）

MOVL V = 5 BL = 0（第二点）

DOUT DO = 1 VALUE = 1（夹取指令具体 I/O 根据实际情况操作确定）

4）程序点 3——同程序点 1（抓取后），决定抓取后的退让等待位置。程序点 3 通常在抓取位置的正上方，如图 6-132 所示。一般可与程序点 1 在同一位置。设置运行速度，接近抓取位置时可以选择较低速度。

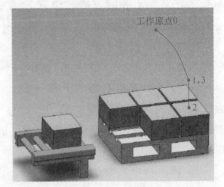

图 6-132　程序点 3

① 按下示教器上的"命令一览"键，在右侧弹出指令列表菜单。

② 按下示教器上的"下移"键，使"移动 1"变蓝后，按下"右移"键，打开"移动 1"子列表，"MOVL"变蓝后，按下"选择"键，指令出现在命令编辑区。

③ 修改指令参数为需要的参数，设置速度，把位置点 ID 修改为 2（P2 必须提前示教好）。

④ 按下示教器上的"插入"键，"插入"键旁的绿色指示灯亮起。然后按下"确认"键，指令被插入程序文件记录列表中。

此时列表内容显示如下：

MOVJ P = 1 V = 25 BL = 0（工作原点）

MOVJ P = 2 V = 25 BL = 0（第一点）

MOVL V = 5 BL = 0（第二点）

DOUT DO = 1 VALUE = 1（夹取指令具体 I/O 根据实际情况操作确定）

MOVL P = 2 V = 10 BL = 0（第三点和第一点选择同样的点）

5）程序点 4——中间辅助位置。程序点 4 通常选择与周边设备和工具不发生干涉的方向、位置。一般可以选择取点和放点中间上方的安全位置，如图 6-133 所示。

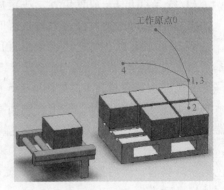

图 6-133　程序点 4

① 设置运行速度，可以选择较高的速度。

② 用轴操作键把机器人移到比较安全的位置 4。

③ 记录程序点 4 时，可采用关节或直线插补模式。按下示教器上的"插补"键，切换插补方式至关节插补。

④ 按下示教器上的"插入"键，"插入"键旁的绿色指示灯亮起。然后按下"确认"键，指令被插入程序文件记录列表中。

此时列表内容显示如下：

MOVJ P = 1 V = 25 BL = 0（工作原点）

MOVJ P = 2 V = 25 BL = 0（第一点）

MOVL V = 5 BL = 0（第二点）

DOUT DO = 1 VALUE = 1（夹取指令具体 I/O 根据实际情况操作确定）

MOVLP = 2V = 10BL = 0（第三点和第一点选择同样的点）

MOVJV = 50BL = 0（第四点）

6）程序点 5——放置位置附近（放置前），决定放置姿态。在从程序点 4 到程序点 5 的过程中可以采用较高速度。必须选取机器人接近工件时不与工件发生干涉的方向、位置。通常在放置位置的正上方，如图 6-134 所示。

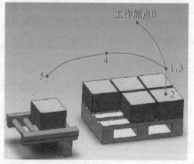

图 6-134　程序点 5

① 按下示教器上的"命令一览"键，在右侧弹出指令列表菜单。

② 按下示教器上的"下移"键，使"移动 1"变蓝后，按下"右移"键，打开"移动 1"子列表，"MOVJ"变蓝后，按下"选择"键，指令出现在命令编辑区。

③ 修改指令参数为需要的参数，设置速度，把位置点 ID 修改为 3（P3 必须提前示教好）。

④ 按下示教器上的"插入"键，"插入"键旁的绿色指示灯亮起。然后按下"确认"键，指令被插入程序文件记录列表中。

此时列表内容显示如下：

MOVJP = 1V = 25BL = 0（工作原点）

MOVJP = 2V = 25BL = 0（第一点）

MOVLV = 5BL = 0（第二点）

DOUTDO = 1VALUE = 1（夹取指令具体 I/O 根据实际情况操作确定）

MOVLP = 2V = 10BL = 0（第三点和第一点选择同样的点）

MOVJV = 50BL = 0（第四点）

MOVJP = 3V = 50BL = 0（第五点）

7）程序点 6——放置位置，决定放置的点。

① 设置运行速度，接近放置位置时可以选择较低速度。

② 接近放置点 6 时，建议采用直角坐标模式。按下示教器上的"坐标系"键，把坐标系切换至直角坐标系模式。用轴操作键在直角坐标系下移动至机器人放置位置 6，如图 6-135 所示。

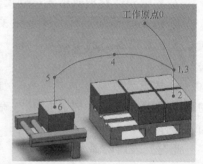

③ 记录程序点 6 时，采用直线插补模式。按下示教器上"插补"键，切换插补方式至直线插补。

④ 按下示教器上的"插入"键，"插入"键旁的绿色指示灯亮起。然后按下"确认"键，指令被插入程序文件记录列表中。

⑤ 保持程序点 6 的姿态，按下示教器上的"命令一览"键，在右侧弹出指令列表菜单。选择"I/O"里的 DOUT 指令，进行相应的 I/O 参数设置。

图 6-135　程序点 6

⑥ 先后按下示教器上的"插入"和"确认"键，即可插入手爪工作指令。这步需要根据实际情况操作具体 I/O。

此时列表内容显示如下：

MOVJP=1V=25BL=0（工作原点）

MOVJP=2V=25BL=0（第一点）

MOVLV=5BL=0（第二点）

DOUTDO=1VALUE=1（夹取指令具体 I/O 根据实际情况操作确定）

MOVLP=2V=10BL=0（第三点和第一点选择同样的点）

MOVJV=50BL=0（第四点）

MOVJP=3V=50BL=0（第五点）

MOVJV=10BL=0（第六点）

DOUTDO=1VALUE=0（松开夹具指令具体 I/O 根据实际情况操作确定）

8）程序点 7——放置位置附近（放置后）。程序点 7 通常在放置位置的正上方，如图 6-136 所示。一般可与程序点 5 在同一位置。设置运行速度，接近放置位置时可以选择较低速度。

① 按下示教器上的"命令一览"键，在右侧弹出指令列表菜单。

② 按下示教器上的"下移"键，使"移动 1"变蓝后，按下"右移"键，打开"移动 1"子列表，"MOVJ"变蓝后，按下"选择"键，指令出现在命令编辑区。

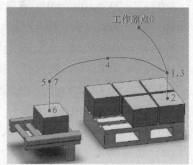

图 6-136 程序点 7

③ 修改指令参数为需要的参数，设置速度，把位置点 ID 修改为 3（P3 必须提前示教好）。

④ 按下示教器上的"插入"键，"插入"键旁的绿色指示灯亮起。然后按下"确认"键，指令被插入程序文件记录列表中。

此时列表内容显示如下：

MOVJP=1V=25BL=0（工作原点）

MOVJP=2V=25BL=0（第一点）

MOVLV=5BL=0（第二点）

DOUTDO=1VALUE=1（夹取指令具体 I/O 根据实际情况操作确定）

MOVLP=2V=10BL=0（第三点和第一点选择同样的点）

MOVJV=50BL=0（第四点）

MOVJP=3V=50BL=0（第五点）

MOVJV=10BL=0（第六点）

DOUTDO=1VALUE=0（松开夹具指令具体 I/O 根据实际情况操作确定）

MOVJP=3V=20BL=0（第七点）

9）程序点 8——最初的程序点和最终的程序点重合。通常最终位置的程序点 8 与最初位置的程序点 0 设在同一个位置，如图 6-137 所示。

① 按下示教器上的"命令一览"键，在右侧弹出指令列表菜单。

② 按下示教器上的"下移"键，使"移动 1"变蓝后，按下"右移"键，打开"移动 1"子列表，MOVJ 变蓝后，按下"选择"键，指令出现在命令编辑区。

③ 修改指令参数为需要的参数，设置速度，使用默认位置点 ID 为 1（P1 必须提前示教好）。

④ 按下示教器上的"插入"键，"插入"键旁的绿色指示灯亮起。然后按下"确认"键，指令被插入程序文件记录列表中。

图 6-137　程序点 8

此时列表内容显示如下：

MOVJP = 1V = 25BL = 0（工作原点）

MOVJP = 2V = 25BL = 0（第一点）

MOVLV = 5BL = 0（第二点）

DOUTDO = 1VALUE = 1（夹取指令具体 I/O 根据实际情况操作确定）

MOVLP = 2V = 10BL = 0（第三点和第一点选择同样的点）

MOVJV = 50BL = 0（第四点）

MOVJP = 3V = 50BL = 0（第五点）

MOVJV = 10BL = 0（第六点）

DOUTDO = 1VALUE = 0（松开夹具指令具体 I/O 根据实际情况操作确定）

MOVJP = 3V = 20BL = 0（第七点）

MOVJP = 1V = 100BL = 0（第八点）

（3）轨迹确认

1）轨迹示教结束后，必须进行轨迹确认。在轨迹确认的过程中必须清除机器人周围的任何障碍物。

2）随时保持警觉状态，确保出现故障时，能够及时按下电控柜上的急停按钮。

在完成机器人动作程序输入后，运行程序，以便检查各程序点是否有不妥之处。

步骤一，把光标移到程序点 1（行 0001）。

步骤二，一直按示教器上的"前进"键，机器人会执行选中行指令（本程序点未执行完以前，松开则停止运动，按下继续运动），通过机器人的动作确认各程序点是否正确。执行完一行后松开，再次按下"前进"键，机器人开始执行下一个程序点。

步骤三，程序点确认完成后，把光标移到程序起始处。

步骤四，连续运行程序，按下"三段开关"+"前进"键，机器人连续回放所有程序点，一个循环后停止运行。

四、问题探究

工业机器人搬运的好处包括以下三方面。

（1）增加工人的安全性　在一些恶劣的工业环境中，人类亲身去执行工作是非常危险的，现场机器和尖锐物体很容易伤人，在一些高温、粉尘和有毒环境下工作的员工时刻会有生命危险。那么，在这些环境下使用工业机器人代替人工完成搬运工作恰到好处。

（2）提升工厂生产效率　机器人虽然无法做到一切，有些工作还是需要人来完成的，但在许多领域使用机器人可以提升工作效率，特别是一些重复性的工作，搬运机器人可以24h 不停机工作，企业只需要支付电费即可。而且有些工作不需要照明系统，可以黑灯作业，这将进一步降低工厂的成本。

（3）保证搬运更加整齐规范 搬运机器人可以产生较高的生产品质，因为它们被编程设定了精确、重复的动作，不会受到环境和情绪影响而犯错误。在某些方面，人为操作很难控制所有动作的一致性，而搬运机器人消除了人为错误的可能，可以确保搬运更加整齐规范。

五、知识拓展

码垛机器人和搬运机器人在本质上并没有太大的区别，其硬件组成和控制方式相同。它们的不同之处如下：

1）从机器人的自由度来看，码垛机器人多使用四轴机器人，而搬运机器人一般使用六轴机器人。

2）从工作性质来看，码垛机器人应用比较专一，对机器人灵活度要求不高，所以它只需要进行平面的移动。而搬运机器人不但要进行抓取动作，有时候还要配合工序进行产品的旋转、前倾及侧翻等动作，所以大部分的搬运都选择轴数多的机器人来完成。

码垛机器人通常是一种具有特殊功能的垂直多关节型机器人，广泛应用于石油、化工、食品加工和饮料等领域。它可通过主计算机根据不同的物料包装、堆垛顺序和层数等参数进行设置，以实现不同型包装的码垛要求，如图 6-138 所示。

图 6-138 码垛机器人

码垛机器人是立体仓库中最重要的设备之一，是将货物堆放到立体仓库的前端设备，能够把单一的物料码放到一起，便于运输，提高了生产率。

六、评价反馈（表 6-58）

表 6-58 评价表

基本素养（30 分）				
序号	评估内容	自评	互评	师评
1	纪律（无迟到、早退、旷课）（10 分）			
2	安全规范操作（10 分）			
3	团结协作能力、沟通能力（10 分）			
理论知识（40 分）				
序号	评估内容	自评	互评	师评
1	掌握 ROBOX 控制系统的编程指令（15 分）			
2	掌握固高 GTC-RC800 控制系统的编程指令（15 分）			
3	了解不同控制系统之间的编程特点（10 分）			
技能操作（30 分）				
序号	评估内容	自评	互评	师评
1	采用 ROBOX 控制系统机器人完成搬运动作（15 分）			
2	采用固高 GTC-RC800 控制系统机器人完成搬运动作（15 分）			
综合评价				

七、练习题

1. 填空题

（1）机器人在动作前需要进行_____、_____和_____。

（2）对机器人手臂的每一次运动都是四个点：_____、_____、_____和_____。

（3）机器人跟踪的空间曲线与时间无关是指_____；机器人在其路线上中间位姿的时间顺序与时间有关是指_____。

（4）分割轨迹的方法包括_____和_____。

2. 简答题

（1）机器人进行动作时路线与轨迹的区别是什么？

（2）工业机器人搬运的好处有哪些？

3. 操作题

建立新程序完成如图6-139所示的工件搬运，将图中的形状搬运到相应的位置上。

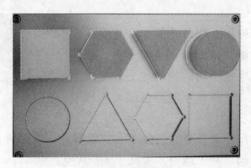

图 6-139　搬运模块

项目七
基于 IRobotSIM 的虚拟仿真

一、学习目标

1. 了解 IRobotSIM 软件的功能。

2. 了解 IRobotSIM 软件的安装方法。

二、工作任务

学习 IRobotSIM 软件的安装方法。

三、实践操作

1. 知识储备

IRobotSIM 是专业的虚拟仿真编程平台，具有多种功能特性与应用编程接口。它可以用于二次定制开发、轨迹规划以及三维可视化与渲染、碰撞检测、信号交互协同控制、机器人运动学分析、离散事件处理等规划类 CAE 分析功能。

IRobotSIM 主要有以下几个特性：

1）IRobotSIM 使用集成开发环境、分布式控制体系结构。每个模型可以通过嵌入式脚本、插件和远程客户端应用编程接口控制。

2）IRobotSIM 支持 C/C++、Lua、Python、MATLAB 和 Octave 等编程语言。

3）IRobotSIM 中有 Bullet、Open Dynamics Engine（ODE）、Vortex 和 Newton 四个物理引擎。其中，Bullet 引擎包括 Bullet2.78 和 Bullet2.83 两个版本。

4）IRobotSIM 包括运动逆解、碰撞检测、距离计算、运动规划、路径规划和几何约束六大模块。

5）IRobotSIM 支持在 Windows7 或 Windows10 系统下载安装。将安装包放在英文路径下，双击安装程序，根据提示进行操作安装即可。注意：安装过程可自定义安装目录，一旦开始安装后，默认是不能取消的。

2. IRobotSIM 软件的安装

IRobotSIM 安装步骤见表 7-2。

表 7-1　IRobotSIM 安装步骤

序号	操作说明	图示
1	运行 IRobotSIM 安装程序	 IRobotSIM_Setup .exe

（续）

序号	操作说明	图示
2	单击"下一步"按钮	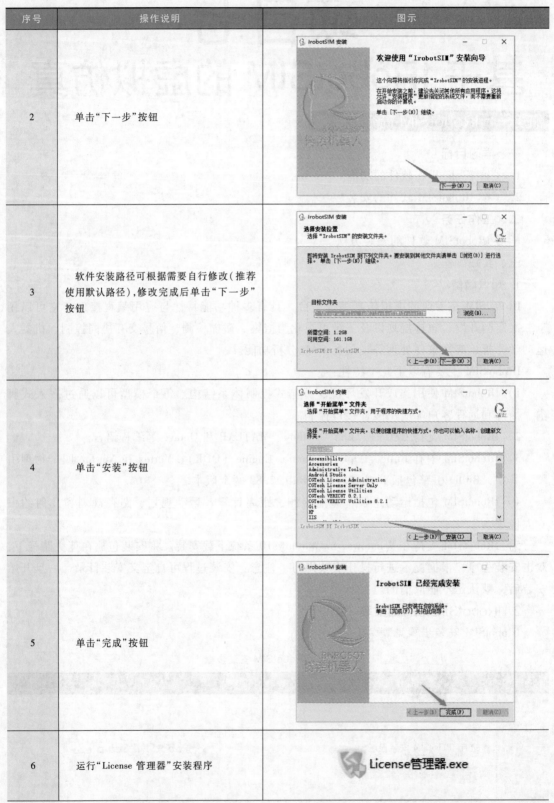
3	软件安装路径可根据需要自行修改（推荐使用默认路径），修改完成后单击"下一步"按钮	
4	单击"安装"按钮	
5	单击"完成"按钮	
6	运行"License 管理器"安装程序	License管理器.exe

（续）

序号	操作说明	图示
7	单击"自定义选项"，可修改安装路径	
8	软件安装路径可根据需要自行修改（推荐使用默认路径），修改完成后单击"立即安装"按钮	
9	安装完成后，单击"立即体验"按钮	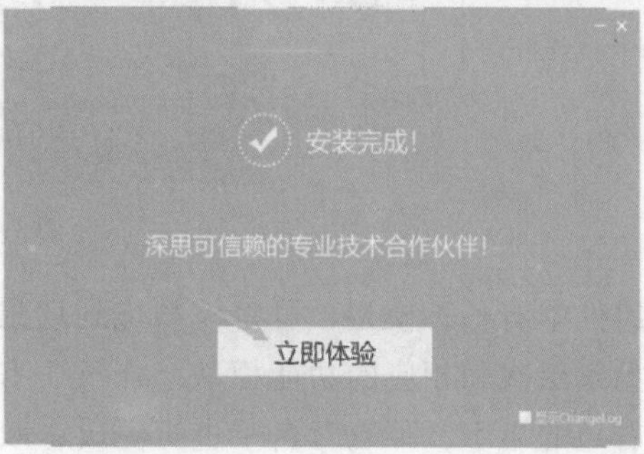
10	联系经销商申请授权	

3. IRobotSIM 软件的使用

启动 IRobotSIM 后，软件主界面如图 7-1 所示。

（1）应用栏　应用栏显示了软件的名称。

（2）菜单栏　菜单栏显示了对象的常用操作。文件列表用于场景的建立和保存，支持 obj、dxf、stl、stp、step 和 iges 等格式文件的导入，也可以直接加载 hcm 格式的场景，也支持对单独的形状进行导出；编辑列表可以对已选择的对象进行复制、粘贴和删除等操作；设置包括仿真设置和系统设置。

（3）工具栏　工具栏主要用于编辑模型和场景，以及控制仿真过程，主要包括场景的新建、打开和保存，对象的平移和旋转，撤销与重做，示教平移和旋转，以及页面选择和场景选择，对象的合并与分解，关节、实体、坐标点、传感器、路径和线程脚本等的添加。工

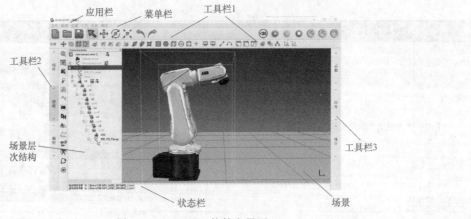

图 7-1 IRobotSIM 软件主界面

具栏主要包括工具栏 1、工具栏 2 和工具栏 3，如图 7-2 所示。工具栏 2 分为组件、建模及编程三大功能模块。

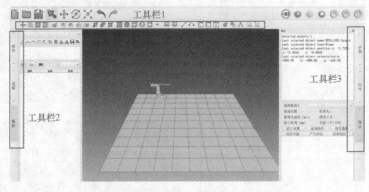

图 7-2 工具栏

组件中有各种模型，可将模型拖到场景中进行设备调用。单击侧边栏的"建模"按钮，打开场景层次和相应的功能模块。scene1 和 scene2 是两个不同的场景，在 scene1 中，双击图标右边的名字，可以对名字进行更改，双击名字左边的图标，可以对相应的组件进行参数

设置。用鼠标左键选中某个对象进行拖动，可以改变场景的层次结构，也可以通过 <Ctrl+C> 键复制某个对象，在当前场景或其他场景下（确保在同一个场景层次下），通过 <Ctrl+V> 键粘贴该对象。若要一次复制多个对象，可先选中一个对象，按住 <Shift> 键，用鼠标左键拖动选择多个对象，然后进行复制、粘贴。在图 7-3 中，scene1 后面是主脚本，对应的还有子脚本。

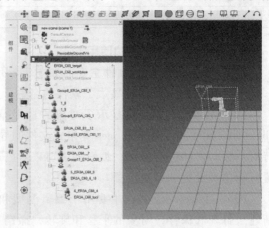

单击"编程"按钮，弹出如图 7-4 所示的界面，主要是建立机器人路径点，并仿真运行，还可以进行后置输出。

图 7-3 场景层次结构

工具栏 3 主要包括一组手动示教功能（主要针对串联机器人）。对于一个机器人来说，在场景层次结构下，将机器人模型最上面的"父对象"勾选设置模型为组件，即可打开右边栏的机器人选项，如图 7-5 所示。通过调节每个关节的大小，即可改变机器人的位置。通过改变 Tx、Ty、Tz、Rx、Ry、Rz 对应目标点的位姿（位置和方向），机器人模型即可做出相应的改变。

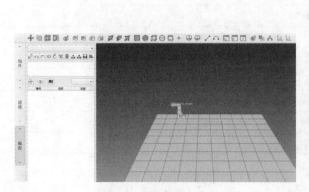

图 7-4 "编程"界面

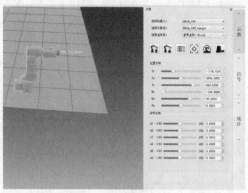

图 7-5 机器人示教

（4）状态栏 状态栏在场景下面，如图 7-6 所示，显示了当前操作后的相关信息，以及 Lua 脚本运行时的错误信息。默认只显示两行，通过拖拉边框，可显示多行。

图 7-6 状态栏

IRobotSIM 软件主界面各图标的意义见表 7-2。

表 7-2 IRobotSIM 软件主界面各图标的意义

项目		功能说明
文件		
导入数据		可以导入 CAD 文件/CSV 文件，支持 stl、obj、step、iges、stp 和 dxf 等格式文件的导入
保存模型		可以将模型保存到本地，并导出使用
保存场景		可以将当前的场景另存为新的 hct 格式的文件
加载模型		可以加载本地的 hcm 格式的模型
关闭场景		关闭当前活动的场景
清空场景		可以关闭当前所有的场景
新建场景	📄	可以新建一个空白的场景
打开场景	📁	可以打开一个 hct 格式的场景
保存场景	💾	可以将当前场景保存到本地

（续）

项目		功能说明
编辑		需要选中一个对象进行操作
剪切选择组件		将选中的对象剪切掉
复制选择组件		可以复制选择的对象
粘贴选择组件		可以将已复制的对象粘贴到场景中
删除选择组件		可以将选择的对象删除
设置		
仿真设置		可以进行仿真设置
系统设置		可以进行系统设置
工具		
视频记录器		单击"开始"可以开始记录，单击"停止"完成记录，并可以保存到指定位置
连接示教器		单击可以连接示教器
功能键		
选中物体		可以选择场景中的对象
切换场景		当存在多个场景时，单击可以切换到不同的场景
等距视图		可以切换到透视投影视角
显示边缘		可以显示特征边缘
平面方		可以创建和编辑平面方形
平面圆		可以创建和编辑平面圆形
立方体		可以创建和编辑立方体
圆柱体		可以创建和编辑圆柱体
平移		可以将目标对象沿 X、Y 或 Z 轴进行平移
旋转		可以将对象绕 X、Y 或 Z 轴进行旋转
适应视图		可以将对象调整到适应视图的大小
位置重合		选中多个对象，单击"位置重合"，可以将它们移至与最后对象相同的位置
浮动视图		可以打开浮动视图界面
编组已选特征		可以将选中的若干对象合并为一组
解除特征编组		将已经合并为一组的对象分解成若干个对象
合并已选特征		可以选择若干对象合并为一个对象
分解已选特征		可以将已合并为一个对象的复合对象分解为若干个对象
使上次选择的对象为父对象		可以在项目树中使上次选择的对象为父对象
页面选择器		单击可进行多视角的切换
开始/继续仿真		可以开始进行仿真模拟，或继续已暂停的仿真

（续）

项目		功能说明
暂停仿真		可以暂时停止当前的仿真
停止仿真		结束当前的仿真,返回初始状态
切换实时模式		将仿真速度切换到实时状态
仿真减速		可以放慢仿真过程
仿真提速		可以加快仿真过程
新建点		可以在场景中添加一个辅助点
旋转关节		单击可以创建旋转关节
线性关节		单击可以创建线性关节
球形关节		单击可以创建球形关节
撤销		可以回到前一步的操作
恢复		可以回到撤销前的操作
脚本		需要选中一个对象进行操作
线程脚本		单击可以添加线程脚本
非线程脚本		单击可以添加非线程脚本
自定义脚本		单击可以添加自定义脚本
线路径		可以添加线路径到场景中
圆路径		可以添加圆路径到场景中
传感器		
距离传感器		可以生成距离传感器
力敏传感器		可以生成力敏传感器
视觉传感器		可以在脚本程序中调用视觉传感器
鼠标		
鼠标左键		按住可进行视图视角平移
鼠标中键		按住可进行视图视角旋转
中键滚轮		滚动滚轮可进行视图视角缩放
模型库		
组件		单击界面左侧的"模型库",会弹出模型浏览窗口,出现可选的文件夹,在文件夹中选择需要的模型,将其拖动到主界面,即可完成模型导入
建模		单击界面左侧的"建模",会弹出结构树窗口和一列快捷键
组件属性		1)在场景或树结构中选中组件,单击"场景对象性质",出现"组件参数"窗口 2)分别单击"辅助坐标"和"通用",可操作该页面下的选项

（续）

项目		功能说明
编辑组件		1）选中单个形状对象后，单击"切换形状编辑模式"，界面自动切换到"形状编辑" 2）在"形状编辑"中，可选择"三角形编辑模式""顶点编辑模式""边编辑模式" 3）在"三角形编辑模式"下，按住<Ctrl>键可选多个三角形，进行提取或翻转等操作 4）在"顶点编辑模式"下，按住<Ctrl>键可选多个顶点，进行插入三角形、制作虚点等操作 5）在"边编辑模式"下，按住<Ctrl>键可选多个边，进行路径提取等操作
运动逆解		1）单击"添加新IK分组"后，窗口会出现IK_Group[containing0ikelement(s)] 2）"激活IK分组"自动选定，可在窗口下方修改"计算方法""阻尼""最大迭代数"等 3）在"其他"的"编辑条件参数"中，可选择IK分组的执行条件——"Performalways"或"IK_Groupwasperformedandfailed" 4）在"其他"的"编辑障碍规避参数"中，可选择要规避的实体 5）在最下方的"编辑IK元素"中，先在"添加带有尖端的新结构元素"右侧的下拉菜单中选择所需IK元素（一般是TCP），再单击"添加带有尖端的新结构元素"，勾选"Alpha-beta"和"Gamma"后即完成操作
碰撞检测		针对"可检测"的实体，可进行非常灵活的碰撞检测——有碰撞的实体会在设置好碰撞检测后改变颜色。在"碰撞检测"中可选择"添加新的碰撞对象""调整碰撞颜色"等
距离计算		启用距离计算后，单击"添加新距离对象"，选择好"形状"和"对于"的对象（即选择好需要距离计算的两个实体），仿真后即可观察到两个实体间的距离（最小距离）及一条标注线（可调整颜色）
物理引擎		通过模拟牛顿力学模型，使用质量、速度、摩擦力和空气阻力等变量，对刚体动态运动进行仿真。本软件包含四个物理引擎：Bullet、Open Dynamics Engine（ODE）、Vortex和Newton，均可在单击"物理引擎"后，由下拉菜单选择并进行"调整引擎参数"等操作
运动规划		选中需要进行运动规划的关节，单击"添加新对象"，通过设置"关联的反向运动""自碰撞检查""机器人-障碍物碰撞检测"和"编辑关节属性"等进行运动链的运动规划任务
路径规划		单击"添加新对象"，通过设置"任务类型""关联的节点"（起点）、"目标虚点"（终点）、"路径对象"（创建好的路径）、"非法配置检查"（碰撞检测）、"机器人"（要规划运动的实体）、"障碍物"（选择要进行碰撞检测的实体）来进行运动路径的规划
几何约束		可通过选中组件，单击"插入新对象"，来调整"最大迭代次数""一般阻尼""最大线性变化"等参数
编辑集合		单击"收集"，弹出"集合"窗口，单击"添加新集合"，可以选择场景中的部分或全部组件到集合中。集合中的组件可以重新设定"可检测""可碰撞"等性质，所以集合可用于碰撞检测、视觉检测、切割及最小距离计算等操作
脚本管理		单击"脚本管理"，弹出"脚本管理"窗口，单击"插入新脚本"，出现下拉菜单，可新建"线程子脚本""非线程子脚本"和"关节控制回调脚本"等，新建的脚本可选择"关联的对象"，也可选择"禁用"和调整"执行顺序"
仿真设置		单击"仿真设置"，弹出"仿真设置"窗口，可在"主设置"中设置仿真的时间步长、每帧仿真数等选项；在"实时仿真"中启用"延迟时补偿"等；在仿真结束时选择"移除新对象"等操作

4. 系统设置

系统设置又称为用户设置，这些参数不依赖于场景和模型，用户可以自行设置。依次单击菜单栏中的"设置"→"系统设置"，打开系统设置对话框，如图7-7所示。

"移动步长［m］"：移动对象时的线性步长。

"旋转步长［deg］"：旋转对象时的角度步长。

"移除相同的顶点，公差［m］"：勾选后，靠近其他顶点附近的顶点将合并为一个单独的顶点（这些顶点将被周围的三角形共享）。这样就可以减少内存存储，当进行导入或形状编辑时，这些参数将对网格有影响。公差指定了进行顶点合并时的距离阈值。通常来说，保持较小的值，但不是 0：一些网格数据形式（如 stl）分配给每个三角形的个别顶点，而没有考虑这个顶点是否与其他三角形中的顶点一致，而这将大大地增加存储要求。

"移除相同的三角形"：勾选后，在进行导入操作或离开形状编辑模式时，网格中相同的三角形将会被移除。

图 7-7　用户设置

"忽视三角形缠绕"：一个三角形有两个不同的方向（因为三角形有两面：外面和里面），勾选这个选项后，在分辨不同的三角形时，就不用考虑三角形的方向问题。

"相处混叠"：显示光滑边，使二维图的曲线/点更加光滑。这将减慢显示和创建可视化组件。

"显示世界参考系"：在相机视角的右下角显示了一个小的世界参考框架。在 IRobotSIM 的每个场景中，红、绿、蓝箭头分别代表 X、Y、Z 轴。

"显示已选对象边框盒"：在所选的对象周围显示一个白色/黄色的边框盒。

"启用撤销/恢复"：启用或禁用撤销/恢复功能。通过序列化（保存）整个场景，这个功能记住了操作过的每一次改变。唯一不同的就是先前的撤销也被记住，这样就会占很少的内存。但是很高效。当计算机很旧或场景很大时，该功能会降低运行速度，此时可禁用这个功能。

"启用自动保存"：勾选后，每个打开的场景会定期自动保存。

5. 页面和场景的介绍

单击 图标，打开页面选择器，如图 7-8 所示。用户可以自己选择想要的视图进行显示。当打开多个场景时，场景选择器按钮 会被激活。单击场景选择器图标，可对当前场景进行选择。

6. 对象位置和方向操作

选择对象后，可以使用 按钮移动对象或 按钮旋转对象。如果一次选择了多个对象，那么最后选择对象的参数就能复制到其他对象上（通过应用到选项按钮）。

（1）移动对象　选择对象，单击平移选项图标 后，打开对话框，如图 7-9 所示。界面右上角的坐标是选定的对象相对于世界坐标系的位置，黄色部分代表当前激活的位置方向，在场景中用鼠标左键拖动对象时，被选定对象将发生 X 轴的移动。注意：在场景层次结构中，选中对象的子对象（在选中对象之下的对象）也会跟随选定对象发生相应的

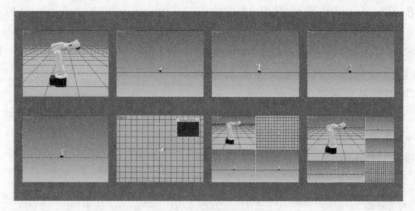

图 7-8　查看视图选择器

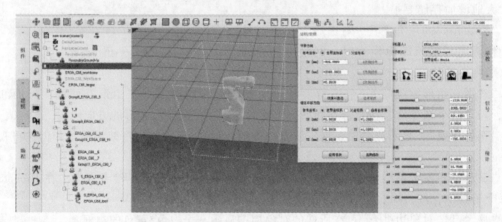

图 7-9　平移对话框

移动。

对话框中各项代表的意义如下：

1）平移方向。

① 参考坐标：世界坐标系/父坐标系，选择坐标系相对于绝对参考系或相对于父参考系。

② TX/TY/TZ 坐标：所选对象相对指定参考系的位置。

2）相对平移方向。

① 参考坐标：世界坐标系/父坐标系/自身坐标系，选择相对参考哪个坐标系。

② TX/TY/TZ 坐标：沿着相对参考系的坐标轴方向进行平移，完成后，单击平移选项。例如对象的 X 轴原始坐标为-100mm，沿 X 设置为+20mm 后，单击平移选项，对象的 X 轴坐标变为-80mm。

（2）旋转对象　选择对象，单击旋转选项图标 后，打开对话框，如图 7-10 所示。界面右上角的坐标是选定的对象相对于世界坐标系的方向，黄色部分代表当前激活的旋转方向，在场景中用鼠标左键拖动对象时，被选定对象将绕 X 轴转动。注意：在场景层次结构中，选中对象的子对象（在选中对象之下的对象）也会跟随选定对象发生相应的转动。

对话框中各项代表的意义如下：

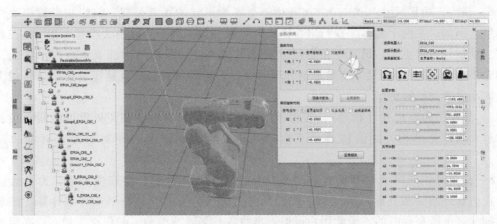

图 7-10　旋转对话框

1）旋转方向。

① 参考坐标：世界坐标系/父坐标系，选择指定的欧拉角相对于绝对参考系或相对于父参考系。

② Alpha/Beta/Gamma 角：所选对象相对指定参考系的欧拉角。

2）相对旋转方向。

① 参考坐标：世界坐标系/父坐标系/自身坐标系，选择相对参考哪个坐标系。

② 围绕 RX/RY/RZ（旋转选项）：绕相对参考系的坐标轴进行旋转，完成后，单击旋转选项。例如对象的 Alpha 角为-30deg，围绕 X 设置为+20 后，单击旋转选项，对象的 Alpha 角坐标变为-10deg。

7. IRobotSIM 的环境

IRobotSIM 中的环境定义作为场景属性和参数的一部分，但不是场景对象，在保存场景时被一同保存。单击侧边栏的"建模"按钮，在场景层次的顶端有一个绿色图标 📁，通过双击 new scene 前面的图标 📁，打开"环境属性"对话框，如图 7-11 所示。"环境属性"对话框中各项含义如下：

1）雾参数：雾参数不直接与场景对象交互，除非使用视觉传感器。

2）背景（上/下）：允许调整场景的背景颜色。"上"对应屏幕靠上部分，"下"对应屏幕靠下部分。背景仅在禁用雾功能时可见。

3）环境照明：允许调整场景的环境光。环境光可以被视为场景的最小光，以完全相同的方式从所有方向照亮对象。

4）调整雾参数：允许调整各种雾参数。

5）可视化无线发射/接收：勾选后，所有无线发射/接收活动将被可视化。

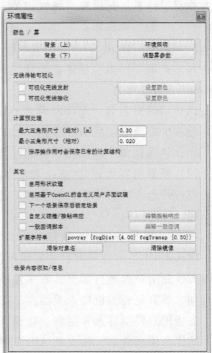

图 7-11　"环境属性"对话框

6）最大三角形尺寸（绝对）：该选项不会影响形状的视觉外观，但影响计算模块的执行速度。例如，在两个实体间执行最小距离计算时，如果两个实体由大小基本相同的三角形组成，则执行速度更快。最大三角形尺寸值指定如何处理形状的内部表示（即形状的计算结构是多么精细）。小的尺寸会增加预处理时间，但同时将提高仿真速度。这个值将最大三角形大小设置为绝对值。

7）最小三角形尺寸（相对）：类似于上一项，但此项有助于避免创建可能需要很长时间的过大的计算结构。此值将最小三角形大小设置为相对值（相对于给定对象的最大维度）。

8）保存操作同时会保存已有的计算结构：对于距离计算、碰撞检测等，为了加速计算，在仿真开始（预处理）时或第一次涉及有关形状计算时，数据结构将被计算。该数据结构的计算可能是耗时的，因此用户可以选择将其与场景或模型一起保存。然而，必须意识到，将被保存的附加信息所占内存较大，这将导致总的文件所占内存变大（有时是两倍或更大）。

9）启用形状纹理：勾选后，将启用应用于形状的所有纹理。

10）启用基于 OpenGL 的自定义用户界面纹理：勾选后，将启用应用于 OpenGL 的自定义 UI 的所有纹理。

11）下一个场景保存后锁定场景：如果要在编辑/修改、查看脚本内容、导出资源这些操作中锁定场景，可以勾选该选项。如果想以后能进行修改，确保在已经解锁状态下保存相同场景。

12）自定义碰撞/接触响应：勾选后，所有动态接触处理由用户自定义，通过接触回调脚本执行。注意：此设置与场景相关，模型在不同场景中有不同表现。

13）一般回调脚本：勾选后，将能够处理普通回调脚本中特定的用户回调。当插件调用 API 函数 simHandleGeneralCallbackScript 时，将调用通用回调脚本。

14）扩展字符串：描述其他环境属性的字符串，主要由扩展插件使用，与 simGetExtension-String 函数有关。

15）清除对象名：允许将哈希标记的对象按顺序放入对象名称中。这并非必须，但可以方便减少哈希标记后的后缀数。

16）清除镜像：删除场景可能包含的所有镜像对象，这与镜像记录功能有关。

17）场景内容须知/信息：与场景有关的信息。确认场景、模型或导入网格的原始作者。当打开包含确认信息的场景时，它将自动显示该信息。

四、问题探究

IRobotSIM 是一款什么软件？

IRobotSIM 是一款具有自主知识产权的产线分析与规划软件，该软件可在虚拟环境中对机器人、制造过程进行仿真，真实地模拟生产线的运动和节拍，实现智能制造生产线的分析与规划，具有完备的机器人模型库，支持市面上大部分的品牌机器人，具有丰富的 3D 设备库，支持用户模型导入和定制、物理、传感器仿真，机器人离线编程，便捷的拖拽操作，大场景的优秀仿真效果，强大的 API 和数字孪生开发功能等，适用于企业智能制造生产线规划设计，院校的产线学习，降低安全风险，节约经费，提升效率。

IRobotSIM 软件设备库如图 7-12 所示，可提供大量生产线组件，支持超大场景的生产线仿真，在大场景搭建、拖动和仿真过程中界面流畅，如图 7-13 所示。

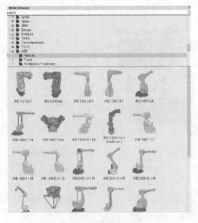

图 7-12 设备库

图 7-13 3D 设备库

　　IRobotSIM 具有多个典型的真实工业应用场景，可以使学生身临其境地了解智能工厂的工作流程，并完成智能工作搭建布局的学习任务，如图 7-14 所示。

图 7-14 模拟生产线

五、知识拓展

　　数字孪生的定义是充分利用物理模型、传感器更新、运行历史记录等，集成多学科、多物理量、多尺度和多概率的仿真过程，以完成虚拟空间中的映射，从而反映相应实体设备的整个生命周期过程。数字孪生实训系统如图 7-15 所示。

　　在灵活的单元制造中，可以利用数字孪生技术，通过实体生产线和虚拟生产线的双向真实映射与实时交互，实现实体生产线、虚拟生产线、智能服务系统的全要素、全流程、全业务数据的集成和融合，在孪生数据的驱动下，实现生产线的生产布局、生产计划和生产调度等的迭代运行，达到单元式生产线最优的一种运行模式。图 7-16 所示为数字孪生模型结构，包括全要素实体层、信息物理融合层、数字孪生模型层和智能应用服务层。

1. 全要素实体层

　　全要素实体层是单元式生产线数字孪生模型体系结构的现实物理层，主要是指生产线、人、机器和对象等物理生产线实体，以及相联系的客观存在的实体集合。该层作为数字孪生体系的基础层，为数字孪生模型中的各层提供数据信息，主要负责接收智能应用服务层下达的生产任务，并按照虚拟生产线仿真优化后的生产指令进行生产。

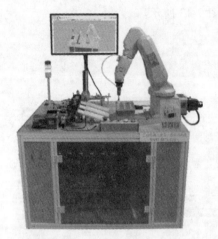

图 7-15　数字孪生实训系统

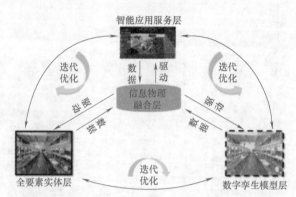

图 7-16　数字孪生模型结构

2. 信息物理融合层

信息物理融合层（CPS）是单元式生产线模型的载体，是实体层和模型层之间的桥梁，实现虚拟实体与物理实体之间的交互映射和实时反馈，负责为实体层生产线和服务层的运行提供数据支持。CPS 贯穿柔性生产线的全生命周期各阶段，实现物理对象的状态感知和控制功能。

3. 数字孪生模型层

数字孪生模型层是指全要素实体层在虚拟空间中的数字化镜像，是实现单元式生产线规划设计、生产调度、物流配送和故障预测等功能最核心的部分。该层基于数据驱动的模型实现仿真、分析和优化，并对生产过程实时监测、预测与调控等。

4. 智能应用服务层

智能应用服务层从产品的设计、制造、质量和回收进行全生命周期管理把控，实现生产线生产布局管理、生产调度优化、生产物流精准配送、装备智能控制、产品质量分析与追溯、故障预测与健康管理，在满足一定约束的前提下，不断提升生产效率和灵活性，以达到生产线生产和管控最优。

六、评价反馈（表 7-3）

表 7-3　评价表

基本素养（30 分）				
序号	评估内容	自评	互评	师评
1	纪律(无迟到、早退、旷课)(10 分)			
2	安全规范操作(10 分)			
3	团结协作能力、沟通能力(10 分)			
理论知识（40 分）				
序号	评估内容	自评	互评	师评
1	了解 IRobotSIM 软件的功能(20 分)			
2	了解 IRobotSIM 软件的安装方法(15 分)			
3	了解数字孪生的概念(5 分)			

（续）

技能操作（30 分）				
序号	评估内容	自评	互评	师评
1	IRobotSIM 软件操作（30 分）			
	综合评价			

七、练习题

1. 填空题

（1）IRobotSIM 支持 C/C++、_____、_____、_____ 和 _____ 等编程语言。

（2）IRobotSIM 中有 _____、_____、_____ 和 _____ 四个物理引擎。

（3）IRobotSIM 包括 _____、_____、_____、_____、_____ 和 _____ 六大模块。

（4）IRobotSIM 软件可支持 _____、_____、_____、_____、step 和 iges 等格式文件的导入。

（5）数字孪生模型结构通常包括 _____、_____、_____ 和 _____。

2. 简答题

（1）IRobotSIM 有哪些功能？

（2）数字孪生的概念是什么？

任务二 IRobotSIM 典型功能应用

一、学习目标

1. 学习 IRobotSIM 建立六轴机器人。

2. 学习 IRobotSIM 建立搬运工作站。

3. 学习 IRobotSIM 轨迹再现。

4. 学习 IRobotSIM 轴承组装。

二、工作任务

1. IRobotSIM 建立六轴机器人。

2. IRobotSIM 建立搬运工作站。

3. IRobotSIM 轨迹再现。

4. IRobotSIM 轴承组装。

三、实践操作

1. 知识储备

Craig 的 D-H 方法又称为改进 D-H 方法（简称 MDH），用于建立各个关节参考坐标系：以关节轴 i 和 $i+1$ 的交点或公垂线与 i 轴的交点作为连杆坐标系 $\{i\}$ 的原点；以关节轴 i 的方向为坐标轴 z_i 的方向；以关节轴 i 和 $i+1$ 的公垂线方向为 x_i 的方向，且指向关节轴 $i+1$ 的方向；y_i 根据右手法则确定，所建立 D-H 坐标系如图 7-17 所示。

根据建立的 D-H 坐标系，得出各个关节的

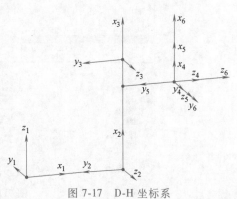

图 7-17　D-H 坐标系

D-H 参数，见表 7-4。其中，连杆长度 a_i 为沿 x_i 轴从 z_i 移动到 z_{i+1} 的距离；连杆扭角 α_i 为绕 x_i 轴从 z_i 旋转到 z_{i+1} 的角度；连杆偏距 d_i 为沿 z_i 轴从 x_{i-1} 移动到 x_i 的距离；连杆转角 θ_i 为沿 z_i 轴从 x_{i-1} 旋转到 x_i 的角度。

表 7-4　Craig 方法的机器人 D-H 参数

连杆 n	连杆转角 θ_i/rad	连杆偏距 d_i/mm	连杆长度 a_i/mm	连杆扭角 α_i/rad
1	θ_1	0	0	0
2	θ_2	0	260	$\pi/2$
3	θ_3	0	680	0
4	θ_4	670	35	$\pi/2$
5	θ_5	0	0	$-\pi/2$
6	θ_6	0	0	$\pi/2$

2. IRobotSIM 建立六轴机器人

1）双击 IRobotSIM 软件图标，进入 IRobotSIM 工作界面，如图 7-18 所示。

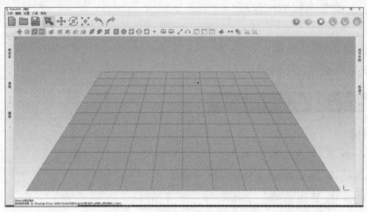

图 7-18　IRobotSIM 工作界面

2）单击"文件"→"导入"→"网络模型"，选中 ER3B 机器人本体，单击"打开"按钮，根据需要调整 Y 向量朝上或 Z 向量朝上，单击"OK"完成导入，如图 7-19 所示。

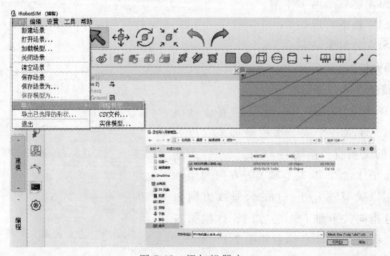

图 7-19　添加机器人

3）单击工具栏中的"建模"选项，建立机器人旋转关节 Joint1、Joint2、Joint3、Joint4、Joint5 和 Joint6。通过单击"旋转关节"建立关节轴并重命名为 Joint1，回车后完成重命名。双击 Joint1 前面的关节图标，系统会弹出关节模式设置界面，修改关节模式为逆解模式。选中 Joint1 并按住<Ctr+C>键完成 Joint1 复制，按<Ctrl+V>键 5 次完成 Joint2、Joint3、Joint4、Joint5 和 Joint6 的创建，如图 7-20 和图 7-21 所示。

图 7-20　建立机器人旋转关节

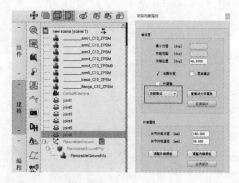

图 7-21　关节逆解

4）将旋转关节 Joint1、Joint2、Joint3、Joint4、Joint5 和 Joint6 放置在机器人各个关节轴上。选中 Joint1 并单击"平移"按钮，系统会出现位置输入窗口，按表 7-5 所列填写 Joint1 的相关位置与方向参数。按同样的方法设置 Joint2、Joint3、Joint4、Joint5 和 Joint6 的位姿，如图 7-22 所示。

表 7-5　关节位姿

关节	X/mm	Y/mm	Z/mm	Rx/(°)	Ry/(°)	Rz/(°)
Joint1	75	−75	197.5	0	0	0
Joint2	0	−25	465	0	90	0
Joint3	0	−24	764	0	90	0
Joint4	0	−82	801	90	0	0
Joint5	−3	−321	803	0	90	0
Joint6	−6	−320	720	0	0	0

5）先依次选中各关节，单击关节前面的图标，系统会弹出设置界面，取消"无限行程"的勾选，根据表 7-6 设置 Joint1、Joint2、Joint3、Joint4、Joint5 和 Joint6 所有关节的最小行程、行程范围和当前位置。再将 Joint1 关节拖拽至机器人底座 A0 几何体节点下，并将 A1 几何体拖拽至 Joint1 关节根节点下，依次将 Joint2 关节拖拽至机器人 A1 几何体节点下，A2 几何体拖拽至 Joint2 关节根节点下，Joint3 关节拖拽至机器人 A2 几何体节点下，A3 几何体拖拽至 Joint3 关节根节点下，Joint4 关节拖拽至机器人 A3 几何体节点下，A4 几何体拖拽至 Joint4 关节根节点下，Joint5 关节拖拽至机器人 A4 几何体节点下，A5 几何体拖拽至 Joint5 关节根节点下，Joint6 关节拖拽至机器人 A5 几何体节点下，A6 几何体拖拽至 Joint6 关节根节点下，如图 7-23 所示。

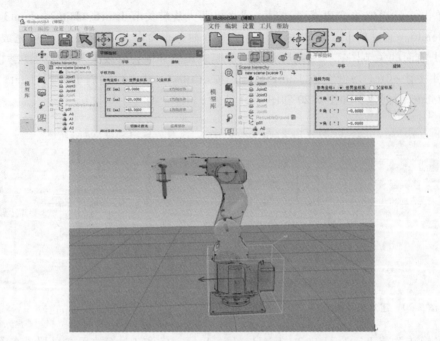

图 7-22　修改关节位姿

表 7-6　机器人范围

关节	最小行程/(°)	行程范围/(°)	当前位置/(°)
Joint1	−170	340	0
Joint2	−135	220	−90
Joint3	−65	265	90
Joint4	−180	360	0
Joint5	−130	260	0
Joint6	−360	720	0

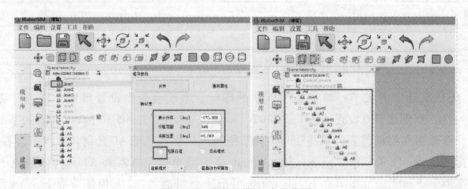

图 7-23　设定机器人关节范围

6）新建辅助坐标点。新建一个辅助坐标点，并命名为"ER3B_C30"，如图 7-24 所示。将机器人基座几何体及节点树下的所有物件放置在此辅助坐标系下。再次新建两个辅助坐标点，命名为"ER3B_C30_target"和"ER3B_C30_tool"。

7）按住<Ctrl>键，选择 ER3B_C30_target 和 ER3B_C30_tool，再选择 Joint6，单击"重合"按钮，使 ER3B_C30_target 和 ER3B_C30_tool 坐标位置和方向与 Joint6 重合，将 ER3B_C30_target 拖拽到 ER3B_C30 根节点下，将 ER3B_C30_tool 拖拽到 Joint6 节点下。选中 ER3B_C30_tool，单击"组件属性"，建立与 ER3B_C30_target 的关联点，关联类型为"IK，末端-目标"，如图 7-25 所示。

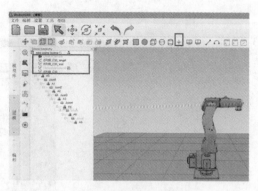

图 7-24　新建辅助坐标点

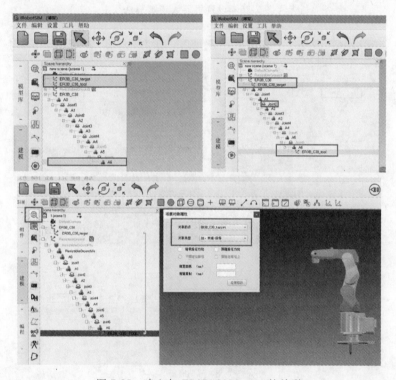

图 7-25　建立与 ER3B_C30_target 的关联

8）设置机器人逆解算法。单击"运动逆解"→"新建 IK"，选中 IK_Group［containing 1 ik element（s）］使其变蓝，IK 算法选择 DLS，阻尼系数为 1，最大迭代数为 99。单击"编辑运动关联点，在右侧选择 ER3B_C30_tool，单击"新建运动关联点"，选中 ER3B_C30_tool，勾选 Rx 和 Rz，如图 7-26 所示。

9）仿真运动及测试。单击"仿真"按钮，选中 ER3B_C30_target，单击"平移"按钮，选中 Y 轴（X、Z 轴），即可按住鼠标左键在靠近地板处拖动光标，机器人进行沿 Y 轴的运动仿真，如图 7-27a 所示；或单击"仿真"按钮，选中 ER3B_C30_target，单击"旋转"按钮，选中 RY（RX、RZ），即可按住鼠标左键在靠近地板处拖动光标，机器人进行绕 Y 轴的运动仿真，如图 7-27b 所示。

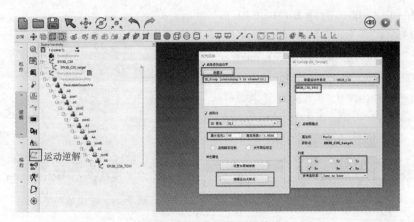

运动逆解

图 7-26　设置机器人逆解算法

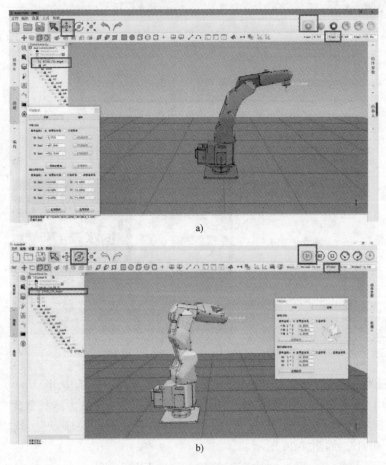

a)

b)

图 7-27　仿真运动及测试

10）选择 ER3B_C30 根节点坐标点，在"通用属性"中勾选"设置为模型"，如图 7-28 所示。

11）修改机器人底座 A0 的颜色。选中机器人 A0 部件，单击"组件属性"→"调整颜色"→"色彩值调整"，将机器人底座调成白色，按同样的方法将 A1、A2、A3、A4 和 A5 调

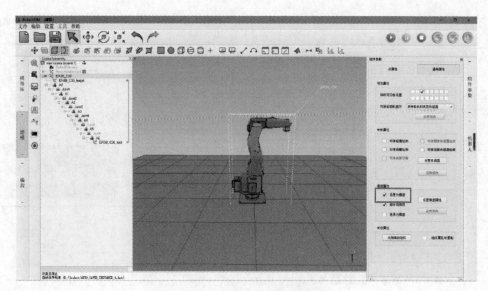

图 7-28　设置模型为组件

整成白色，A6 调整成黑色，如图 7-29 所示。

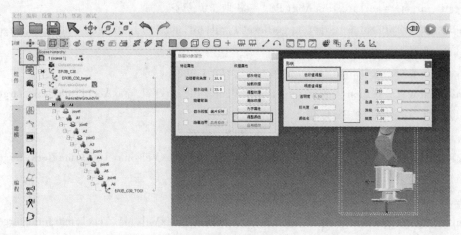

图 7-29　修改机器人参数

12）建立 P0（-98，-660，720）、P1（-140，-900，500）、P2（-500，-900，500）坐标点，并将 P0、P1 和 P2 放在 ER3B_C30 根坐标下。添加线程脚本，单击脚本图标，弹出脚本输入窗口，将之前的脚本删除，直接粘贴复制新的脚本即可。单击"仿真"按钮，机器人自动从 P0→P1→P2→P0 运行起来，如图 7-30 所示。

线程脚本内容如下：

-------- ＊＊＊＊＊＊＊＊getTargetPosAng 函数 ＊＊＊＊＊＊＊＊--------------

-------- ＊＊＊＊＊＊＊＊获取 objectHandle 点位姿 ＊＊＊＊＊＊＊＊--------------

getTargetPosAng = function（objectHandle）

localP = simGetObjectPosition（objectHandle，targetBase）—获取位置

localA = simGetObjectQuaternion（objectHandle，targetBase）—获取姿态

　　returnP，A

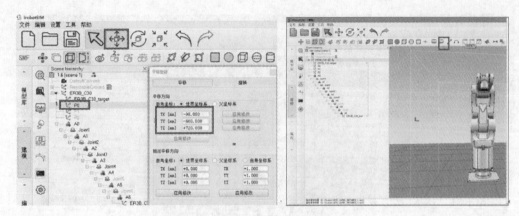

图 7-30　建立运动轨迹

end

-------- ＊＊＊＊＊＊＊主函数＊＊＊＊＊＊＊--------------

threadFunction = function( )

whiletruedo

targetP , targetA = getTargetPosAng(P0)—获取 P0 位姿

simRMLMoveToPosition(target , targetBase , 1 , nil , nil , maxVel , maxAccel , maxJerk , targetP , tar-getA , nil)—机器人运动到 P0 点位

targetP , targetA = getTargetPosAng(P1)—获取 P1 位姿

simRMLMoveToPosition(target , targetBase , 1 , nil , nil , maxVel , maxAccel , maxJerk , targetP , tar-getA , nil)—机器人运动到 P1 点位

targetP , targetA = getTargetPosAng(P2)—获取 P2 位姿

simRMLMoveToPosition(target , targetBase , 1 , nil , nil , maxVel , maxAccel , maxJerk , targetP , tar-getA , nil)—机器人运动到 P2 点位

targetP , targetA = getTargetPosAng(P0)—获取 P0 位姿

simRMLMoveToPosition(target , targetBase , 1 , nil , nil , maxVel , maxAccel , maxJerk , targetP , tar-getA , nil)—机器人运动到 P0 点位

end

　　end

simSetThreadSwitchTiming(2)

-------- ＊＊＊＊＊＊＊获取机器人变量句柄＊＊＊＊＊＊＊--------------

target = simGetObjectHandle(' ER3B_C30_target ')

targetBase = simGetObjectHandle(' ER3B_C30 ')

P1 = simGetObjectHandle(' P1 ')

P2 = simGetObjectHandle(' P2 ')

P0 = simGetObjectHandle(' P0 ')

-------- ＊＊＊＊＊＊＊设置机器人运动速度＊＊＊＊＊＊＊-------------

maxVel = {0. 4 , 0. 4 , 0. 4 , 0. 4}

maxAccel = {0.5,0.5,0.5,1}

maxJerk = {0.5,0.5,0.5,1}

--错误报警提示

res,err = xpcall(threadFunction,function(err)returndebug.traceback(err)end)

ifnotresthen

    simAddStatusbarMessage('Luaruntimeerror:'..err)

end

13）将新建的机器人保存为模型库文件。在"建模"中选中 ER3B_C30，单击"文件"→"保存模型为"→"选择想要的模型"，将机器人模型保存在 Effort 模型库下，如图 7-31所示。

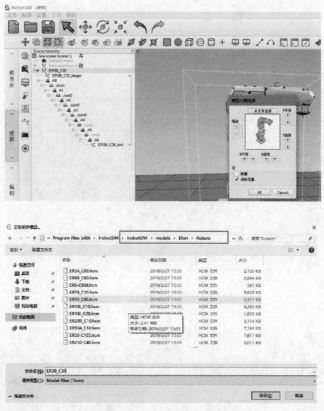

图 7-31　建立机器人模型 1

在"模型库"→"Effort"→"Robot"中，可找到新建的 ER3B_C30 模型，如图 7-32 所示。

3. 搬运工作站的建立

1）双击 IRobotSIM 软件图标，打开 IRobotSIM 工作界面，如图 7-33 所示。

2）单击"文件"→"加载模型"，选中 ER3B 机器人，单击"打开"按钮，完成 ER3B 机器人的导入。按同样的方法依次完成搬运工作站、电气柜、工作台、写字台和轴承组装工作台的导入，如图 7-34 所示。

3）新建辅助坐标 base（0，0，0）和 work_station（1248，−283，941），将 work_station，"banyunjia""kongzhigui""shiyantai""xieziban""zhoucheng"和"ER3B_C30"拖拽

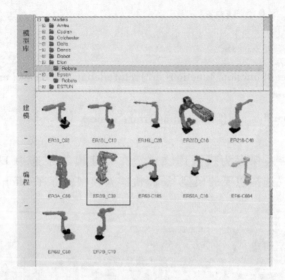

图 7-32　建立机器人模型 2

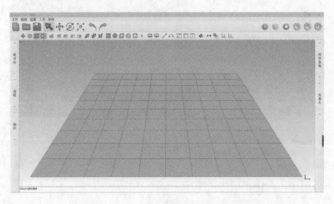

图 7-33　IRobotSIM 工作界面

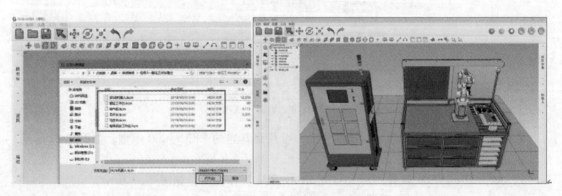

图 7-34　加载模型

到辅助坐标 base 下面，将"banyunjia"拖拽到辅助坐标 work_station 下面，如图 7-35 所示。

　　4）选中"banyunjia"并单击"解除特征编组"，完成对"banyunjia"的分组，生成"F""L""S"和"Y"模块。新建 pick1、pick1_0、pick2、pick2_0、pick3、pick3_0、 pick4、pick4_0 辅助坐标点，如图 7-36 所示。先选中 pick1，再选中 "F" 的模块，单击 "位置重合" 按钮，完成 pick1 和 "F" 模块的位置重合，按同样的方法完成 pick2 和 "L" 模块、pick3 和 "S" 模块以及 pick4 和 "Y" 模块的位置重合。将 pick1、pick2、pick3 和 pick4 的 Z 坐标改成 975.6，如图 7-37 所示。将 pick1_0、pick2_0、pick3_0、pick4_0 分别与 pick1、pick2、pick3、pick4 位置重合，再将 pick1_0、pick2_0、pick3_0、pick4_0 的 Z 坐标改成 1000，如图 7-38 所示。将 pick1、pick1_0、pick2、pick2_0、pick3、pick3_0、pick4 和 pick4_0 拖拽到 work_station 辅助坐标下面，如图 7-39 所示。

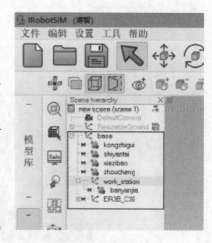

图 7-35　新建辅助坐标

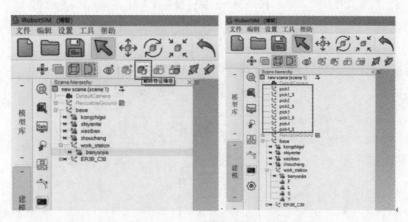

图 7-36　解除特征编组

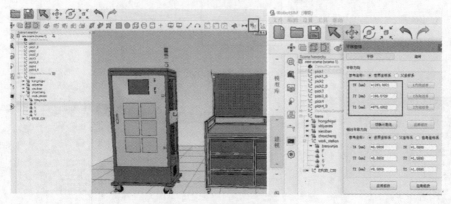

图 7-37　模块位置重合 1

5）新建 place1、place2、place3 和 place4 辅助坐标，将 place1、place2、place3 和 place4 的坐标分别设置为（1211，-374，976）、（1211，-309，976）、（1201，-255，976）和（1211，-189，976），并将 place1、place2、place3 和 place4 辅助坐标拖拽到 work_station 辅助坐标下面，如图 7-40 所示。

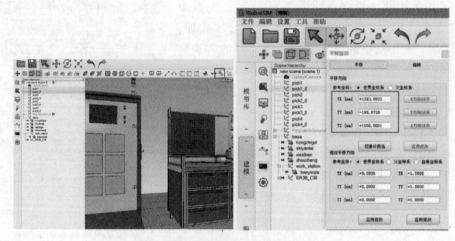

图 7-38　模块位置重合 2

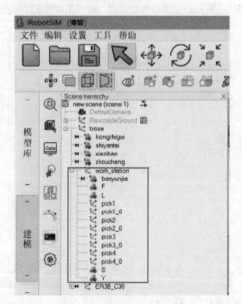

图 7-39　辅助坐标设置

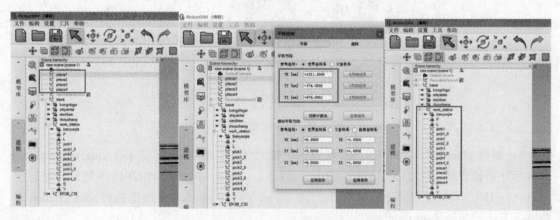

图 7-40　新建辅助坐标

6）双击 rot_joint5，调整机器人 5 轴的当前位置为 40°，使得吸盘垂直向下。选中 TCP，单击"旋转"按钮，将 α、β 和 γ 设置为 0。按下 <Ctrl>键，先选中 pick1、pick1_0、pick2、pick2_0、pick3、pick3_0、pick4、pick4_0、place1、place2、place3 和 place4，最后选中 TCP，单击"旋转"按钮，在弹出的对话框单击"应用修改"按钮。选中 place3，单击"旋转"按钮，将 γ 修改为 60°。再将"F""L""S"和"Y"模块分别拖拽到 pick1、pick2、pick3 和 pick4 辅助坐标下面，如图 7-41 所示。

图 7-41　设置机器人旋转位置

7）先选中 ER3B_C30_target，再选中 TCP，单击"位置重合"按钮，如图 7-42 所示。

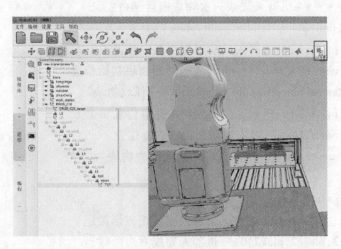

图 7-42　TCP 重合

8）选中 ER3B_C30，添加线程脚本。单击脚本图标，弹出脚本输入窗口，将之前的脚本删除，直接粘贴新的脚本即可，如图 7-43 所示。

图 7-43　添加线程脚本

线程脚本内容如下：

-------- ＊＊＊＊＊＊＊＊moveToplace 函数 ＊＊＊＊＊＊＊--------------

-------- ＊＊＊＊＊＊＊＊机器人移动到 objectHandle 点函数定义 ＊＊＊＊＊＊＊--------------

moveToplace = function (objectHandle , waitTime)

localtargetP = simGetObjectPosition (objectHandle , targetBase)

localtargetO = simGetObjectQuaternion (objectHandle , targetBase)

simRMLMoveToPosition (target , targetBase , – 1 , nil , nil , maxVel , maxAccel , maxJerk , targetP , targetO , nil)

--simWait (waitTime)

end

-------- ＊＊＊＊＊＊＊＊Handing 函数 ＊＊＊＊＊＊＊--------------

-------- ＊＊＊＊＊＊＊＊机器人完成一次物块搬运函数定义 ＊＊＊＊＊＊＊--------------

Handing = function (objectHandle , point , place)

moveToplace (place , 1)—机器人运动到物块抓取位置正上方

moveToplace (objectHandle , 1)—机器人运动到物块初始位置

simSetObjectParent (objectHandle , target , true)—抓取物块

moveToplace (place , 1)—机器人运动到物块抓取位置正上方

moveToplace (point , 1)—机器人运动到物块放置位置

simSetObjectParent (objectHandle , – 1 , true)—放置物块

end

threadFunction = function ( )

Handing (pick1 , place1 , pick1_0)—机器人完成正方形搬运

Handing (pick2 , place2 , pick2_0)—机器人完成六边形搬运

Handing (pick3 , place3 , pick3_0)—机器人完成三角形搬运

Handing (pick4 , place4 , pick4_0)—机器人完成圆形搬运

moveToplace (p0 , 0)—机器人回到初始点

```
end
simSetThreadSwitchTiming(2)
-------- * * * * * * * *获取机器人变量句柄* * * * * * * *--------------
target = simGetObjectHandle('ER3B_C30_target')
targetBase = simGetObjectHandle('ER3B_C30')
p0 = simGetObjectHandle('p0')
-------- * * * * * * * *物块初始位置句柄* * * * * * * *--------------
pick1 = simGetObjectHandle('pick1')
pick2 = simGetObjectHandle('pick2')
pick3 = simGetObjectHandle('pick3')
pick4 = simGetObjectHandle('pick4')
-------- * * * * * * * *物块抓取位置正上方位置句柄* * * * * * * *----
pick1_0 = simGetObjectHandle('pick1_0')
pick2_0 = simGetObjectHandle('pick2_0')
pick3_0 = simGetObjectHandle('pick3_0')
pick4_0 = simGetObjectHandle('pick4_0')
-------- * * * * * * * *物块放置位置句柄* * * * * * * *--------------
place1 = simGetObjectHandle('place1')
place2 = simGetObjectHandle('place2')
place3 = simGetObjectHandle('place3')
place4 = simGetObjectHandle('place4')
-------- * * * * * * * *设置机器人运动速度* * * * * * * *------------
maxVel = {0.5,0.5,0.5,1}
maxAccel = {0.5,0.5,0.5,1}
maxJerk = {0.5,0.5,0.5,1}
--错误报警提示
res,err = xpcall(threadFunction,function(err) returndebug.traceback(err)end)
ifnotresthen
    simAddStatusbarMessage('Luaruntimeerror:'..err)
end
```

9）选中 pick1_0，在"组件参数"的"通用属性"中，去掉"相机可见性设置"内部的√。再将 pick1、pick2、pick2_0、pick3、pick3_0、pick4、pick4_0、place1、place2、place3 和 place4 辅助坐标中"相机可见性设置"内部的√均去掉，如图 7-44 所示。

10）仿真运行。仿真运行示意图如图 7-45 所示。

4. 工业机器人轨迹模块的建立

1）双击 IRobotSIM 软件图标，进入 IRobotSIM 工作界面。

2）单击"文件"→"加载模型"，选中 ER3B 机器人，单击"打开"按钮，完成 ER3B 机器人的导入；按同样的方法依次完成搬运工作站、电气柜、工作台、写字台和轴承组装工作台的导入。

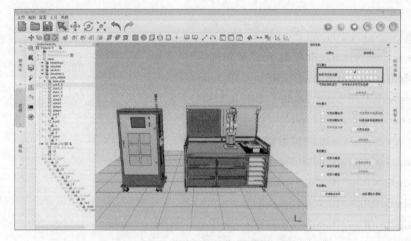

图 7-44 设置相机可见性

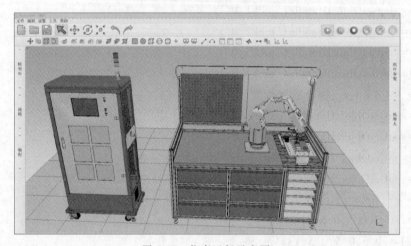

图 7-45 仿真运行示意图

3）新建辅助坐标 base（0，0，0）和 work_station，将"banyunjia""kongzhigui""shiyantai""xieziban""zhoucheng"和"ER3B_C30"拖拽到辅助坐标 base 下面，如图 7-46 所示。

4）将 work_station 与"banyunjia"进行位置重合，将"banyunjia"与"xieziban"进行位置重合，将"xieziban"与 work_station 进行位置重合，如图 7-47 所示。将 work_station 拖拽到辅助坐标 base 下面，将"xieziban"拖拽到辅助坐标 work_station 下面。

5）选中"xieziban"并单击"解除特征编组"，如图 7-48 所示，完成对"xieziban"的分组，生成"model"和"xieziban"模块。选中"model"，单击"编辑组件"→"边缘编辑"，

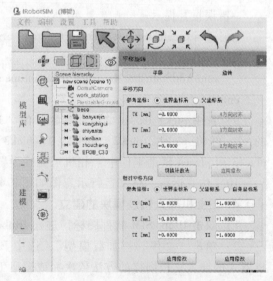

图 7-46 新建辅助坐标

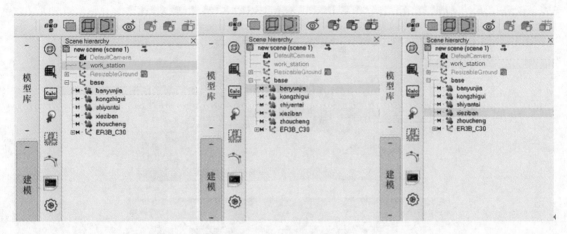

图 7-47　多点位置重合

如图 7-49 所示。编辑组件时一定要勾选"显示隐藏边缘"和"自动连续拾取",按住<Ctrl>键,依次选中 Edge28、Edge25、Edge18、Edge6、Edge2、Edge16 和 Edge8,单击"转化为路径",关闭编辑组件窗口会弹出询问对话框,单击"是",完成路径提取,如图 7-50所示。

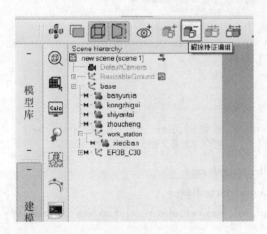

图 7-48　解除特征编组

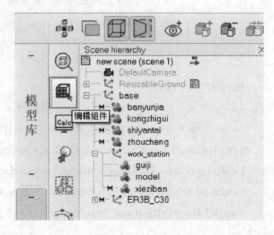

图 7-49　编辑组件

6)选中新建路径 ExtractedPath,单击"编辑路径",勾选"路径点 Z 轴向上"和"自动路径点的方向",选中路径起点 Path point1,单击鼠标右键,从右键菜单中选择"复制已选择路径点",再选中 Path point1,单击鼠标右键,从右键菜单中选择"在选择之后粘贴路径点";选中 Path point1,单击"平移"按钮,选中"自身坐标系",并将 TZ 改为 20,单击"应用修改"按钮。选中 Path point5,单击鼠标右键,从右键菜单中选择"复制已选择路径点",再选中 Path point5,单击鼠标右键,从右键菜单中选择"在选择之后粘贴路径点";选中 Path point5,单击"平移"按钮,选中"自身坐标系",并将 TZ 改为 20,单击"应用修改"按钮。将新建路径 ExtractedPath 放在 base 下面,如图 7-51 所示。

7)选中 ER3B_C30,添加线程脚本,单击脚本图标,弹出脚本输入窗口,将之前的脚本删除,直接粘贴新的脚本即可,如图 7-52 所示。

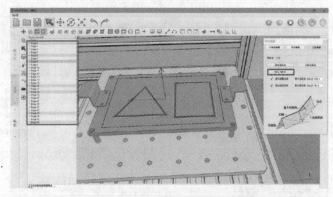

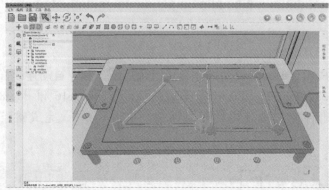

图 7-50　路径提取

线程脚本内容如下：

-------- ＊＊＊＊＊＊＊＊moveToplace 函数 ＊＊＊＊＊＊＊＊--------------

-------- ＊＊＊＊＊＊＊＊机器人移动到 objectHandle 点函数定义 ＊＊＊＊＊＊＊＊--------------

moveToplace = function(objectHandle,waitTime)

localtargetP = simGetObjectPosition(objectHandle,targetBase)

localtargetO = simGetObjectQuaternion(objectHandle,targetBase)

simRMLMoveToPosition(target,targetBase,1,nil,nil,maxVel,maxAccel,maxJerk,targetP,tar-

getO,nil)

simWait(waitTime)

end

threadFunction = function( )

--------------路径程序--------------------------------

p = simGetPositionOnPath(path,0)—沿路径获取绝对插值点位置

o = simGetOrientationOnPath(path,0)—沿路径获取绝对插值点方向

simMoveToPosition(target,-1,p,o,1,1)—移动到目标位置

simFollowPath(target,path,3,0,1,0.1)—沿路径对象移动

moveToplace(p0,0)

end

simSetThreadSwitchTiming(2)

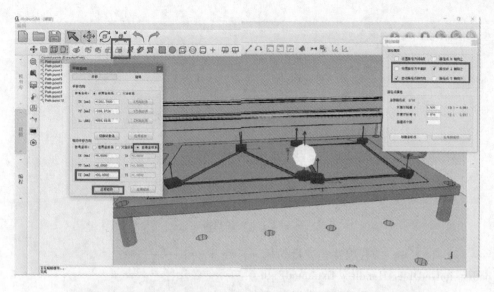

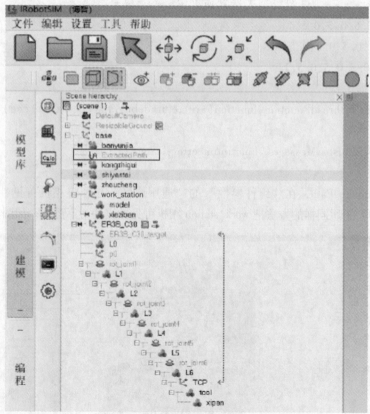

图 7-51　新建路径 ExtractedPath

-------- ＊＊＊＊＊＊＊＊获取机器人变量句柄＊＊＊＊＊＊＊--------------

target = simGetObjectHandle（' ER3B_C30_target '）

targetBase = simGetObjectHandle（' ER3B_C30 '）

p0 = simGetObjectHandle（' p0 '）

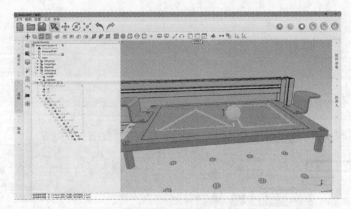

图 7-52　添加线程脚本

```
-------- ＊＊＊＊＊＊＊获取路径变量句柄＊＊＊＊＊＊＊--------------
path = simGetObjectHandle('ExtractedPath')
-------- ＊＊＊＊＊＊＊设置机器人运动速度＊＊＊＊＊＊＊------------
maxVel = {0.5,0.5,0.5,1}
maxAccel = {0.5,0.5,0.5,1}
maxJerk = {0.5,0.5,0.5,1}
--错误报警提示
res,err = xpcall(threadFunction,function(err) returndebug. traceback(err) end)
ifnotresthen
      simAddStatusbarMessage('Luaruntimeerror:'.. err)
end
```

8）选中 ExtractedPath，在"组件参数"的"通用属性"中，将相机可见性设置为不可见（即将勾选去掉）。采用同样的方法把 work_station 相机可见性设置为不可见，如图 7-53 所示。

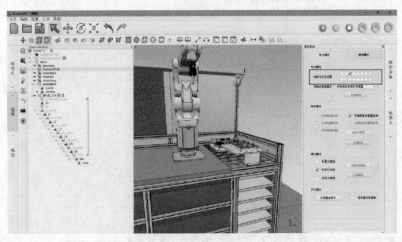

图 7-53　设置相机可见性

9）仿真运行。仿真运行示意图如图 7-54 所示。

10）单击"文件"→"保存场景为"，即可保存场景，如图 7-55 所示。

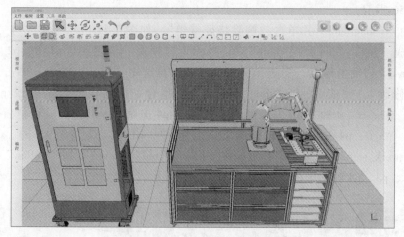

图 7-54　仿真运行示意图

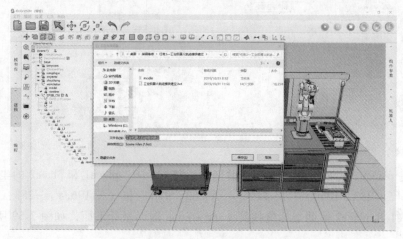

图 7-55　保存场景

5. 轴承组装模块的建立

1）双击 IRobotSIM 软件图标，进入 IRo-botSIM 工作界面。

2）单击"文件"→"加载模型"，选中 ER3B 机器人，单击"打开"按钮，完成 ER3B 机器人的导入。按同样的方法依次完成搬运工作站、电气柜、工作台、写字台和轴承组装工作台的导入。

3）新建辅助坐标 base（0，0，0）和 work_station（1190，−283，941），将 work_station、"banyunjia" "kongzhigui" "shiyan-tai" "xieziban" "zhoucheng" 和 "ER3B_C30" 拖拽到辅助坐标 base 下面，将 "zhoucheng" 拖拽到辅助坐标 work_station 下

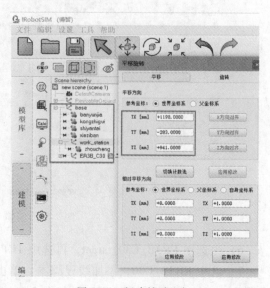

图 7-56　新建辅助坐标

面，如图 7-56 所示。

4）选中"zhoucheng"并单击"解除特征编组"，如图 7-57 所示，完成对"zhoucheng"的分组，生成"red""black""blue"和"yellow"模块。新建 p1、p1_0、p2、p2_0、p3、p3_0、p4、p4_0 辅助坐标点，先选中 p1 和 p1_0，再选中"blue"模块，单击"平移"按钮→"应用修改"，完成 p1 和"blue"模块位置重合。按同样的方法完成 p2、p2_0 和"red"模块，p3、p3_0 和"black"模块以及 p4、p4_0 和"yellow"模块位置重合，再将p1_0、p2_0、p3_0、p4_0 的 Z 坐标改成 1100，将 p1、p1_0、p2、p2_0、p3、p3_0、p4 和p4_0 拖拽到 work_station 辅助坐标下面，将"blue""red""black"和"yellow"模块分别拖拽到 p1、p2、p3、p4 辅助坐标点下面，如图 7-58 所示。

图 7-57　解除特征编组

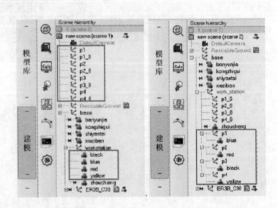

图 7-58　模块位置重合

5）新建 place0、place1 和 place2 辅助坐标，将 place0、place1 和 place2 的坐标分别设置为（-1196.4，-283，1050）、（-1196.4，-283，970）和（-1196.4，-283，985），并将place0、place1 和 place2 辅助坐标拖拽到 work_station 辅助坐标下面，如图 7-59 所示。

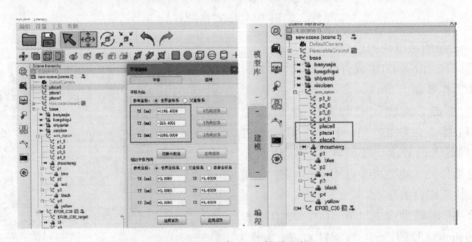

图 7-59　新建 place 辅助坐标

6）先选中 ER3B_C30_target，再选中 TCP，单击"位置重合"按钮，如图 7-60 所示。

7）选中 ER3B_C30，添加线程脚本，单击脚本图标，弹出脚本输入窗口，将之前的脚本删除，直接粘贴新的脚本即可，如图 7-61 所示。

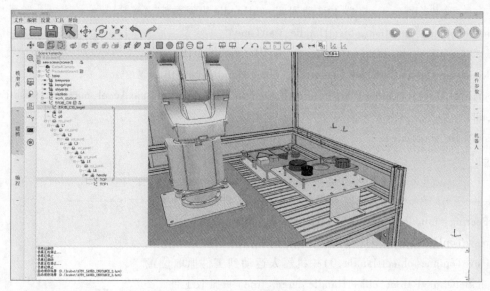

图 7-60　位置重合

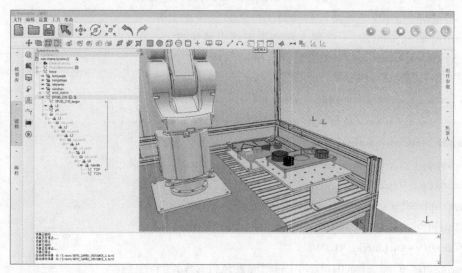

图 7-61　添加线程脚本

线程脚本内容如下：

-------- ＊＊＊＊＊＊＊setTargetPosAnt 函数定义 ＊＊＊＊＊＊＊----------------

-------- ＊＊＊＊更换机器人工具坐标系 ＊＊＊＊＊------------------

setTargetPosAnt = function (thisObject , targetObject)

localP = simGetObjectPosition (targetObject , −1)

localA = simGetObjectQuaternion (targetObject , −1)

simSetObjectPosition (thisObject , −1 , P)

simSetObjectQuaternion (thisObject , −1 , A)

end

-------- ＊＊＊＊＊＊＊moveToplace 函数 ＊＊＊＊＊＊----------------------

-------- * * * * * * *机器人移动到 objectHandle 点函数定义 * * * * * * *--------

moveToplace = function(objectHandle, waitTime)

localtargetP = simGetObjectPosition(objectHandle, targetBase)

localtargetO = simGetObjectQuaternion(objectHandle, targetBase)

simRMLMoveToPosition(target, targetBase, 1, nil, nil, maxVel, maxAccel, maxJerk, targetP, targetO, nil)

simWait(waitTime)

end

-------- * * * * * * *Bearing 函数 * * * * * * *--------------------

-------- * * * * * * *机器人完成一个轴承工件组装 * * * * * * *-------------

Bearing = function(place, objectHandle, p, point)

moveToplace(place, 0)—机器人运动到工件抓取位置正上方

moveToplace(objectHandle, 0)—机器人运动到工件抓取位置

simSetObjectParent(objectHandle, target, true)—抓取工件

moveToplace(place, 0)—机器人移动到工件抓取位置正上方

moveToplace(p, 0)—机器人移动到工件组装位置正上方

moveToplace(point, 0)—机器人移动到工件组装位置

simSetObjectParent(objectHandle, -1, true)—放下工件

end

-------- * * * * * * *主函数 * * * * * * *------------------------

-------- * * * * * * *机器人完成轴承组装 * * * * * * *-------------

threadFunction = function( )

Bearing(p1_0, p1, place0, place1)—完成蓝色(blue)工件组装

Bearing(p2_0, p2, place0, place1)—完成红色(red)工件组装

moveToplace(place0, 0)—机器人回到准备位置

setTargetPosAnt(TCP, TCP1)—切换工具坐标系

setTargetPosAnt(target, TCP1)

Bearing(p3_0, p3, place0, place1)—完成黑色(black)工件组装

Bearing(p4_0, p4, place0, place2)—完成黄色(yellow)工件组装

moveToplace(p0, 0)—机器人回到初始位置

end

simSetThreadSwitchTiming(2)

-------- * * * * * * *获取机器人变量句柄 * * * * * * *--------------

target = simGetObjectHandle(' ER3B_C30_target ')

targetBase = simGetObjectHandle(' ER3B_C30 ')

TCP = simGetObjectHandle(' TCP ')

TCP1 = simGetObjectHandle(' TCP1 ')

p0 = simGetObjectHandle(' p0 ')

-------- * * * * * * *工件初始位置句柄 * * * * * * *----------------

```
p1 = simGetObjectHandle(' p1 ')
p2 = simGetObjectHandle(' p2 ')
p3 = simGetObjectHandle(' p3 ')
p4 = simGetObjectHandle(' p4 ')
--------********工件初始正上方位置句柄********----------
p1_0 = simGetObjectHandle(' p1_0 ')
p2_0 = simGetObjectHandle(' p2_0 ')
p3_0 = simGetObjectHandle(' p3_0 ')
p4_0 = simGetObjectHandle(' p4_0 ')
--------********工件组装位置句柄********---------------
place0 = simGetObjectHandle(' place0 ')
place1 = simGetObjectHandle(' place1 ')
place2 = simGetObjectHandle(' place2 ')
--------********设置机器人运动速度********-------------
maxVel = {0.5,0.5,0.5,1}
maxAccel = {0.5,0.5,0.5,1}
maxJerk = {0.5,0.5,0.5,1}
--错误报警提示
res,err = xpcall(threadFunction,function(err)returndebug. traceback(err)end)
ifnotresthen
    simAddStatusbarMessage(' Luaruntimeerror：'.. err)
end
```

8）选中 p1_0，在"组件参数"的"通用属性"中，去掉"相机可见性设置"内部的 √。再将 p1、p2、p2_0、p3、p3_0、p4、p4_0、place0、place1 和 place2 辅助坐标中"相机可见性设置"内部的√均去掉，如图 7-62 所示。

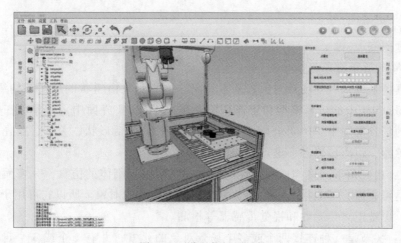

图 7-62　设置相机可见性

9）仿真运行。仿真运行示意图如图 7-63 所示。

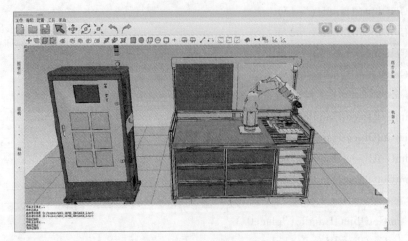

图 7-63　仿真运行示意图

10）单击"文件"→"保存场景为"，即可保存场景，如图 7-64 所示。

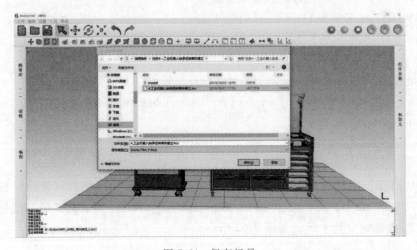

图 7-64　保存场景

四、问题探究

IRobotSIM 的场景对象包括哪些？

一个仿真场景包含一些场景对象和基本对象。这些对象由树状的层次结构组合在一起，共同组成 IRobotSIM 中的仿真模型和工作环境。在 IRobotSIM 界面中，对象存在于场景层次结构和可见的场景视图中。IRobotSIM 中支持的场景对象包括形状、关节、路径、力敏传感器、视觉传感器、距离传感器、虚点和相机等。

1）形状：由三角形网格构成的刚性网格，一方面用于刚体的仿真，一方面用于刚体可视化。形状是可碰撞、可测量、可检测、可渲染和可缩放的对象。所以它可用于与其他对象的碰撞检测，可被距离传感器和视觉传感器等检测。

2）关节：关节是一种连接两个或多个场景对象的元素，并有 1 个或 3 个自由度。共有三种关节类型：旋转关节、线性关节和球形关节。旋转关节、线性关节有 1 个自由度，球形关节有 3 个自由度。

3）路径：定义空间中的一条路径或轨迹的对象，能被用于各种目的，如让传送带沿预定轨迹运动。

4）力敏传感器：能够测量电动机的力和力矩。

5）视觉传感器：能够与空间中的光、颜色和图片反应。

6）距离传感器：在检测范围内可精确地检测一个物体。

7）虚点：虚点是带有方向的点。虚点是具有多用途的对象，能应用于许多不同的场合。

8）相机：相机允许以各种视角查看仿真场景，相机也是一个对象。

五、知识拓展

IRobotSIM 有六种计算模块，包括碰撞检测模块、最小距离计算模块、逆运动学计算模块、几何约束求解模块、动力学模块和路径规划模块。这些计算模块不是直接封装在对象中，但可以对一个或几个对象进行操作。计算对象不同于场景对象，但其操作间接与场景对象相关。这意味着计算对象不能单独存在：

1）碰撞检测对象（或碰撞对象）依靠可碰撞的场景对象。

2）最小距离计算对象（或距离对象）的距离依赖可测量对象。

3）逆运动学计算对象（或 IK 分组）主要依靠虚点和运动链，这种情形下，关节对象起着重要作用。

4）几何约束求解对象（或机构）主要依靠虚点和运动链，这种情形下，关节对象起着重要作用。

关于计算模块的设置，可以单击 图标打开"计算模块属性"对话框。

1. 物理引擎模块介绍

物理引擎以 IRobotSIM 内置的 4 个物理引擎作为支撑，允许处理刚体动力学的计算和交互（碰撞响应、抓取等）。物理引擎默认包含在仿真环境中，直接作用于所有启用动态的场景对象。例如，在场景中添加一个与地板有一定高度距离的小球，并把它设置为动态，仿真开始时小球会因为虚拟环境中的物理引擎而自由落体。

IRobotSIM 的动态模块目前支持四种不同的物理引擎：Bullet 引擎、ODE 引擎、Vortex 引擎和 Newton 引擎。任何时候，用户可以根据其仿真需要自由地从一个引擎切换到另一个。物理引擎中这种多样性的原因是物理仿真是一个复杂的任务，可以通过各种精度、速度或支持的各种特征来实现。

（1）Bullet 引擎 一种开源物理引擎，具有 3D 碰撞检测、刚体动力学和软体动力学（目前不支持）等功能。

（2）ODE（Open Dynamics Engine）引擎 开源物理引擎，具有两个组件：刚体动力学和碰撞检测。

（3）Vortex 引擎 非开源的引擎。商业物理引擎产生高保真物理仿真，Vortex 为大量物理属性提供真实世界参数（即对应于物理单位），使这个引擎既实际又精确，Vortex 主要用于高性能/精密工业研究中。

（4）Newton 引擎 一个跨平台的逼真的物理仿真库。它实现了一个确定性求解器，不基于传统的 LCP 或迭代方法，而是分别具有两者的稳定性和速度。这个功能使 Newton 引擎不仅可以用于游戏，也可以用于任何实时物理仿真。当前插件实现的是 Beta 版本。动态模块允许仿真接近真实世界的对象之间的相互作用，其允许物体跌落、碰撞和反弹，也允许操纵者抓住物体，传送带驱动部件向前运动，或车辆在不平坦的地形以现实的方式滚动。

与许多其他仿真软件不同，IRobotSIM 不是纯动态仿真器，它可以被看作一个混合仿真器，结合运动学与动力学，以获得各种最佳性能的仿真场景。如果仿真的移动机器人不支持与其环境碰撞或物理交互，并且只能在平地上操作，那么可以尝试使用运动或几何计算来仿真机器人的运动，结果将更快，也更准确。

2. 路径规划模块

IRobotSIM 通过包括 OMPL 库的插件提供路径/运动规划功能，在准备路径/运动规划任务时应考虑以下几点：

1）确定开始和目标状态。当路径规划对象是串行操作器时，通常提供目标姿态（或末端执行器位置/方向），而不是目标状态。在这种情况下，函数 simGetConfigForTipPose 可用于查找满足所提供目标姿态的一个或多个目标状态。

2）使用 simExtOMPL_createTask 创建路径规划任务。

3）使用 simExtOMPL_setAlgorithm 选择算法。

4）创建所需的状态空间，它可以指定一个复合对象：simExtOMPL_createStateSpace 和 simExtOMPL_setStateSpace。指定不允许与 simExtOMPL_setCollisionPairs 发生冲突的实体。

5）使用 simExtOMPL_setStartState 和 simExtOMPL_setGoalState 指定开始和目标状态。使用 simExtOMPL_compute 计算一个或多个路径。使用 simExtOMPL_destroyTask 销毁路径计划任务。通常，路径规划与逆运动学结合使用，如在拾取和放置任务中，最终方法通常应为直线路径，可以使用 simGenerateIkPath 生成。

以上是常规方法，有时缺乏灵活性。此外，可以设置以下回调函数：

1）simExtOMPL_setStateValidationCallback。

2）simExtOMPL_setProjectionEvaluationCallback。

3）simExtOMPL_setGoalCallback。

一般，系统提供的路径通常只是无限可能路径中的一个路径，并且不能保证返回的路径是最优解。由于这个原因，通常需要计算几个不同的路径，然后选择更好的路径（如较短的路径）。以类似的方式，如果目标状态必须从目标姿态计算，则通常测试若干目标状态。通常的做法是，首先找到几个目标状态，然后根据它们到开始状态的状态空间的距离对其进行排序。执行到最近的目标状态，再到下一个最接近的目标状态，以此类推，直到找到满意的路径。

六、评价反馈（表 7-7）

表 7-7　评价表

基本素养（30 分）				
序号	评估内容	自评	互评	师评
1	纪律（无迟到、早退、旷课）（10 分）			
2	安全规范操作（10 分）			
3	团结协作能力、沟通能力（10 分）			

（续）

理论知识（40 分）				
序号	评估内容	自评	互评	师评
1	了解 IRobotSIM 场景对象（20 分）			
2	了解 IRobotSIM 计算模块（20 分）			
技能操作（30 分）				
序号	评估内容	自评	互评	师评
1	了解 IRobotSIM 搬运工作站的建立（10 分）			
2	了解 IRobotSIM 工业机器人轨迹模块的建立（10 分）			
3	了解 IRobotSIM 轴承组装模块的建立（10 分）			
综合评价				

七、练习题

1. 填空题

（1）IRobotSIM 模型文件导入过程为：_____、_____、_____。

（2）IRobotSIM 中支持的场景对象包括形状、_____、_____、_____、_____、距离传感器、虚点和相机等。

（3）共有三种关节类型，分别为_____、_____、_____。

（4）如果仿真的移动机器人不支持与其环境碰撞或物理交互，并且只能在平地上操作，那么可以尝试使用_____或_____来仿真机器人的运动，结果将更快，也更准确。

（5）IRobotSIM 提供了三种传感器：_____、_____、_____。

2. 简答题

（1）IRobotSIM 有哪六种计算模块？

（2）IRobotSIM 的动态模块支持哪些物理引擎？

项目八
工业机器人的维护保养及故障处理

任务一　工业机器人的维护与保养

一、学习目标

1. 了解工业机器人定期检修项目及检修步骤。
2. 掌握螺栓拧紧力的检测及调整方法。
3. 掌握同步带张紧力的检测及调整方法。

二、工作任务

1. 工业机器人的定期检查。
2. 检查和更换电池。
3. 螺栓拧紧力的检测及调整。
4. 同步带张紧力的检测及调整。

三、实践操作

1. 知识储备

为了使工业机器人正常运行，延长使用寿命，工业机器人每使用一段时间就需要进行维护与保养，在维护过程中需要注意采取安全措施。首先，在维护过程中需要贴出警示牌，必须断开控制电源和外部的供电，在机器人停止工作后进行检查。因机器人工作时手臂会发热，在触摸手臂时要做好安全措施，以防止烫伤。其次，在维护过程中不可以施加较大的力，以免导致机器人关节机械装置的损坏。最后，如果有必要上电检查，在调整机器人姿态的时候，手不要接近机械臂，以免造成夹紧挤压。另外，还需注意避免静电放电导致某些元器件的损坏。

2. 定期检修

（1）定期检修注意事项　检修、更换零件时，为安全作业，应遵守以下注意事项：

1）更换零件时，应先切断电源，5min后再进行作业（切断一次电源后的5min内，切勿打开控制柜）。注意手的清洁、干燥。

2）更换作业必须由接受过设备厂家维修保养培训的人员进行。

3）作业人员的身体（手）和控制装置的"GND端子"必须保持电气短路，应在同电位下进行作业。

4）更换时，切勿损坏连接线缆，切勿触摸印制电路板上的电子零件及线路、连接器的触点部分（应手持印制电路板的外围）。

5）进行检修作业之前，应对作业所需的零件、工具和图样进行确认。

6）更换零部件时须使用厂家指定的零件。

7）进行机器人本体的检修时，务必先切断电源再进行作业。

8）打开控制柜时，务必先切断电源，并保证内部清洁。

9）用手触摸时，须提前清洁油污，尤其注意印制电路板和连接器，避免因静电放电等损坏 IC 零件。

10）需要带电操作检修机器人本体时，注意机器人的动作。

11）正确使用万用表进行检测，注意防止触电和接线短路。

12）禁止同时进行机器人本体和控制装置的检修。

（2）定期检修项目 定期检修项目见表 8-1。

表 8-1 定期检修项目

序号	周期				检查项目	检修保养内容	检修方法
	日常	3个月	6个月	1年			
1		√	√	√	机械外壳及工具使用情况	是否有漆面脱落、结构损伤、锈蚀情况	目测
2		√	√	√	缆线组	是否有损坏、破裂情况，连接器是否松动	目测
3		√	√	√	驱动单元	各连接线缆是否松动	目测，拧紧
4	√	√	√	√	控制器	各连接线缆是否松动	目测，拧紧
5	√	√	√	√	安全电路板	各连接线缆是否松动	目测，拧紧
6	√	√	√	√	接地线	是否有松弛、缺损情况	目测，拧紧
7	√	√	√	√	继电器	是否有污损、缺损情况	目测
8		√	√	√	操作开关	按钮功能确认	目测
9		√	√	√	电压测量	L1、L2 的电压确认	AC 220V±10%
10		√			电池	电池电压确认	电压 3.0V 以上
11	√	√	√	√	示教器	是否有损坏情况，操作面板是否清洁	目测
12	√	√	√	√	急停按钮	检查动作是否正常	检查伺服 ON/OFF 情况

（3）长假前的检修 长假前应进行以下检修：

1）确认编码器电池电压，若电压太低，则应更换电池。

2）确认控制装置的门和锁定插键已经关闭。

（4）电池的更换 工业机器人使用锂电池作为编码器数据备份用电池。若电池电量下降超过一定限度，则无法正常保存数据。若电池每天运转 8h，则应每两年更换一次。电池保管场所应选择避免高温、高湿、不会结露且通风良好的场所。建议在常温（20℃±15℃）条件下，温度变化较小，相对湿度在 70% 以下的场所进行保管。更换电池时，应在控制装置断电的状态下进行。如果电源处于未接通状态，编码器会出现异常，需要执行编码器复位操作。已使用的电池应按照所在地区的分类规定，作为"已使用锂电池"废弃。

1）必备工具。M4 扭力扳手、十字螺钉旋具、钳子和电缆扎带。

2）编码器电池的存放位置。编码器电池存放在机器人底座的电池盒中，它用于电控柜断电时存储电动机编码器信息。当电池的电量不足时，需要对电池进行更换，编码器电池安装位置如图 8-1 所示（电池安装在底座的后端）。

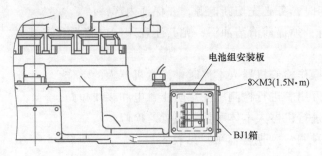

图 8-1　编码器电池安装位置

3）电池的更换步骤如下：

① 将控制装置的主电源置为 OFF 档。

② 按下紧急停止按钮，锁定机器人。

③ 卸下 BJ1 箱左侧面的电池组安装板上的安装螺栓。

④ 卸下电池连接器：J1~J6 轴。

⑤ 拆下电压不足的电池，将新电池插入电池包，连接电池连接器。

⑥ 将电池组安装板放回原来位置，用安装螺栓固定。

⑦ 将控制装置的电源重新置位为 ON 档。

4）更换电池后的操作。一般按照上述顺序操作，重新上电即可，若有操作不当导致位置丢失，需要进行编码器清零操作。

（5）清零、清除报警操作　对机器人某一轴实施清零操作后，机器人此轴的零点会丢失，在清零前应将机器人运动至原先定义的零点位置，或在清零后将机器人运动至原先定义的零点位置，实施清零操作后，重新定义机器人零点方可运行机器人。

BN-R3A 机器人电动机侧的编码器线进行过插拔，驱动器会有 r29 依次闪烁报警，此时需要在示教器"零位标定"界面下，选中右下方的轴号，单击"绝对编码器清零"按钮，然后按下示教器上的"确定"键，报警消除；但轴的零位会丢失，需将机器人运动到机械零位进行零位标定。

BN-R3B 机器人电动机侧的编码器线进行过插拔，在示教器监控界面驱动器会进行报警，首先应进行编码器重置，随后按<F1>键进行报警错误清除（报警界面变化），最后单击"轴清除"，将报警清除；但轴的零位会丢失，需将机器人运动到机械零位进行零位标定。

3. 同步带的检查

（1）J3 轴同步带的检查　同步带应每隔一年进行一次检修，以防止同步带松弛导致机器人发生故障。J3 轴同步带位置示意图如图 8-2 所示。

调整 J3 轴同步带时，应首先将图 8-2 所示的大臂盖板 I 拆除，拆除后即可用带张紧仪测量同步带的张紧力，BN-R3A 机器人同步带设计张紧力频率为 101~116Hz（BN-R3B 机器人同步带设

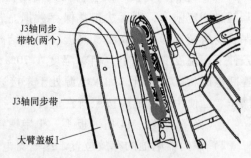

图 8-2　J3 轴同步带位置示意图

计张紧力频率为 132~153Hz），若不在此范围内，应进行调整。

首先将调整板压盖上的螺栓松开，注意此处不是取出，而是将螺栓松开至调整板压盖可自由移动。然后通过六角螺母（M5）调整带轮松紧，调整时，将螺母向减速机方向移动，同步带张紧力随之减小，反之则增大。调整同步带松紧应使用张力测试仪测量张紧力，其测量方法可参照使用说明书。

（2）J4 轴同步带的检查　检查 J4 轴同步带应首先将电动机座和电动机外壳取下，如图 8-3 所示。

将电动机座盖板拆除后，BN-R3A 机器人同步带设计张紧力频率为 361~417Hz（BN-R3B 机器人同步带设计张紧力频率为 493~592Hz），若不在此范围内，可参照 J3 轴同步带调整方法进行调整。

（3）J5、J6 轴同步带的检查　J5、J6 轴同步带的检查方法与 J3 轴同步带的检查方法相同，将手腕盖板拆除后，即可进行检查和调整，具体调整方法可参照 J3 轴同步带的调整方法。J6 轴同步带位置示意图如图 8-4 所示。

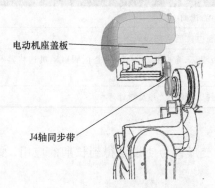

图 8-3　J4 轴同步带位置示意图

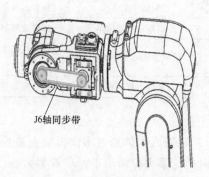

图 8-4　J6 轴同步带位置示意图

（4）同步带张紧力工具及注意事项

1）工具：张力测试仪、内六角扳手一套。表 8-2 为 BN-R3A 机器人同步带张紧力频率范围，表 8-3 为 BN-R3B 机器人同步带张紧力频率范围。

表 8-2　BN-R3A 机器人同步带张紧力频率范围

位置	中心距/m	线密度/（kg/m）	频率下限/Hz	频率上限/Hz
J3 轴	0.15	0.013	101	116
J4 轴	0.042	0.013	361	417
J5 轴	0.105	0.013	144	167

表 8-3　BN-R3B 机器人同步带张紧力频率范围

位置	中心距/m	线密度/（kg/m）	频率下限/Hz	频率上限/Hz
J1 轴	0.15	0.015	216	249
J2 轴	0.12	0.015	163	193
J3 轴	0.20	0.015	132	153
J4 轴	0.13	0.015	493	592

（续）

位置	中心距/m	线密度/（kg/m）	频率下限/Hz	频率上限/Hz
J5 轴	0.10	0.015	140	163
J6 轴	0.08	0.015	219	255

2）注意事项如下：

① 调整同步带时必须断电，以防止发生事故。

② 同步带必须调整在给定范围内，否则会影响机器人性能，损坏机械部件。

③ 调整同步带后，各轴的螺母必须锁紧。

4. 机器人定期检查

（1）季度检查　季度检查表见表 8-4。

表 8-4　季度检查表

序号	检查项目	检查点
1	控制单元电缆	检查示教器电缆是否存在不当扭曲
2	控制单元的通风单元	如果通风单元脏了，则应切断电源后清理通风单元
3	机械本体单元中的电缆	检查机械本体单元插座是否损坏，弯曲是否异常，检查伺服电动机连接器和航插是否连接可靠
4	各部件的清洁和检修	检查各部件是否存在损坏、锈蚀等情况，并及时处理

注意：

1）机器人本体通过多次拆装会造成螺栓的滑丝变形，为使设备得到长期的应用，螺栓训练时的拧紧力应稍小于标准拧紧力。

2）机器人转座下面的过渡板、大臂下部和大臂上部安装有 O 形密封圈，在拆装时应注意不要丢失并检查表面破损情况，如果出现破损应及时更换。

（2）年度检查　年度检查表见表 8-5。

表 8-5　年度检查表

序号	检查项目	检查点
1	各部件的清洁和检修	检查各部件是否存在问题，并及时处理
2	外部主要螺钉的紧固及质量	扭力测试，检查螺纹使用情况

注意：

1）清洁部位。主要是机器人腕部油封处，清洁切屑和飞溅物。

2）紧固部位。应紧固末端执行器安装螺钉、机器人本体安装螺钉以及检修等而拆卸的螺钉。应紧固露于机器人外部的所有螺钉，主要螺钉检查部位见表 8-6。有关安装力矩，请参阅螺钉拧紧力矩表，见表 8-7。

四、问题探究

1. 同步带张紧力

安装同步带时必须进行适当的张紧，以使同步带具有一定的初拉力（张紧力）。初拉力过小会使同步带在运转中因啮合不良而发生跳齿现象，在跳齿的瞬间可能因拉力过大而使带

表 8-6 主要螺钉检查部位

序号	检查部位	序号	检查部位
1	机器人安装处	6	J5 轴伺服电动机安装处
2	J1 轴伺服电动机安装处	7	J6 轴伺服电动机安装处
3	J2 轴伺服电动机安装处	8	手腕部件安装处
4	J3 轴伺服电动机安装处	9	末端负载安装处
5	J4 轴伺服电动机安装处		

表 8-7 螺钉拧紧力矩表

内六角扳手	螺栓	拆装训练紧固力矩 /N·m	实际生产紧固力矩 /N·m
Hm2.5	M3	1.5	1.57±0.18
Hm3	M4	3.6	3.6±0.33
Hm4	M5	7.3	7.35±0.49
Hm5	M6	12.0	12.4±0.78
Hm6	M8	30.0	30.4±1.8
Hm8	M10	59.0	59.8±3.43
Hm10	M12	104.0	104±6.37

断裂或带齿断裂；初拉力过小还会使同步带传递运动的精度降低，带的振动噪声变大。而初拉力过大则会使带的寿命缩短，传动噪声增大，轴和轴承上的载荷增大，加剧轴承的发热和使轴承寿命缩短。故控制同步带传动合适的张紧力是保证同步带传动正常工作的重要条件。

设 F_0 为同步带传动时带的张紧力，F_1、F_2 和 F 分别为带传动工作时带的紧边拉力、松边拉力和有效拉力。为了保证同步带在带轮上啮合可靠、不跳齿，同步带运转时紧边的弹性伸长量与松边的弹性收缩量应保持近似相等。因此，紧边拉力的增加量应等于松边拉力的减少量，即

$$F_1 - F_0 = F_0 - F_2 \text{ 或 } F_1 + F_2 = 2F_0 \text{ 或 } F_0 = 0.5(F_1 + F_2) \tag{8-1}$$

2. 同步带压轴力

压轴力即同步带作用在轴上的力，是紧边拉力与松边拉力的矢量和，如图 8-5 所示。

根据 JB/T 7512.3—2014，当工况系数 $K_A > 1.3$ 时，压轴力 Q（单位为 N）的计算公式为

$$Q = 0.77 K_F (F_1 + F_2) \tag{8-2}$$

式中，K_F 为矢量相加修正系数，如图 8-6 所示。

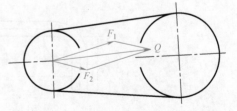

图 8-5 同步带的压轴力、紧边拉力和松边拉力

图 8-6 中，α_1 为小带轮包角，$\alpha_1 \approx 180° - \dfrac{d_2 - d_1}{a} \times 57.3°$，其 d_1、d_2 分别为小带轮和大带轮的直径，a 为两轮中心距。

而带的紧边拉力与松边拉力（单位为 N）分别为

$$F_1 = \frac{1250 P_d}{v} \tag{8-3}$$

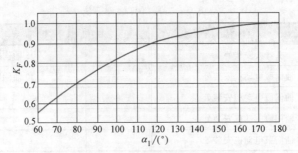

图 8-6 矢量相加修正系数

$$F_2 = \frac{250P_d}{v} \tag{8-4}$$

式中，v 为带速（m/s）；P_d 为设计功率（kW），$P_d = K_A P$，K_A 为工况系数，P 为需传递的名义功率（kW）。所以压轴力（单位为 N）为

$$Q = \frac{1500K_F K_A P}{v} \tag{8-5}$$

对于频繁正反转、严重冲击和紧急停机等非正常传动，需视具体情况修正工况系数。

另外电动机在工作时，其工作过程是"加速—匀速—减速"。在匀速时，电动机所受负载为工件与导轨的滑动负载；电动机加速时主要考虑惯性负载；如电动机直接起动，即转速直接从 0 跳到所规定的转速时，电动机的滑动负载和惯性负载均要考虑。一般情况下，电动机传递的负载为滑动负载的 2~3 倍。所以对于频繁正反转、严重冲击的传动机构，设计计算时，同步带需传递的名义功率应是同步带正常传动需传递功率的 2~3 倍。从结构上讲，若所需的压轴力小于步进电动机轴允许的悬挂负载，则可不必加联轴器。

五、知识拓展

1. 内六角扳手

内六角扳手也称为艾伦扳手。常见的英文名称有 "Allen key（或 Allen wrench）" 和 "Hex key"（或 Hex wrench）。它通过扭矩施加对螺钉的作用力，大大降低了使用者的用力强度，是工业制造业中不可或缺的得力工具，如图 8-7 所示。

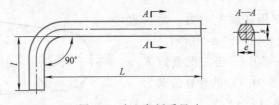

图 8-7 内六角扳手尺寸

内六角扳手规格型号有：1.5、2、2.5、3、4、5、6、8、10、12、14、17、19、22、27、32、36。

2. 内六角圆柱头螺钉

GB/T 70.1—2008《内六角圆柱头螺钉》规定了螺纹规格为 M1.6~M64，规定了螺纹的基本尺寸、技术要求、标记方法和标记示例。

内六角圆柱头螺钉常用规格标准有 M3×8、M3×10、M3×12、M3×16、M3×20、M3×25、

M3×30、M3×45、M4×8、M4×10、M4×12、M4×16、M4×20、M4×25、M4×30、M4×35、M4×45、M5×10、M5×12、M5×16、M5×20、M5×25、M6×12、M6×14、M6×16、M6×25、M8×14、M8×16、M8×20、M8×25、M8×30、M8×35、M8×40 等。

六、评价反馈（表 8-8）

表 8-8　评价表

基本素养（30 分）				
序号	评估内容	自评	互评	师评
1	纪律（无迟到、早退、旷课）（10 分）			
2	安全规范操作（10 分）			
3	团结协作能力、沟通能力（10 分）			
理论知识（40 分）				
序号	评估内容	自评	互评	师评
1	了解机器人日常检修内容（15 分）			
2	了解机器人季度检修内容（20 分）			
3	了解机器人年度检修内容（5 分）			
技能操作（30 分）				
序号	评估内容	自评	互评	师评
1	检查同步带的张紧力（15 分）			
2	检查螺栓的拧紧力矩（15 分）			
综合评价				

七、练习题

1. 填空题

（1）更换电池时需要的工具有_____、_____、_____和_____。

（2）机器人日常检修内容包括控制器、_____、_____、_____、_____、_____和急停按钮。

（3）BN-R3A 机器人 J3 轴同步带张紧力频率范围是_____。

（4）同步带张紧力检测使用的工具有_____、_____。

（5）机器人季度检查内容包括_____、_____、_____及_____。

2. 简答题

（1）工业机器人编码器电池的更换步骤是什么？

（2）工业机器人编码器电池的作用是什么？

（3）如何检查 J3 轴同步带的张紧力？

3. 操作题

（1）使用扭力扳手检测 J3 轴大臂Ⅱ与 J2 轴连接处的螺栓拧紧力。

（2）使用张力测试仪检测 J3 轴同步带的张紧力。

任务二　工业机器人的故障处理

一、学习目标

1. 了解工业机器人的常见故障。

2. 掌握工业机器人的故障排除方法。

二、工作任务

1. 根据故障现象判断故障原因。

2. 更换工业机器人零部件。

3. 伺服驱动器常见的报警处理。

4. 示教器常见的报警处理。

三、实践操作

1. 知识储备

工业机器人在经过长时间的应用后会出现如下情况：

1）一旦发生故障，直到修理完毕，还不能运行。

2）发生故障，放置一段时间后，又可恢复运行。

3）发生故障，只要关闭电源后重新上电，又可运行。

4）发生故障，立即可再次运行。

5）非机器人本身，而是系统故障导致机器人异常。

6）因机器人故障，导致系统异常。

尤其是2）、3）、4）的情况，一般存在发生二次故障的可能。在复杂的系统中，一般不能轻易找到故障原因。因此，在出现故障时，切勿继续运转，应立即联系接受过培训的保养作业人员，由其实施故障检查和修理。此外，应将这些内容放入作业规定中，并建立切实可行的完整体系。机器人运转发生某种异常时，除排除控制系统问题外，还应考虑机械部件损坏所导致的异常。

检查出现故障的步骤如下：

步骤一：检查哪一个轴部位出现异常。如果没有明显异常动作而难以判断时，应进行以下方面的确认：

1）有无发出异常声音的部位。

2）有无异常发热的部位。

3）有无出现间隙的部位。

步骤二：确定损坏轴之后，应检查导致异常现象的原因。一种现象可能是由多个部件导致的。

步骤三：问题确认后，有些问题用户可以自行处理，用户不能自行处理的应联系厂家售后服务部门。

2. 工业机器人的故障现象和原因

一种故障现象可能是因多个不同部件导致的，可参考表8-9。

表 8-9　工业机器人的故障现象和原因

故障现象	减速机	伺服电动机
过载[1]	○	○
位置偏差	○	○
发生异响	○	○
运动时振动[2]	○	○

（续）

故障现象	减速机	伺服电动机
停止时晃动③		○
轴自然掉落	○	○
异常发热	○	○
误动作、失控		○

① 负载超出伺服电动机额定规格范围时出现的现象。

② 动作时的振动现象。

③ 停机时，在停机位置周围反复晃动数次。

（1）各个零部件的检查方法及处理方法

1）减速机。减速机损坏时会产生振动、发出异常声音，无法正常运转，导致过载、位置偏差和异常发热等。此外，还会出现完全无法确定的动作。

检查方法：检查润滑脂中的铁粉量，若润滑脂中的铁粉量增加浓度在0.1%以上，则有内部破损的可能性。每运转5000h或每隔一年（装卸用途时，则为每运转2500h或每隔半年），测量减速机的润滑脂铁粉浓度，超出标准值时，有必要更换润滑脂或减速机。

检查减速机温度：温度较通常运转上升10℃时，基本可判断减速机已损坏。

处理方法：更换减速机，由于更换减速机比较复杂，需更换时应联系厂家售后服务部门。

2）伺服电动机。伺服电动机异常时，会出现停机时晃动、运转时振动等异常现象，还会出现异常发热和异常声音等情况。由于出现的现象与减速机损坏时的现象相同，所以同时进行减速机的检查。

检查方法：检查有无异常声音、异常发热现象。

处理方法：参照"更换零部件"的说明，更换伺服电动机。

（2）更换零部件

1）更换J4、J5、J6轴电动机和减速机的准备工作如图8-8所示。

注意：对机器人进行维修时务必切断电源！

2）更换J6轴的减速机和电动机。机器人电气线缆与机械本体连接在一起，即

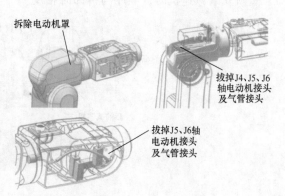

图8-8 更换零部件的准备工作

电气线缆在机械本体内，维修机械本体时，应注意电气线的布局，避免损坏线缆。

在更换J6轴电动机或减速机时，应首先将机器人调整到如图8-9所示的姿态，卸掉J6轴电动机保护罩上的螺栓，并取下J6轴电动机保护罩，将J6轴电动机的插头拔掉。将J6轴减速机螺栓拆除，取出J6轴减速机。取出减速机时注意不要损坏减速机本体。然后将减速机波发生器与柔轮取出，便可取出J6轴电动机。安装时，首先将电动机安装到手腕体上并紧固，然后将波发生器与柔轮固定在电动机轴上，再将减速机安装在手腕体上。安装减速机时，应边旋转电动机边安装到手腕体上。J6轴电气布线：首先，将J6轴电动机线沿电动机反方向后端布线，J6轴电动机前端的快插安装在J6轴电动机保护罩和手腕连接体中间的空

隙处。将 J6 轴电动机线固定在手腕连接体上，如图 8-10 所示。将 J6 轴电动机电气线穿过 J4 轴减速机中心孔后，在 J5 轴电动机处与管线快插连接。因此，在拆装电动机时，应先将 J6 轴电动机保护罩去掉，再将电气线接口分离，分离后取出电动机。重新安装时，应先将电动机安装好，后将接口卡上并固定在手腕连接体上。重新安装减速机时，应保证配合面无杂物，减速机上的螺栓应采用交叉十字法分 3~4 次拧紧到相应力矩值，具体力矩值见表 8-7。

图 8-9　手腕部分结构图　　　　　　　　图 8-10　J6 轴电气线布局

　　3）更换 J5 轴减速机与电动机。更换 J5 轴减速机时，参照更换 J6 轴减速机与电动机的方法将 J5 轴减速机与电动机拆下，将手腕连接体与手腕体分开，取出减速机与手腕体连接处的 8 个 M3×25 螺栓，即可取出 J5 轴减速机。更换 J5 轴电动机时，应注意电气线布局。J5 轴电气线布局如图 8-12 所示，先绕电动机半圈，与本体管线通过快插固定在空隙处，再将线通过 J4 轴减速机中心孔后与管线包快插配合。将 J5 轴电动机电气线快插松掉，即可取出 J5 轴电动机。重新安装电动机时，顺序与拆卸时相反。重新安装减速机时，应保证配合面无杂物，减速机上的螺栓应采用交叉十字法分 3~4 次拧紧到相应力矩值，具体力矩值见表 8-7。重新安装减速机时，顺序与拆卸时相反。

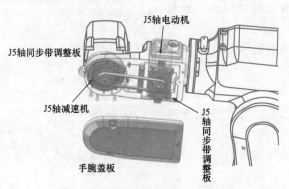

图 8-11　更换 J5 轴减速机与电动机

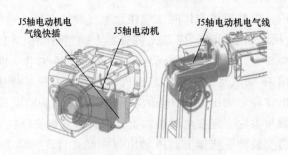

图 8-12　J5 轴电气线布局

4）更换 J4 轴减速机与电动机。更换 J4 轴电动机与减速机时，先将 J4 轴电动机罩拆下，便可将图 8-13 中的电动机拆下进行更换；将电动机拆除后，再将 J4 轴过渡板拆下，便可将图 8-14 中的 J4 轴减速机拆下进行更换。图 8-15 所示为 J4 轴电气线布局。

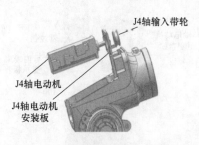

图 8-13　更换 J4 轴减速机示意图

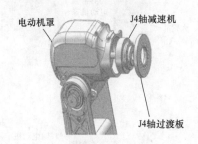

图 8-14　拆卸 J4 轴减速机示意图

5）更换 J3 轴减速机与电动机。更换 J3 轴减速机和电动机时，先将两边的大臂盖板拆除，再将图 8-16 所示的螺栓拆除，即可分离出 J3 轴减速机和电动机座。

图 8-15　J4 轴电气线布局

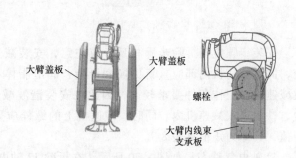

图 8-16　更换 J3 轴减速机

拆除 J3 轴电动机时，先拆除大臂内线束支承板，后拆除大臂线束防护套。如图 8-17 所示，将大臂 II 上的螺栓取出后拆除大臂 II，将 J3 轴电动机罩去除后拆除电动机上的输入带轮，取出电动机上的螺栓，即可取出 J3 轴电动机。由于输入带轮和电动机的配合关系，应先将电动机连同调整板一起拆除，然后取出输入带轮。

安装步骤应与拆除步骤相反。应注意，安装减速机时，需要在安装配合面涂抹平面密封胶，同时减速机内部应重新更换润滑脂，润滑脂体积约占总填充空间体积的 70%。由于谐波减速机对工作条件要求较高，因此在安装谐波减速机时，应将其内部清理干净，防止灰尘、铁屑进入减速机内。同时，减速机上的螺栓应采用交叉十字法分 3~4 次拧紧到相应力矩值，具体力矩值见表 8-7。

J3 轴电气线布局如图 8-18 所示，电气线穿过电动机后固定在大臂内线束支承板上，拆除电动机时，应先将大臂内线束支承板上的卡扣分开，重新安装时，在安装 J3 轴电动机保护罩时，应该将电气线穿出大臂，待电动机安装好后将其固定在大臂内线束支承板上。

6）更换 J2 轴减速机与电动机。更换 J2 轴减速机和电动机时，应先将大臂拆除，大臂的拆除参照更换 J3 轴减速机和电动机的方法，将大臂拆除后，即可取出电动机和减速机的组合体，如图 8-19 所示。将 J2 轴减速机与电动机从过渡板中取出即可。

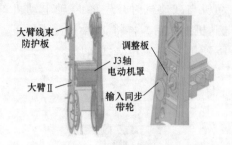

图 8-17 更换 J3 轴电动机

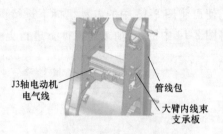

图 8-18 J3 轴电气线布局

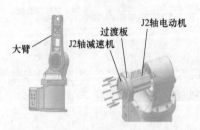

图 8-19 更换 J2 轴减速机与电动机

图 8-20 J2 轴电气线布局

安装步骤应与拆除步骤相反。应注意，安装减速机时需要在安装配合面涂抹平面密封胶，同时减速机内部应重新更换润滑脂，润滑脂体积约占总填充空间体积的 70%。由于谐波减速机对工作条件要求较高，因此在安装谐波减速机时，应将其内部清理干净，防止灰尘、铁屑进入减速机内。同时，减速机上的螺栓应采用交叉十字法分 3~4 次拧紧到相应力矩值，具体力矩值见表 8-7。

J2 轴电气线布局如图 8-20 所示，在拆除 J2 轴电动机时，应首先将腰部与腰部内过渡板上的螺栓取出，然后将腰部向上拿起，直至看得到腰部内线束支承板，将 J2 轴的电气线与腰部内线束支承板的扎带剪断，并将固定在腰部内线束支承板的接口松开，此时可以将腰部与电动机一起取出。重新安装管线时，应先将电气线固定在腰部内线束支承板上，然后将腰部与过渡板上的螺栓固定。

7）更换 J1 轴减速机和电动机。更换 J1 轴减速机与电动机时，应将腰部拆除，拆除方法如图 8-21 所示。将腰部螺栓从底座过渡板上拆除，即可拿出腰部。取下腰部后，将底座过渡板中的螺栓拆除，即可取出底座过渡板，之后即可取出 J1 轴减速机和电动机的组合体，参照更换 J2 轴减速机和电动机的方法即可更换 J1 轴减速机和电动机。

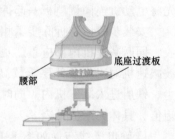

图 8-21 J1 轴过渡板连接

安装步骤应与拆除步骤相反。应注意，安装减速机时需要在安装配合面涂抹平面密封胶，同时减速机内部应重新更换润滑脂，润滑脂体积约占总填充空间体积的 70%。由于谐波减速机对工作条件要求较高，因此在安装谐波减速机时，应将其内部清理干净，防止灰尘、铁屑进入减速机内。同时，减速机上的螺栓应采用交叉十字法分 3~4 次拧紧到相应力矩值，具体力矩值见表 8-7。

J1 轴电气线布局如图 8-22 所示，在拆装第 1 轴电动机时，应首先将底座接口盖板拆除，将 J1 轴电气线的卡扣拆除，然后将 J1 轴电动机与减速机取出。安装时，应首先将电动机安装到底座内，然后将电气线装上并固定。

（3）密封胶的应用

1）对需要密封的表面进行清洗和干燥。清洗方法如下：①用压缩气体清洁需要密封的表面；②对需要密封的安装表面进行脱脂，可使用蘸有清洗剂的布料擦拭或直接喷清洗剂。

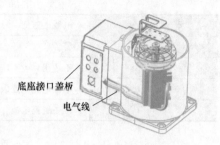

底座接口盖板

电气线

2）施加密封胶。确保安装表面是干燥的（无残留的清洗剂），清除水或油脂。在表面上施加密封胶，涂抹均匀，涂抹厚度应统一。

图 8-22　J1 轴电气线布局

3）装配。为了防止灰尘落在施加密封胶的部分，在涂抹密封胶后，应尽快安装零部件。安装完零部件后，用螺钉和垫圈快速固定配合面，使配合表面完全贴合。施加密封胶之前，禁止向空腔内注入润滑脂，这是因为润滑脂可能会导致泄漏。应在施加密封胶至少 1h 后再注入润滑脂。

3. 伺服驱动器的常见报警处理

"n" 持续显示，报警介绍见表 8-10。

表 8-10　"n" 报警介绍

定义	伺服使能
类型	模式
激活禁止	不适用
描述	不适用
须采取措施	不适用

设备上电后，伺服驱动器持续显示 "n"，驱动器为正常现象，设备正常。

"1" 持续显示，报警介绍见表 8-11。

表 8-11　"1" 报警介绍

定义	模拟速度模式
类型	模式
激活禁止	不适用
描述	不适用
须采取措施	不适用

设备上伺服后，伺服驱动器持续显示 "1"，驱动器为正常现象，设备正常。

"b" 持续显示，报警介绍见表 8-12。

设备上电后，伺服驱动器持续显示 "b"，设备出现故障，检查机器人本体中的线路，对多个插口进行重新安插。

"F2" 依次显示，报警介绍见表 8-13。

表 8-12 "b" 报警介绍

定义	电池电压低
类型	警告
激活禁止	不适用
描述	电池电压接近故障水平
须采取措施	准备更换电池

表 8-13 "F2" 报警介绍

定义	驱动器折返
类型	故障
激活禁止	是
描述	驱动器平均电流超出额定的连续电流,电流折返激活,在折返警告后出现
须采取措施	检查驱动器-电动机配型。该警告在驱动器功率额度相对于负载不够大时可能出现

设备上电后,伺服驱动器依次显示"F2",设备出现故障,在检查机器人本体中的线路,对多个插口进行重新安插。

"r29" 依次显示,报警介绍见表 8-14。

表 8-14 "r29" 报警介绍

定义	Sine 编码器的正交编码错误
类型	故障
激活禁止	否
描述	编码器的正交编码的计算结果与实际结果不匹配。此故障会使驱动器禁用
须采取措施	检查反馈装置的连线,确认所选编码器类型(MENCTYPE)无误

设备上电后,伺服驱动器依次显示"r29",设备出现故障,在示教器"零位标定"界面下,选中右下方的轴号,单击"绝对编码器清零"按钮,然后按下示教器上的"确定"键,报警消除。但轴的零位会丢失,需将机器人运动到机械零位进行零位标定操作。

4. 示教器的常见报警处理

示教器常见报警处理见表 8-15。

表 8-15 示教器常见报警处理

错误代码	错误分析	解决方法
1008	驱动器上下伺服出现异常,驱动器未能正常接通或断开伺服电源(驱动器或控制器异常错误),当通过三段开关频繁上下伺服时可能会出现这种情况	复位错误消息后,尝试在等待几秒钟的时间延时后再次接通伺服电源
2024	急停按钮被按下	如果想再次伺服使能,则需把示教器和电控柜上的急停按钮旋开
998	轴 X 读到的绝对值编码器是 0(X 表示轴号)	在"零位标定"界面刷新绝对编码器数据重新启动系统

（续）

错误代码	错误分析	解决方法
999	寻找零点失败或超出工作空间,只允许 JOG 模式操作机器人	上一次停机之后,电动机编码器电池被取下过,或编码器线缆从电动机上脱开过;机器人关节位置超出工作空间范围;未能正确地读取当前绝对值编码器数据 处理方法:如果是因机器人的当前位置超出工作空间范围而导致的零点丢失,则将机器人运动到关节空间的范围之内,再在"零位标定"界面上单击"刷新数据",即可找回零位数据;其他情况下则单击"零位标定"界面下的"刷新数据"来重新读取绝对值编码器数据,或重新进行零点标定
1011	轴 X 编码器读取失败	在记录零位数据时,编码器数据读取存在错误 检查绝对编码器连线是否正确,是否正确地配置了编码器读取模式(如串口设置)
1024	驱动器跟随误差超出运动控制器的允许极限	检查减速机及硬件是否有卡死现象 检查电动机制动是否正常打开 请重新设置或调整驱动器的参数,使增益及刚度等参数满足实际的硬件要求,或重新调整运动学的加减速等动力学极限参数 驱动器 PID 参数设置不当导致运动异常,或用户配置的运动加减速参数设置异常

四、问题探究

1. 工业机器人用润滑脂

工业机器人是一种工业机械设备,为了能让它正常运转,必须使用润滑脂。工业机器人设备对润滑脂的要求比较特殊,不同工作环境下,对润滑脂的性能、经济性及使用寿命要求也不一样。工业机器人上的润滑点很多,通常包括 S-轴、L-轴、U-轴减速机的蜗轮蜗杆、轨道、齿条、轴承、丝杠和直线导轨等。不同型号的机器人载荷、工况及应用不同,对润滑脂的要求各异,自然要求的量也各异。因此通常会用到全合成齿轮油、机器人润滑脂等。

（1）全合成齿轮油　全合成齿轮油由全合成基础油及独特添加剂调配而成。专门针对机器人减速机、齿轮箱而研发,相比于其他合成齿轮油,它具有润滑性极佳,摩擦因数低,可使机器人机箱、机台温度低,噪声小,定位精准等优点,而且油品消泡快,可实现全方位润滑和保护。

（2）机器人润滑脂　机器人润滑脂由全合成基础油、特殊稠化剂及添加剂调配而成。专门针对机器人手臂减速机齿轮研发,具有耐高温及耐低温性能;优越的润滑性,可有效保护轴承;良好的极压性能,能抗较重负荷;优良的抗水性能,在有水环境下使用自如;极佳的化学稳定性,不易变质和积碳;低挥发性能,可降低油脂损耗量;良好的抗氧化性,可延长润滑脂使用寿命。

2. 工业机器人中的密封圈

工业机器人使用的密封圈包括 V 形密封圈、U 形密封圈、O 形密封圈、矩形密封圈和 Y 形密封圈等。

（1）V 形密封圈　V 形密封圈（图 8-23）是一种轴向作用的弹性橡胶密封圈,用作转轴无压密封。密封唇有较好的活动性和适应性,可补偿较大的公差和角度偏差,可防止内部油脂或油液向外泄漏,也可防止外界的溅水或尘埃的侵入。

（2）U 形密封圈　U 形密封圈常用于制造液压系统中的往复运动密封，广泛用于工程机械中液压缸的密封。

（3）O 形密封圈（图 8-24）　O 形密封圈主要用于静密封和往复运动密封。当它用于旋转运动密封时，仅限于低速回转密封装置。

（4）矩形密封圈　矩形密封圈一般安装在外圆或内圆上截面为矩形的沟槽内，起密封作用。

（5）Y 形密封圈　Y 形密封圈的截面呈 Y 形，是一种典型的唇形密封圈。广泛应用于往复运动密封装置中，其使用寿命高于 O 形密封圈。

图 8-23　V 形密封圈

图 8-24　O 形密封圈

五、知识拓展

1. BNRT-R3 机器人控制器报警

BNRT-R3 机器人控制器报警见表 8-16。

表 8-16　BNRT-R3 机器人控制器报警

代码	内容	建议操作
1	用户寄存器丢失	原因:保持型变量丢失 导致结果:所有的保持寄存器将被清零 建议操作如下: 1)清除报警 2)检查默认值是否设置正确
2	参数寄存器丢失	原因:保持型预定义变量检查失败 导致结果:所有预定义的变量将被设置为默认值 建议操作如下: 1)清除报警 2)检查默认值是否设置正确 3)检查是否正确设置了默认值
3	历史报警丢失	原因:报警历史记录检查失败 导致结果:所有的历史报警内容将被取消 建议操作如下: 1)清除报警 2)继续运行
10	编码器错误(0x%x)	原因:电动机位置传感器报警 导致结果: 1)机器人伺服关闭 2)相关的轴必须再次清零 建议操作如下: 1)检查电动机与驱动器之间的连线 2)检查电动机与驱动器之间的总线连接 3)更换电动机 4)更换驱动器 5)通过执行清零程序，重新标定指示的轴

（续）

代码	内容	建议操作
18	R. ID(%d)总线网络错误(0x%08x)	原因:驱动器端连接到 EtherCAT 总线存在问题 导致结果:机器人伺服关闭 建议操作如下: 1)检查指示轴的总线连接是否有问题 2)检查 PDO's 及 cocx. cfg 文件中的通信数据(以及相连的设备) 3)关闭电源,重启电柜
80	R. ID(%d)CAN 总线上错误信息(0x%08x)	原因:设备(并非驱动)总线(EtherCAT 或 CanOpen)的连接存在问题 导致结果:机器人伺服关闭 建议操作如下: 1)检查指示设备的总线连接线缆 2)关闭电源,重启电柜
82	ECAT(%d)ECAT 连接错误(0x%04x)	原因:EtheCAT1 没有通信 导致结果:机器人伺服关闭 建议操作如下: 1)检查总线线缆 1 2)关闭电源,重启电柜
83	ECAT(%d)ECAT 连接丢失	原因:在通道 1 上指定总站点的某一指定站点失去通信 导致结果:机器人伺服关闭 建议操作如下: 1)检查通道 1 的总线线缆,特别是指定的站点 2)关闭电源,重启电柜
85	ECAT(2)ECAT2 连接丢失	原因:在通道 2 上指定总站点的某一指定站点失去通信 导致结果:机器人伺服关闭 建议操作如下: 1)检查通道 2 的总线线缆,特别是指定的站点 2)关闭电源,重启电柜
152	%s:超出最大跟随误差值(%f>%f)	原因:在轴组运动中,命令到达的笛卡儿点坐标与激活的工具末端点之间的距离超出了 max_err_follow 参数 建议操作:检查定义目标的参数
801	未解决外部 T:%-2d	原因:找不到外部变量(缺少公共变量声明或不同的变量类型) 导致结果:机器人伺服关闭 建议操作:检查指定任务的公共变量/外部变量的声明
804	R3 任务加载失败(%d)	原因:任务加载错误 导致结果:机器人伺服关闭 建议操作:关闭电源,重启电柜
951~982		原因:内部执行错误 导致结果:机器人伺服关闭 建议操作:检查程序,关闭电源,重启电柜
990	系统锁定! 任务(%d)步骤(%d)	原因:该步指令导致系统阻塞 导致结果:机器人伺服关闭 建议操作:检查程序
2020	(%d)无电源反馈(%s)	原因:相关轴的全局反馈信号的缺失或下降 建议操作:检查相关电源
9000	用户寄存器减少	原因:掉电保持型寄存器数量超过 RTE. CFG 中配置数量 导致结果:机器人被暂停 建议操作:检查 RTE. CFG 文件中的寄存器数量
9001	用户寄存器定义有歧义	原因:内部执行错误 导致结果:机器人被暂停 建议操作:关闭电源,重启电柜

（续）

代码	内容	建议操作
9002	参数寄存器区域不可用	原因：内部执行错误 导致结果：机器人被暂停 建议操作：关闭电源，重启电柜
9210	MODBUS.CFG 配置错误（%d/%d）	原因：ModbusTCP 数据初始化配置错误 导致结果：ModbusTCP 通信未激活 建议操作如下： 1）检查 Modbus 配置在 MODBUS.CFG 文件中 2）关闭电源，重启电柜

2. BN-R3B 机器人驱动器报警

BN-R3B 机器人驱动器报警见表 8-17。

表 8-17　BN-R3B 机器人驱动器报警

报警代码	驱动器代码	内容
1002	0xFF2B	轴%n 编码器内部通信异常
1003	0x2250	轴%n 驱动器短路
1021	0xFF1A	轴%n 电动机接线相序错误
1029	0x5112	轴%n 24V 控制电源欠电压
1034	0xFF15	轴%n 驱动器输出缺相
1035	0xFF80	轴%n 编码器操作异常故障
1040	0x3130	轴%n 输入缺相故障
1041	0x3220	轴%n 直流母线欠电压
1051	0xFF1D	轴%n 硬件 STO1 触发
1054	0xFF81	轴%n 驱动器外部故障
1079	0xFF86	轴%n 驱动抱闸回路异常
1080	1080	轴%n 多轴同步错误
1082	0xFF82	驱动器外部故障
4054	0xFF34	轴%n 直流母线欠电压报警
4059	0xFF39	轴%n 编码器电池欠电压报警

六、评价反馈（表 8-18）

表 8-18　评价表

基本素养（30 分）				
序号	评估内容	自评	互评	师评
1	纪律（无迟到、早退、旷课）（10 分）			
2	安全规范操作（10 分）			
3	团结协作能力、沟通能力（10 分）			

（续）

理论知识（40 分）				
序号	评估内容	自评	互评	师评
1	了解机器人故障现象、故障原因（15 分）			
2	了解机器人伺服驱动器常见报警原因及处理方法（15 分）			
3	了解机器人示教器常见报警处理（10 分）			
技能操作（30 分）				
序号	评估内容	自评	互评	师评
1	处理机器人伺服驱动器故障（10 分）			
2	处理机器人示教器故障（10 分）			
3	更换机器人润滑脂与密封圈（10 分）			
综合评价				

七、练习题

1. 填空题

（1）机器人伺服驱动器报"n"表示_____。

（2）机器人示教器报"2024"表示_____。

（3）工业机器人润滑脂通常包括_____、_____。

（4）机器人润滑脂由_____、_____及_____调配而成。

（5）密封圈通常包括_____、_____、_____、_____和 Y 形密封圈等。

2. 简答题

（1）机器人伺服驱动器报"r29"应采取的措施是什么？

（2）O 形密封圈的作用是什么？

参 考 文 献

[1] 邓三鹏，许怡赦，吕世霞. 工业机器人技术应用［M］. 北京：机械工业出版社，2020.

[2] 邓三鹏，周旺发，祁宇明. ABB 工业机器人编程与操作［M］. 北京：机械工业出版社，2018.

[3] 祁宇明，孙宏昌，邓三鹏. 工业机器人编程与操作［M］. 北京：机械工业出版社，2019.

[4] 孙宏昌，邓三鹏，祁宇明. 机器人技术与应用［M］. 北京：机械工业出版社，2017.

[5] 蔡自兴，谢斌. 机器人学［M］. 3 版. 北京：清华大学出版社，2015.

[6] 王先逵. 机械制造工艺学［M］. 4 版. 北京：机械工业出版社，2019.

[7] 陈建明. 电气控制与 PLC 应用［M］. 3 版. 北京：电子工业出版社，2014.

[8] 向晓汉. 西门子 PLC S7-200/300/400/1200 应用案例精讲［M］. 北京：化学工业出版社，2011.

[9] 段礼才. 西门子 S7-1200 PLC 编程及使用指南［M］. 2 版. 北京：机械工业出版社，2020.

[10] 崔坚. SIMATIC S7-1500 与 TIA 博途软件使用指南［M］. 北京：机械工业出版社，2016.

[11] 邓茜，邓三鹏，石秀敏. 工业机器人标定系统的自适应对准控制方法研究［J］. 机器人技术与应用. 2019（6）：27-30.

[12] 冯玉飞，邓三鹏，祁宇明. 基于 IRobotSIM 工业机器人上下料工作站仿真设计［J］. 机械研究与应用，2020，33（6）：120-122.

[13] 张睿，李国琴，邓三鹏，等. 基于 IRobotSIM 的物料分拣仿真系统设计［J］. 装备制造技术，2020（10）：13-14；25.

[14] 韩浩，邓三鹏，祁宇明，等. 基于 IRobotSIM 的注塑生产线仿真系统研究［J］. 装备制造技术，2020（10）：10-12.

[15] 赵丹丹，邓三鹏，祁宇明，等. 基于数字孪生的柔性单元式生产线优化方法研究［J］. 机器人技术与应用. 2020（6）：42-45.